Praktische
Kohlensäuredüngung
in Gärtnerei und Landwirtschaft

Von

Dr. phil. Erich Reinau

Mit 35 Abbildungen im Text

Berlin
Verlag von Julius Springer
1927

ISBN-13: 978-3-642-98303-0   e-ISBN-13: 978-3-642-99114-1
DOI: 10.1007/978-3-642-99114-1
Softcover reprint of the hardcover 1st edition 1927

Vorwort.

Was i s t! Dies herausbringen, heißt Erkennen und wird zum Wissen.
Daß d a s w i r d, was man erkannt hat und will, daß es s o wird, wie
man es will, hierzu gehört das „Was" und „Wie" des Tuns. Wie mach'
ich's, welche Methode, welchen Weg, welche T e c h n i k benütze ich?
Diese praktischen Fragen der Kohlensäuredüngung werden hier behandelt nebst den Voraussetzungen des Erkennens und Wissens, soweit sie praktisch greifbar naheliegen.

Das Wort Technik hat noch einen anderen Sinn, nämlich einen
rein mechanischen, maschinellen: Arbeitsweise unter Verwendung von
Physik und Chemie von Mechanismen und Stoffen. Arbeiter sparen,
Tiere sparen, Zeit gewinnen vermittels Vorrichtungen und Maschinen:
Landwirt und Gärtner werden heute scharf von dem Standpunkte
des Ingenieurs und Technikers daraufhin geprüft: Welcher Rohstoff,
welche Naturkraft ist es denn, an die ihr eure Kraft und Zeit „ver-
geudet"? Karrt ihr nicht Hunderte von Fuhren raumsperrendes Material
in Gefährten — die wir konstruierten —, auf Straßen herum, von uns
Ingenieuren erbaut? Spänt ihr nicht 2- bis 3 mal jährlich Tausende von
Kubikmetern Erde mit Pflügen und Eggen vom Boden ab, um aus einer
Art groben Pulvers ein Saat- und Pflanzenbett zu machen? Hier sind
doch Aufgaben für unsere besondere, nämlich die „Technik" der
Maschineningenieure.

Also auch in diesem Wortsinne „Technik in Landwirtschaft und
Gärtnerei" ist behandelt: Denn der Sonnenstrahl ist hier die rohe
Kraft, die auf die herabgekommenste Form des Kohlenstoffes auf das
Gas Kohlensäure, sei es aus der freien oder aus der Bodenluft, als Rohstoff losgelassen wird: eine wetterwendische Dirne, die Sonne, und ein
vagabundierendes Gas, die Kohlensäure, so zusammenbringen, daß
man ohne viel Lauferei — also auf kleinster Fläche — daraus Höchst-
wertiges erzielt, ist der Sinn von Landwirtschaft und Gärtnerei: Die
grünen Pflanzen sind nur ein Mittel; das weiße Mehl ist der Sinn!
Wie man etwas Chemisches und etwas Physikalisches — also Kohlensäure und Sonnenstrahlen, Licht zusammenbringt, — das ist, da die
Pflanze nur Mittel, nur „vorübergehendes" ist, ein Zweig chemischer
Technologie.

Wenn man in einem Gebiete seit seinem Beginne sich bemüht, es
zu erkennen und praktisch nutzbar zu machen, hat man ein gewisses
Urteil, wo und wie Wissenschaft oder Gewinnstreben dies vorgetrieben
haben: Ich wäre geneigt, bei Zeitüberfluß das Thema „Der Materialis-
mus in der Geschichte der Wissenschaften" zu schreiben, so sehr hat

mich die Geschichte der Kohlensäuredüngung, die ich von Anfang an kenne und die, um der praktischen Kohlensäuredüngung auch von einer anderen Seite näherzutreten, hier dargestellt ist, belehrt, wie wenig das Wissen in seiner angeborenen Beschaulichkeit die Dinge vorwärtstreibt, wie kräftig dies aber die harten Dinge tun, die sich im Raume stoßen, oder das Materielle, das schließlich die CO_2-Düngung auch vorwärtsgestoßen hat.

So bin ich all den Stellen, welche auch bei uns sich der Kohlensäuredüngung annahmen, verpflichtet, daß wir zu allen, im folgenden geschilderten Dingen auch beitragen konnten und daß es heute praktische Kohlensäuredüngung gibt:

Die Teilnehmer am Arbeitskreis CO_2-Düngung, der Verein deutscher Ingenieure, namentlich dessen Gruppe Technik in der Landwirtschaft, das Reichsernährungsministerium, die Deutsche Landwirtschaftsgesellschaft, das Bayerische Landwirtschaftsministerium, das Kalisyndikat und der Reichsausschuß für Technik und Wirtschaft haben die Arbeiten mit reichen Mitteln unterstützt. Wer dankt es ihnen? Ich auf jeden Fall! Meine Leserschaft kann es tun, indem sie betreibt, was hier beschrieben: Praktische Kohlensäuredüngung!

Berlin, im Januar 1927.

Erich Reinau.

Inhaltsverzeichnis.

Einleitung.

Die Pflanze als Ware und Wertgegenstand gewerblicher Tätigkeit soll hier gewissermaßen bei ihrer technisch-chemischen Erzeugung betrachtet werden: Also ihr Werden aus Rohstoffen und rohen Kräften durch Menschengeist unter Menschenhand.

Mögen der ragende Wald, das wogende Kornfeld, die süßduftende Rose in ältestem Empfinden beruhende Bilder, Symbole dichterischen Erinnerns an vergangene, innigere Gemeinschaften mit Pflanzen sein, das Zeitalter der Technik mit stampfenden Schiffsmaschinen, den rollenden Drehöfen der Zementfabriken und sausenden Motoren, hat auch vor dem Gewerbe des Pflanzenbaues nicht haltgemacht: Es ist ein Stück Technik in Landwirtschaft und Gärtnerei, wie aus Sonne, Wasser und Kohlensäure Pflanzen und Blumen werden.

Im folgenden haben wir es also mit der Erzeugung von Pflanzen als Ware zu tun. Ein Gewerbe, wobei man bestimmte Regeln befolgt, menschliches Überlegen und Handeln an die sogen. Naturgesetze anpaßt, kurz eine bestimmte Technik befolgt an Hand von Gebräuchen, von der weiterschreitenden Erfahrung und Erkenntnis unzähliger Menschengeschlechter ausgemittelt, die sie in Handgriffen und Sprache sammelten und vererbten.

Der breite Durchschnitt von Gärtnern und Landwirten weiß, daß er manche Hilfe in seinem Geschäfte den Gelehrten vom Wissen über die Pflanzen, den Botanikern verdankt. Den Wert der Chemie ermißt er an den Aufwendungen für all die Dinge, die er zur Aufrechterhaltung seines Betriebes, sei es für Düngemittel, sei es zum Pflanzenschutz und ähnlichem, unbedingt kaufen muß. Er merkt auch, daß er sich viel leichter in seinen täglichen Verrichtungen durchfindet, wenn er das in Botanik und Chemie geschaffene Wissen sich zunutze macht und möglichst selbst übersieht.

Aber wie soll der Chemiker oder Techniker, der höchstens einmal nach Feierabend oder an einem Festtage, ja vielleicht nie in seinem Leben, ein Meer blühender Alpenveilchen in einem Gewächshause in seiner überwältigenden Farbenpracht gesehen hat, aus dem Dasein dieser Pracht eine Brücke finden zur Technologie, ja gar zur chemischen Technologie. Nun ja: Chemie des täglichen Lebens! wird der Technologe mit Achselzucken sagen mit Rücksicht auf die paar Zentner Düngesalz und die Fläschchen mit Pflanzenschutzmitteln, die der Pflanzenbau verbraucht.

Aber wie steht es denn mit den Gewerbezweigen der Lichtchemie? Wo gibt es denn ein lichtchemisches Gewerbe? Photochemie ist im täglichen Leben schon fast gleichbedeutend mit Photographie geworden, und es ist allerdings ein Zweig der Photographie, der es versteht, ungeheuer viel von sich reden zu machen, obgleich er in seinem wirtschaftlichen Gewichte gegenüber dem photochemischen Gewerbe, von dem wir hier sprechen wollen, fast ganz verschwindet: Sind in der Kinoindustrie Millionen von Kapital tätig, in dem Gewerbe des Pflanzenbaues sind es Milliarden!

Die grüne Pflanzenzelle ist die älteste lichtchemische Vorrichtung — die älteste photochemische Apparatur —, die es gestattet, das Licht und die Kraft der Sonne und des Tages aufzufangen und auszunutzen. Und das, was von dem Lichte nutzbar gemacht werden kann, muß bei Gegenwart von Wasser auf Kohlensäure dergestalt gewirkt haben, daß dieser luftförmige Stoff verändert und als Teil der Pflanzenzelle festgehalten wird. Von diesem Erzeugnis der grünen Pflanzenzelle aus der Kraft des Lichtes und einem Stoffteilchen der Kohlensäure, sei es nun zunächst Zucker oder Stärke oder Zellstoff oder später Eiweiß oder Fett oder sonstiges, lebt die Pflanze, daraus baut sie sich auf, wächst, kurzum wird das, was der Mensch will: mehr als wie ihr Same. Solange die Lilien auf dem Felde stehen, nicht säen und nicht ernten und doch in großer Pracht gekleidet, von selbst genährt und größer werden, also wenn alles dies ganz von selbst geschieht: was bleibt da für die gewerbliche Tätigkeit des Menschen als Sammeln der Gewächse? Er braucht nicht pflegen und hegen, er braucht keinen Chemiker und kaum einen Technologen. Nun, es bedarf keiner tiefsinnigen Betrachtung, um zu erkennen, daß in der heutigen Zeit, in der Marokkaner und Lybier ihre Länder nicht mehr zu wohlfeilem Sammeln hergeben und die Neger sowie sonstige Farbige nicht mehr für den Weißen um Glasperlen in Frohn arbeiten wollen, andere Verhältnisse herrschen wie bei „Salomons Lilien auf dem Felde". Wirtschaftliche Kriege waren eine eindringliche Lehre der Bedeutung bodenständigen Pflanzenbaues für die Massenernährung. Die Masse will und wird auch nicht auf Mehrung verzichten, und deshalb wird unaufhaltbar die Zahl der Menschen groß und die Fläche für jeden einzelnen kleiner und kleiner. Zudem kommt, daß die neueren Beobachtungen über die Ernährung von Mensch und Tier immer schärfer hervortreten lassen, daß Gesundheit und Wachstum leiden, wenn nur mit Stapelware, sagen wir wie Mehl, Fett und Dauerfleisch genährt wird. Zur Not mag der englische Arbeiter argentinisches Mehl, amerikanisches Fett und australisches Fleisch ausschließlich zu seinem Unterhalt benützen. Mit einem Male gewinnt aber das bisher namentlich vom städtischen Arbeiter verachtete frische „Grünzeug" eine ausschlaggebende Bedeutung für die Ernährung. Und man sieht, daß fast alle Verfahren, die man bisher glaubte anwenden zu können, um dieses dem Verderben leicht ausgesetzte „Grünzeug" — Gemüse, Salate und Früchte — für den Versand oder die Aufbewahrung für später haltbar zu machen, gerade diejenigen Bestandteile der frischen Pflanzennahrung zerstören oder vermindern, die den Ausschlag geben für ihre Unersetzlichkeit durch andere Nahrungsmittel.

Die Richtung der Entwicklung geht also wohl dahin, daß in Ländern, wo die meisten Menschen sind, auch am meisten Pflanzenerzeugung durch Pflanzenbau vorgenommen wird. Daraus folgt, daß die Leistungsfähigkeit der Flächeneinheit gesteigert werden muß. Und es wird sich dabei mehr und mehr ergeben, daß an Stelle der „Land"-Wirtschaft eine „Flächen"-Wirtschaft tritt, wie sie die Gärtnerei heute schon betreibt.

Für deren Mehrzahl ist es nahezu gleichgültig, aus welchem Erdzeitalter die Gesteine ihres Grund und Bodens herrühren und was Jahrtausende von Verwitterung und Auswaschung darin als Pflanzennährstoffe noch zurückgelassen haben. Kann er durch eine schützende Haut von Glas die warmen Strahlen der Sonne und des Himmels dazu bringen, daß der Boden sich um einige Grade stärker erwärmt als draußen, und daß nicht jeder Luftzug diese Wärme fortträgt, dann hat der Gärtner schon wesentliche Vorbedingungen erfüllt, um diese Fläche besser zu nützen. Denn eine gewisse Wärmestufe beschleunigt den Wachstumsvorgang außerordentlich, und zwar in einem Grade, wie dies auch für chemische Vorgänge bekannt ist, nämlich etwa mit einer Verdoppelung der Wachstumsstärke bei einer Temperaturzunahme um je 10°. Roh gerechnet heißt dies also, wenn bei 10° die Wachsstumsstärke 1 ist, so ist sie bei 20° 2 und bei 15° ungefähr $1^1/_2$. Dies besagt, daß etwa jedes eine Grad Wärmeunterschied etwa 10% stärkeres Wachsen bedingt. Daß man dann auch alle Nährstoffe zum Wachsen in den Boden tun wird, liegt nahe, wenn es auch bis vor kurzem ganz fern lag, daran zu denken oder darauf zu achten, welche Nebenwirkungen sonst dieses starke Düngen hat. Starke Mistpackungen am Boden sollten wärmen; als man aber nach Einführung von Dampf- und Warmwasserheizung versuchte, solche warmen „Frühbeetkästen" anstatt mit Mist, mit Rohrleitungen zu heizen, hatte man Mißerfolge. Vor wie nach war dieselbe Erde in den Töpfen, in denen die zu ziehenden Pflanzen heranwachsen sollten, aber, nachdem der Mist im Boden fehlte, der doch gar nicht mit den Wurzeln in den Töpfen in Berührung kam, war das Wachstum schlechter! Schärfere Feststellungen werden noch nötig sein, aber man kann doch schon mit großer Sicherheit sagen, daß in diesem Falle die Kohlensäure, welche solch frischer Mist in großen Mengen abgibt, noch bis vor wenigen Jahren ganz außer Rücksicht geblieben war. Wir werden später noch sehen, wie bedeutungsvoll in Anbetracht der Schwächung, welche das Licht beim Durchgehen durch Glas erfährt, die Verstärkung des Kohlensäuregehaltes der unter dem Glase befindlichen Luftschicht ist.

Lassen wir nun die Glashaut eines Frühbeetkastens sich noch etwas heben, bringen sie in starre Verbindung mit der Bodenfläche und verhindern, daß seitliche Winde zutreten, so haben wir das Glashaus: Nun wird der Techniker mit etwas ruhigerem Gefühle auf das entstandene photochemische Fabrikgebäude blicken und vielleicht zugestehen, daß solch ein Glashaus in der Tat ebensogut eine photochemische Fabrik sein kann, in der vermittels Tausender von kleinen Pflanzeneinheiten Licht in Stoff umgeformt wird, wie in einer elektro-

chemischen Fabrik in zahllosen einzelnen Elementen aus elektrischer
Kraft neue Stoffe, wie z. B. Chlor, Wasserstoff und Kalilauge entstehen.

   Und der Techniker möge es nicht als Scherz auffassen, wenn ich ihn
zu diesem Gleichnis geführt habe, der Gärtner möge aber mit Stolz auf
folgendes hinblicken: In den Vereinigten Staaten Nordamerikas ist zur
Zeit ungefähr geradesoviel Geld in Gewächshäusern angelegt, wie in der
gesamten dortigen Stahlindustrie. Einige 50 km nördlich von London
sind auf einem Gebiete, das man in etwa 6 Minuten mit dem Schnellzuge
durchfährt, Waltham-Cross und Chushunt, 600 ha Glashausfläche ganz
dicht beisammen, und es werden dort jahraus und -ein und sonst nichts
auf drei Viertel dieser Fläche oder 1800 preußische Morgen, also
der Größe eines ansehnlichen Rittergutes, ausschließlich Tomaten
und auf einem Viertel der Fläche, also 600 Morgen, nur Treibhausgurken gezogen. Es gibt in England noch zwei Gebiete ähnlichen Um-
fanges für Blumentreiberei und für Gemüse und Traubenkultur. Nahe
bei Brüssel habe ich ein Landstädtchen besucht, das gewissermaßen
eine riesenhafte Vergrößerung einer Kinostadt darstellt, wo man aber
auch den Abstand zwischen der Bedeutung des großsprecherischen
Kinos und der gärtnerischen Flächenwirtschaft inne wird: Hier gibt es
ganz nahe beisammen 17 000 Gewächshäuser mit zwischen 200 und
300 qm Fläche. Es sind hier also auch wieder 400—500 ha Glashäuser,
und zwar so dicht gehäuft, daß die menschlichen Wohnungen dazwischen
beinahe ganz verschwinden. Hier werden buchstäblich Jahr für Jahr mit
höchstem gewerblichen und technischen Geschick auf den Hektar
100 dz der ausgesuchtesten und edelsten Brüssler großbeerige Trauben von vollendetem Geschmack geerntet.

   Es sind an diesen einzelnen Orten jeweils in die Hunderte von Millionen Mark Kapital für kunstvolle Pflanzenerzeugung angelegt und
reichlich ein Drittel davon entfällt auf die Kosten für das verwendete
Glas. Dabei ist es nicht zu unterschätzen, daß in Belgien die Ausdehnung
der Glasflächen immer dann erfolgt, wenn die Glasindustrie des Landes
zu wenige Ausfuhraufträge hat. Denn außer diesem Traubengebiete
hat Belgien noch zwei ähnliche Glashausbezirke, den einen bei Gent und
den anderen zwischen Antwerpen, Mechelen und Brüssel. Die holländi-
schen Gewächshausbezirke sind von ähnlicher Ausdehnung. Es ist
naheliegend, zu fragen, ob nicht unsere an sich leistungsfähige Glas-
fabrikation durch eine weitsichtige Geschäftspolitik unsere inländische
Pflanzenerzeugung wesentlich beleben könnte? Zur Hebung der Volks-
gesundung wird es sicherlich sehr beitragen, wenn mehr frisches, wohl-
feiles und appetitliches Gemüse und Obst verzehrt würde.

   Man wird es ohne weiteres begreiflich finden, daß in dieser Abhandlung über praktische Kohlensäuredüngung, also über eine Düngung mit
einem luftförmigen Stoffe, dem Gewächshause eine besondere Stellung
einzuräumen ist. Es nützt die Fläche gewinnbringend aus. Es ist eine
Vorrichtung, die die Sonnenwärme besser verwertet, die Wachstumsbedingungen verbessert und schließlich ist es ein abgeschlossener Raum,
von dem jeder ohne weiteres einsehen wird, daß man hier auch mit einer
Luftart düngen kann. Dem Techniker bietet diese Flächenwirtschafts-

weise Aufgaben in baulicher und heizungstechnischer Beziehung, solche
über die Herstellung und Verwertung von Glas; denn man ist nicht
dabei stehengeblieben, diesen geschlossenen, lichtdurchlässigen Raum
mit Sonnenwärme zu heizen, sondern man hat es wirtschaftlich gefunden,
die Lichtstrahlen von Sonne und Himmel, welche den chemischen
Vorgang der Kohlensäurezerlegung besonders bedingen, auch zu einer
Zeit auszubeuten, zu der die Wärme, welche Sonne und Himmel gleichzeitig liefern, nicht ausreichen würde, um diese Glashäuser nebst deren
Boden so warm zu erhalten, daß der chemische Vorgang der Assimilation
und des Wachsens rasch genug verläuft.

Vom Standpunkt der Kohlensäuredüngung der Gewächshäuser
möchte man es bedauern, daß weitaus die größte Wachstumstätigkeit
in Monate fällt, in denen das eben genannte Mißverhältnis gerade nach
der entgegengesetzten Seite hin verschoben ist, d. h., während im Winter
die Wärme des Lichtes nicht ausreicht, um die Umgebung der Pflanzen
warm genug zu machen, daß seine chemischen Strahlen ausgenützt
werden können, liegen im Sommer die Verhältnisse folgendermaßen:

Das Licht bringt so viel Wärme, daß im geschlossenen Raume rasch
Temperaturen erreicht werden, bei denen die Pflanzen schlappen, ja

Tabelle 1.

Umsatz an Kohlenstoff in Industrie, Pflanzenbau und Menschenleben während eines Jahres in Deutschland (alles in Millionen Tonnen).

Als Steinkohle berechnet	Gewerbe	Einzelsummen	Vergleichswerte	Als reiner Kohlenstoff gerechnet
193	Gesamtförderung Kohlen		1	163
	Davon verbrennen:			
45	Kokerei			
38	Eisenhüttenwesen	97	$1/2$	
14	Eisenbahnen			
21,5	Bergbau			
14,0	Baumaterialien			
8,0	Schiffahrt			
7,5	Gaswerke			
3,25	Elektrizität			
2,75	Chemische Gewerbe			
2,0	Spinn- und Webwaren			
1,0	Wasserwerke			
8,5	Hausbrand der Städte und Bestände			
13,5	„ des Landes			
4,5	Papierindustrie			
4,0	Gärungsgewerbe (Landwirtschaft)	27	$1/7$	
3,5	Zuckerindustrie			
2,0	Hof- und Ackerbestellung			
61,0	Menschlicher Atem		$< 1/3$	52,0
90,0	Bodenatmung (0,150 kg C/qm/Jahr für 500 000 qkm)		$< 1/2$	75,0
			< 2	290,0
	Es arbeiten auf und speichern:			
98,0	Landwirtschaftliche Pflanzen.		$1/2$	82,0
45,0	Forstpflanzen.		$1/4$	42,0

6   Einleitung.

beschädigt werden, so daß sie bei der Verarbeitung der chemischen
Strahlen behindert sind. Künstliche Erwärmung ist deshalb im Sommer
höchstens gegen Frostgefahr und nachts erforderlich: also Kohlensäure
aus der Heizung, die man zum Düngen gegebenenfalls ausnützen könnte,
wird zu Jahres- oder Tageszeiten erzeugt, in denen die Pflanzen sie nicht
so nötig haben. Hierzu kommt noch folgendes: Um ein Gewächshaus
von etwa 100 qm Fläche zu heizen, braucht man Kohlenmengen von
etwa 50 kg Kohlenstoff je Tag. Durch Assimilation, also Tätigkeit der
Blätter, verarbeitet aber solch ein Haus täglich nur etwa so viel Kohlensäure, wie aus 400—600 g reinem Kohlenstoff entstehen kann. Es

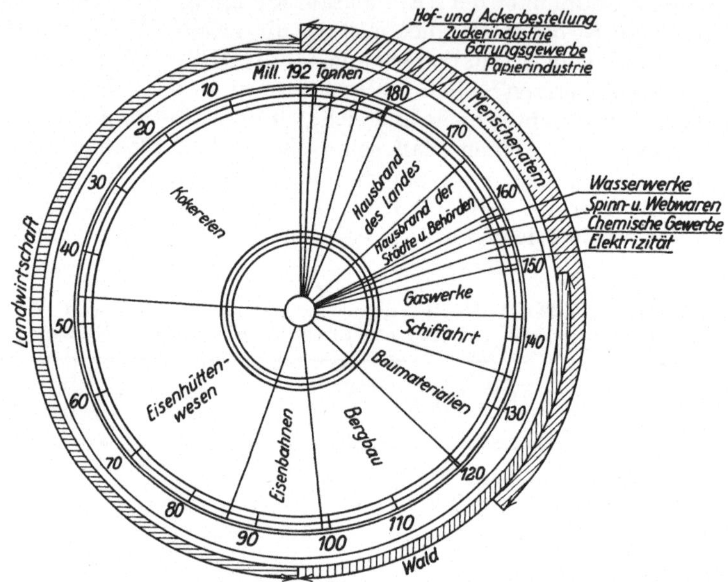

Abb. 1. Die Stücke des inneren Kuchens (Kreises) sollen die Anteile der einzelnen Gewerbe am jährlichen Kohlenverbrauch in Deutschland darstellen. Die
gestrichelten äußeren Kreise zeigen, wie groß die Kohlenstoffmengen sind, die
durch die Land- und Forstwirtschaft umgesetzt werden und die alle Bewohner
Deutschlands veratmen. (S. auch Tab. 1.)

herrscht hier also gewissermaßen, ganz abgesehen von der unerwünsch-
ten Verschiebung zwischen den Zeiten des Anfalles der Kohlensäure und
denen des Verbrauches, ein Mißverhältnis in den Mengen zwischen Erzeugung und Verbrauch von 100 : 1.

Ganz anders liegen die Verhältnisse, wenn wir hinsichtlich einer
Kohlensäuredüngung unsere Gesamternährung und Gesamtwirtschaft
ins Auge fassen. Aus der beigefügten Abb. 1 und aus der Tabelle 1
ist ersichtlich, daß wir in Deutschland — ähnliche Verhältnisse
gelten etwa mit gewissen Schwankungen für alle kohlenerzeugende
Länder — etwa $2^1/_2$ mal mehr Kohlenstoff bergwerksmäßig aus der
Erde hervorholen und verbrennen, als wir landwirtschaftlich, also
durch Lebenstätigkeit der grünen Pflanzenzellen festlegen. Ziehen
wir noch die Assimilationstätigkeit der Wälder in Rücksicht, so erzeugt

die Verbrennung der Kohle noch immer etwa bis $1\frac{1}{2}$ mal mehr Kohlensäure, als die gesamte Pflanzentätigkeit verarbeitet.

Wie man durch einen einfachen Blick auf die Abb. 1 ersieht, wird die größte Menge von dieser Kohle in Gewerbezweigen verbrannt, die mehr oder weniger gleichförmig das ganze Jahr über tätig sind. Ja, da die menschliche Tätigkeit im allgemeinen bei Tageslicht stattfindet, tritt sogar hier bezüglich der Kohlensäure eine Verschiebung derart ein, daß die Erzeugung mehr in Zeiten stattfindet, wo auch an deren Verbrauch durch Pflanzentätigkeit gedacht werden kann. Der Vorschlag Dr. Riedels, die Abgase großer Fabriken, Hochofen- und Kraftanlagen zur Kohlensäuredüngung der Äcker und Felder heranzuziehen, ist also angebracht. Daß man praktisch damit etwas erreicht, haben seine diesbezüglichen Versuche ergeben. Ich werde im III. Kapitel ausführlicher darauf zu sprechen kommen.

Jede gewerbliche Maßnahme wird unternommen, wenn der Aufwand eine Rente bringt bzw. wenn die Rente, welche die neue Maßnahme ergibt, höher ist als diejenige, welche irgendeine diesbezügliche andere erwarten läßt.

So ist beispielsweise heute kein Zweifel mehr darüber, daß man allenthalben in Deutschland mehr ernten könnte, wenn zu geeigneten Zeiten den Pflanzen die günstigsten Bedingungen an Bodenfeuchtigkeit verschafft werden könnten. Indessen wogt der Meinungsstreit, ob es gewinnversprechender ist, diesen günstigen Feuchtigkeitszustand dadurch zu erreichen, daß man mit dem natürlich vorhandenen Wasser durch Bodenbearbeitung, Fruchtfolge und ähnlichem besser haushält oder indem man künstlich Wasser, sei es durch Rieseln oder Regen, zuführt. Nun hat jede Maßnahme in der Landwirtschaft nicht nur das zur Folge, was man eigentlich und zunächst mit ihr beabsichtigt, sondern zeigt noch die eine oder die andere nützliche oder schädliche Nebenwirkung. Immerhin wird sich dies im Mittel in irgendeiner Veränderung der Rente fühlbar machen und in Fällen, wo man, um bei unserem Beispiele zu bleiben, bessere Wasserversorgung durch Ackerpflege oder Rieseln oder schließlich durch Regen herbeiführen kann, wird man die Entscheidung zugunsten einer dieser drei Maßnahmen treffen.

In dieser Beziehung nun haben es die Industriegase gar nicht so leicht, zum Nutzen der Äcker zugelassen zu werden. Denn sie haben bei der Begasung mit Kohlensäure mit Milliardenheeren von Wettbewerbern, den Bakterien, den Kampf um die bessere Rente zu führen. Es steht heute fest und wird durch unsere Ausführungen im III. Kapitel (S. 155f.) erhärtet werden, daß die Bakterien, welche im Boden leben und dort mehr oder weniger rasch alle kohlenstoffhaltigen Rückstände von Pflanze, Tier oder Mensch zersetzen, im Laufe eines Jahres solche Mengen von Kohlensäure entwickeln, wie sie von dem Pflanzenwuchse eines Jahres verschafft werden können. Der Vorteil dieser kleinen Wettbewerber zur Feldbegasung ist durch drei Umstände ein sehr großer:

1. Sie erzeugen die Kohlensäure in unmittelbarer Nähe des Verbrauchsortes, also am Standort der grünen Pflanze.

2. Auch die Zeiten, wann diese Bodenbakterien Kohlensäure liefern, sind nahezu dieselben wie die, wann die grünen Pflanzen am meisten Nutzen von dieser Kohlensäure haben können.

3. Und schließlich sind auch die Rohstoffe, aus welchen die Bodenbakterien die Begasung bestreiten, äußerst wohlfeil und werden mit einer gewissen Zwangläufigkeit auch immer wohlfeil bleiben.

Um dies letztere zu beweisen, müssen wir etwas weiter ausholen, wobei wir allerdings auch gleichzeitig Einblick in das Schicksal der

Kohlensäure und des Kohlenstoffes tun, der uns das weitere Verständnis der hier behandelten Fragen, namentlich nach der praktischen Seite zu, erleichtern wird:

Wenn man im Zeitalter der Technik und der durch sie bedingten Umwälzung in Wirtschaft und Leben die Behauptung aufstellt, daß irgendein Rohstoff zwangsläufig auch in Zukunft wohlfeil bleiben werde, so müssen es schon sehr naturbegründete Ursachen sein, die wirken.

Dies trifft hier in weitem Maße zu: Das letzte Ziel der Landwirtschaft ist schließlich Ernährung und Kleidung des Menschen. Auch die Waldwirtschaft dreht sich schließlich nur um den Menschen, um ihm Hausung und Heizung zu liefern. Bleiben wir bei der Landwirtschaft, so gibt es leider noch keine Pflanze, vielleicht abgesehen vom jungen Radieschen, das der Mensch mit Wurzel und Blatt ohne Abfall und Rückstand als Nahrungsmittel verzehren kann. Von der Zuckerrübe genießen wir nur den Zucker, die ausgelaugten Schnitzel und die Blätter sind Tierfutter. Erst die Milch und das Fleisch, welche damit erzeugt werden, sind wieder menschliche Nahrung. Immerhin, die Zuckerrübe gehört zu den wenigen, im namhaften Umfange gebauten Feldfrüchten, die als Ganzes zu Nahrungsmittel wird. Wie schön wäre es, im jetzigen Zeitalter, da immer mehr Motore in der Landwirtschaft verwendet werden, wenn wir ein Getreide hätten, das fast nur Körner liefert, die man vielleicht als Vollkornbrot ohne Verlust verzehren könnte. Dann bliebe doch noch die Wurzel ungenutzt im Boden. Aber so, wie es heute ist, haben wir ja tatsächlich im Durchschnitt doppelt soviel Stroh als Körner, und von den Körnern selbst wieder fallen noch Spelzen und Kleie als unbekömmlich für den Menschen zu Futterzwecken für das Vieh an. Es gibt also beim Pflanzenbau, wenn man nur den Menschen selbst ernähren will, Abfälle, die man zweckmäßig nicht gleich auf den Mist oder auf den Acker wirft, sondern mit denen man Tiere füttert. Und diese Tiere ihrerseits füttert man nun im landwirtschaftlichen Betriebe nicht nur, weil man Fleisch und Milch haben will, sondern weil es im Pflanzenbau Tätigkeiten gibt, die der Mensch nicht selbst verrichtet. Das Bearbeiten des Ackers ist ein unbedingtes Erfordernis für eine geordnete Pflanzenerzeugung. Das Wegschaffen der Ernte müssen sie ebenfalls besorgen. Kurzum, eines greift ins andere, und wenn man zusammenrechnet, was nun aus all den Pflanzen wird, die man beispielsweise in Deutschland im Jahresdurchschnitt baut und erntet, so kann man sich dies unter Zugrundelegen des Kohlenstoffinhaltes des gesamten Pflanzenertrages folgendermaßen vorstellen: Das Ganze sei eine Pflanze, gleich 100 Teilen; dann enthalten die Wurzel-, Halm- und Ernterückstände 25 Teile davon. Die Bestellung des Ackers, das Fahren von Dung und Ernte erfordert als Tierfutter 35 Teile. Weitere 25 Teile dienen der Mast- und Milcherzeugung, woraus schließlich nur etwa $4^1/_2$ Teile, also etwas weniger wie $^1/_5$ des Aufwandes an Kohlenstoff in Fleisch und Milch, wie sie der Mensch genießen kann, werden. Unmittelbar selbst verzehrt der Mensch von allem nur 10,4%. Wenn man dazu noch die 4,6% Fleisch und Milch hinzunimmt, so ist die Sache die:

Von den 100 Teilen Pflanze, um die sich Mensch und Tiere ein Jahr lang quälen, bekommt der Mensch schließlich ein Ährlein von 15 Teilen.

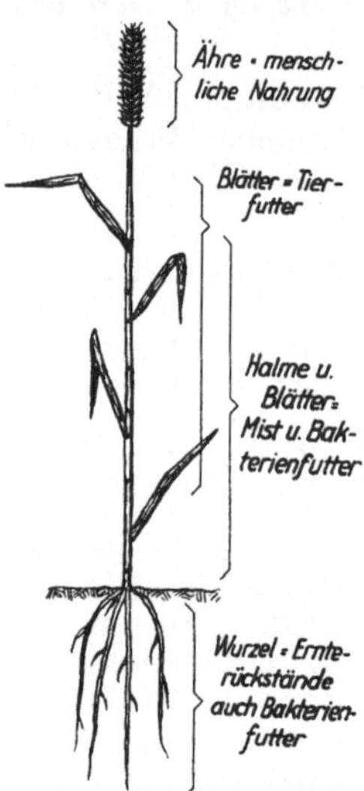

Abb. 2. Um sich zu erhalten, bauen die Menschen Pflanzen: und von allem Kohlenstoff, der hierbei umgesetzt wird, essen sie nur 15%: die bescheidene Ähre oben! Alles andere verbrauchen Tiere und Bakterien[1].

---

[1] Dieses scheinbar so simple Bildchen offenbart blitzartig die fast unbegrenzten Möglichkeiten zukünftiger Beschaffbarkeit von menschlicher Nahrung: es ist ein Wegweiser zu noch 30 Erdteilen, die unentdeckt dicht vor unserer Nase liegen!

Was die Hauptsache sein sollte, ist also gewissermaßen ein kleines Bißchen und daneben wird die Hauptmenge des Kohlenstoffes tatsächlich zu Abfall und Bodenbakterienfutter: Denn die 25% in Wurzeln und Halmen bleiben schon großenteils im Acker zurück bzw. kehren, nachdem sie als Stroh eine kleine Wanderung durch den Viehstall und über den Dunghaufen gemacht haben, nahezu unverändert zum Acker heim. Von den 60%, welche Tieren gefüttert werden, gelangen zwei Drittel auf den Misthaufen und je nach dessen Pflege weitgehend wieder in den Boden. In Wirklichkeit gehen ungefähr 70% wieder in den Boden zurück, 10—15% wandern in die Städte, wo sie verzehrt werden und der Landwirtschaft und Pflanzenerzeugung praktisch verloren sind. Die 15% des Kohlenstoffes, welche Tier und Mensch auf dem Lande veratmen, sind nicht völlig verloren. Immerhin, wie man sich auch den Betrieb der Landwirtschaft bzw. die Entwicklung der Pflanzenerzeugung denkt, man erhält nahezu 5 mal mehr Kohlenstoff in wertlosem Abfall als wie Dinge zur Ernährung des Menschen. Jenes Zeug häuft sich, wird lästig und bleibt deshalb wohlfeil. Und wenn es nun gar auf dem Acker noch Nutzen stiften kann, indem es diesen verbessert, Nährstoffe liefert und zudem eine Kohlensäuredüngung vermittels der Bodenbakterien in Aussicht stellt, dann hat man hier den Fall einer besonders guten Verwertung, wenn man all dies wieder auf den Acker bringt.

Die Kohlensäuredüngung mit Schornsteingasen hat also wohl auf den ersten Blick einen schlechten Stand gegenüber derjenigen mit bodenbürtiger Kohlensäure, ganz abgesehen von der technischen Durchführung; aber sie hat doch manches für sich, worauf hier nur in ganz allgemeinen Zügen kurz einzugehen ist.

1. Wenn der Boden Jahr für Jahr große Mengen Kohlensäure abgibt, von denen nur etwa 70% dorthin zurückkehren, während man immer mehr danach trachtet, größere Ernten von den Flächen zu erzielen, dann muß mit größter Wahrscheinlichkeit die Versorgung mit Kohlensäure vom Boden her abnehmen. Hat die bodenbürtige Kohlensäure aber, wie wir in späteren Abschnitten zeigen werden, eine nennenswerte Bedeutung für höchste Erträge, dann wird die Verwendung der Rauchgase zu berücksichtigen sein.

2. Es besteht heute kein Zweifel mehr darüber, daß jede grüne Blattzelle in ihrer Assimilationsleistung von der Stärke des Lichtes und dem Gehalte der Umluft an Kohlensäure abhängig ist. Und zwar ist das Verhältnis, kurz ausgedrückt, so, daß sich Lichtstärke und Kohlensäuregehalt gegenseitig gewissermaßen ersetzen können in dem Sinne: bei starkem Licht genügt ein geringer Kohlensäuregehalt, bei schwachem Licht muß der Kohlensäuregehalt größer sein, wenn die grüne Pflanzenzelle Gleiches leisten soll. Es ist deshalb von verschiedenen Seiten mit Recht betont worden, daß eine Erntesteigerung wohl erreicht wird, wenn es gelingt, in landwirtschaftlichen Pflanzenbeständen einmal den unteren beschatteten Blättern eine Umluft mit erhöhtem Kohlensäuregehalt zu schaffen, ferner in den Morgen- und Abendstunden oder an trüben Tagen einen erhöhten Kohlensäuregehalt für den ganzen Bestand auf-

rechtzuerhalten und schließlich, wenn man diesen Kohlensäuregehalt der Umluft im Früh- und Spätjahr erhöhen könnte, wenn die Bakterientätigkeit im Boden noch nicht so große Mengen Kohlensäure liefert.

3. Vielfache Beobachtungen im praktischen Gewächshausbetriebe in Bestätigung von Pflanzenversuchen im Laboratorium, haben erwiesen, daß durch Kohlensäuredüngung der Zeitlauf von Samen zu Frucht um Tage und Wochen verkürzt werden kann. Es ist nicht wahrscheinlich, daß dieser Tatbestand beim Pflanzenbau im Freien sich ändern wird, wenn es nur gelingt, die Umluft der Pflanzen an Kohlensäure entsprechend anzureichern. Es handelt sich hier wieder um eine Frage der Technik und der Rente. Die Rente aber wird erleichtert, wenn man wertvolle oder unbedingt notwendige Pflanzen in solchen Landstrichen erzeugt, in denen die Dauer des günstigen Wachstumswetters an sich zu kurz ist gegenüber der erforderlichen Zeit zwischen Saat und Reife. Es mag Fälle geben, wo die Züchtung, was Verkürzung der Wachstumszeit anlangt, schon am Ende ihrer Kunst ist, man aber doch noch gerne irgendeine Frucht erntereif haben möchte. Es wäre hier zu denken an Körnermais in Norddeutschland und an gewisse Ölfrüchte.

4. Es ist dem mittel- und nordeuropäischen Pflanzenbau bisher nicht geglückt, den Bedarf an Öl und Fett zu befriedigen. Da der Mangel allenthalben durch Verwendung tropischer Pflanzenerzeugnisse gedeckt wird, scheint es fast so, als ob die Wärme oder die Lichtfülle jener Landstriche eine Grundbedingung für die Bildung fettreicher Pflanzensamen ist.

Chemisch ist der Vorgang immer noch nicht klargelegt, wie sich in der Pflanze aus dem zunächst entstehenden Zucker Fett bildet. Es muß schließlich Sauerstoff abgespalten und dieser von irgendeinem leicht verbrennlichen, wahrscheinlich kohlenstoffhaltigen Zwischenstoff aufgenommen werden. Im Bewußtsein, im folgenden eine etwas gewagte Ansicht vorzutragen, halte ich es für wahrscheinlich, daß bei der Fettbildung Kohlensäure zurückgebildet wird. Bei der Helligkeit und Wärme in den Tropen wird diese innerhalb der Zellen entstehende Kohlensäure innerhalb der Pflanzen wieder gebunden. Unter unseren Wachstumsverhältnissen halte ich es für möglich, daß bei demselben Vorgange die entstehende Kohlensäure nicht von den Pflanzen festgehalten werden kann, so daß im Gesamtergebnis die Menge des entstehenden Fettes hierzulande gering bleibt. Würde man nun beim Anbau solcher fettliefernden Pflanzen bei uns die Umluft an Kohlensäure erhöhen, so wäre gemäß dieser Ansicht das Entweichen der Kohlensäure aus den Pflanzen verhindert und eine höhere Ausbeute an Fett zu erwarten.

Die stillschweigende Voraussetzung meiner Ausführungen bis zu diesem Punkte war die, daß im Gewächshaus und im Freien eine Kohlensäuredüngung überhaupt möglich ist, und eine stillschweigende Verneinung der Meinung, daß der Kohlensäuregehalt, wie er in der oberen freien Luft mit etwa 0,028—0,030% vorhanden ist, ohne Zusatz von bodenbürtiger und industrieller Kohlensäure Höchstertäge ergibt. Man darf in diesem Zusammenhange nie vergessen, wie die gegenseitigen Größenverhältnisse von Verbrauch und Entstehung der Kohlensäure in europäischen Ländern sind: Setzen wir die Kohlensäuremengen, welche von den Pflanzen in Land- und Forstwirtschaft bei uns im Jahre gebunden werden, gleich 100, so steht dem eine folgende Erzeugung gegenüber:

Die Verbrennung von Kohlen und Holz 130
Kohlensäure durch bakterielle Bodenatmung 60
Atmungstätigkeit von Menschen und Tieren 40
                                                     ———
                                                     230

Es entsteht also tatsächlich bei uns im Laufe des Jahres rund 2,5 mal soviel Kohlensäure als verbraucht wird innerhalb einer Luftschicht, die kaum höher reicht wie 50—60 m. Im großen Durchschnitt sind also unsere Pflanzen überhaupt nicht mit Luft des sogenannten normalen Kohlensäuregehaltes umgeben, sondern sie schöpfen wohl schon immer aus dieser sich ständig vollziehenden natürlichen oder künstlichen Begasung der unteren Luftschichten beträchtliche Teile ihres Kohlenstoffes. Es wird später noch ausführlicher darauf zurückzukommen sein. Aber es muß doch hier, um Mißverständnissen vorzubeugen, folgendes kurz behandelt werden: Die grundlegende Beobachtung des Genfer Gelehrten Saussure d. J. vor etwas mehr als 100 Jahren, daß man Pflanzen aus nährsalzhaltigem Wasser, das keine Kohlensäure, auch sonst keine kohlenstoffhaltigen Bestandteile enthält, vom Keimling bis zur Samenreife heranziehen kann, wenn man sie irgendwo vor ein Zimmerfenster aufstellt, sollte nur beweisen und beweist auch nur, daß der Zuwachs der Pflanze an kohlenstoffhaltigen oder verbrennlichen Stoffen nicht vom Boden, sondern aus der Luft kommt. Aber der praktische Pflanzenbau will höchste Flächenerträge! Und das, worum es im folgenden geht, ist der Nachweis, daß solche höchste Flächenerträge nicht möglich sind ohne Berücksichtigung der Kohlensäureversorgung der Pflanzen, welche eng gedrängt auf dieser Fläche stehen.

Alle Einwendungen gegen diese Bestrebungen sind hinfällig, wenn sie sich auf Kulturversuche in sogenannten Vegetationsgefäßen oder auf kleinen Landparzellen stützen. In solchen Gefäßen werden oft Ernten erzielt, die, auf Hektarflächen umgerechnet angegeben, geradezu märchenhaft klingen. Es ist dies nicht weiter verwunderlich: Man braucht nur das Aussehen einer einzelnen Topfpflanze einmal zu vergleichen mit dem Aussehen derselben Pflanze, wenn sie von der Aussaat bis zur Ernte neben zahllosen Artgenossen als Nachbar herangezogen wird. Die Stengel sitzen von unten bis oben voll von Blättern, und rings über den Rand des Gefäßes quillt Blatt- und Stengelwerk über. Solche Gefäße werden überdies geradesowenig, wie der praktische Gärtner die einzelnen Töpfe im Gewächshause dicht zusammenstellt, nebeneinander, sondern mit Abständen von 10, 20 und mehr Zentimetern voneinander entfernt gehalten. Solche Pflanzen haben also an sich viel mehr Fläche zur Verfügung als die eigentliche Gefäßoberfläche beträgt. Sie haben, wie Randpflanzen auf Feldern, mehr Licht, da es von der obersten Spitze bis zum untersten Blatte den ganzen Tag ungehemmt von ringsherum zukommen kann, und die Luftverhältnisse sind hinsichtlich Wasserverdunstung und Kohlensäureaufnahme ganz andere wie bei einer Pflanze im geschlossenen Bestande.

Es sind gradweise Veränderungen, wenn man von der Einzelpflanze zu solchen eines Gefäßversuches, sodann zur kleinen Parzelle von 1—2 qm Größe und schließlich zum großen geschlossenen Bestand von einigen 10—100 m Breite und Länge übergeht. In ganz verschiedener Weise machen sich in diesen 4 Fällen als Wachstumbedingende die Kohlensäuremengen geltend, welche gemäß unserer obigen Aufstellung von der freien Luft her, also sagen wir von oben seitlich oder von unten her, als zwei ganz verschiedene Ursachen zum Wachstum beitragen.

Es sieht jeder ohne weiteres ein, daß bei der Einzelpflanze, z. B. irgendeinem einzelnen Grasbusch in einer Wüste, die aus den 2—3 qcm Boden
entstehende Kohlensäure, allen seitlichen Luftströmungen ausgesetzt,
niemals zu deren Blättern gelangen und für das Wachstum der Pflanze
Bedeutung haben kann. Sie wird nur aus der von oben her heran-
kommenden Kohlensäure leben. Ganz anders beim geschlossenen
Bestande: Wie über eine bremsende Fläche streichen die Winde der
oberen Luft über die obersten Blätter hin, und nur selten tauchen Wind-
stöße von oben in den Bestand der Blätter hinein. Es können also
höchstens die obersten Blätter von dem Zuwachs an Kohlensäure
Nutzen ziehen, welchen die Luft der Kulturstaaten durch Menschen-
häufung und starke Kohlenverbrennungen ständig erfährt. Je mehr
der Bestand sich schließt, um so mehr wird die vom Boden aufsteigende
Kohlensäure zur Versorgung der ganzen Pflanze, zur Beschäftigung
und Erhaltung ihrer älteren Blätter beitragen, und es ist kein leeres
Gerede, wenn der erfolgreiche Landwirt und Gärtner einen stetig garen
und offenen, Kohlensäure abgebenden Boden wünscht. Wenn wir also
nach höchster Flächennutzung durch Pflanzenbau trachten, dann dürfen
wir uns nicht auf die Kohlensäureversorgung aus der oberen Luft mit
ihrer Unsicherheit und Unzulänglichkeit verlassen und dürfen auch die
Kohlensäureversorgung von unten her keinem bloßen Zufall anheim-
geben. Kohlensäure von unten her bedeutet hier nicht mit der Wurzel
aufgenommene Kohlensäure. Dieser Vorgang kommt praktisch gar nicht
in Frage. Im Gegenteil, wir werden später sehen, daß jede Wurzel
und jedes Wurzelfäserchen ständig Kohlensäure abgibt. Als Kohlensäure von unten her ist die im mehr oder weniger garen Boden durch die
Tätigkeit von Bakterien entstandene CO_2 gemeint. Kohlenstoffhaltige
Abfallstoffe (Humus) werden von jenen so vollständig abgebaut und
mit Sauerstoff verbrannt, daß die leicht flüchtige Luftart Kohlensäure
entsteht. Und diese Kohlensäure kann, weil sie eben ein Gas ist, nach der
Luft zu entweichen und zu den grünen Blättern gelangen. Es ist sicherlich das einzig Richtige, daß die organischen, kohlenstoffhaltigen Abfallstoffe auf unseren pflanzenbewachsenen Flächen vollständig zu der gasförmigen Kohlensäure verbrannt werden, denn wohl alle anderen Zer-
setzungsstoffe, die sich aus solchem Abfall bilden, sind feste oder flüssige
Körper, die den Boden für das Pflanzenwachstum vergiften. Kann das
Gefallene, durch Tod und Schwere zu Boden gelangt, darin bei hin-
reichendem Zutritt von Sauerstoff der Luft durch die Tätigkeit von
Bakterien zu Kohlensäure werden, so kann es als leicht beschwingtes
Gas den Boden unbefleckt verlassen und neues, üppiges Pflanzen-
leben schaffen.

I. Grundlagen der Kohlensäuredüngung.

a) Biologisch-Botanisches.

Man düngt Pflanzen, um mehr und bessere Ware zu erzielen. Bei den bisher bekannten Düngemitteln bringt man Mist, Stickstoff-, Kalisalze, phosphorhaltige Stoffe u. a. in die Erde, wo sie sich allmählich in der Bodenfeuchtigkeit auflösen und zu den Pflanzenwurzeln gelangen. Diese nehmen also nicht, wie Mensch oder Tier dies durch Mund-, Magen- und Darmkanal tun, feste Stoffe in sich auf, sondern nur Lösungen. Die Blätter könnten dies, wie mancherlei Versuche bestätigen, auch tun, aber aus naheliegenden Gründen besorgen die Wurzeln dies Geschäft. Die Blätter können ihrerseits im Luft-Lichtraume dessen Eigenschaften und Gegebenheiten durch bestimmte Vorrichtungen zum ganzen Vorgang der Nährstoffaufnahme geschickt ausnützen; so wird z. B. das Wasser der Nährlösungen, die durch die Wurzeln aufgenommen werden, zu den Blättern befördert, und dort kann es in die nur selten wasserdampfgesättigte Luft verdunsten. Dann bleiben die salzartigen Bodenstoffe zum Wachstum verfügbar in der Pflanze zurück. Das viele Wasser, welches die Pflanzen im Laufe ihres Wachstums durch sich hindurchpumpen müssen — etwa 3—400 mal soviel, wie sie in trockenem Zustande wiegen —, hat durchaus nicht nur den Zweck, Nährsalze heranzuschaffen. Es schützt sie u. a. auch noch gegen Überhitzung.

Es ist nämlich nur ein ganz kleiner Teil von dem Lichte, das auf die Blätter fällt und von dem die Pflanzen zur Erzielung wirklich höchster Erträge ja nahezu pralle Sonne haben müssen; also von diesem Lichte wird nur ein ganz kleiner Teil zu dem verwendet, was der Mensch eigentlich will, zum chemischen Assimilationsvorgang. In der Land- und Gartenwirtschaft sind es etwa 2—3%, bei Blattexperimenten bis zu 8% und bei Wasserpflanzen bis 70%, die ausgenützt werden. Die Pflanze kann aber die chemisch wirksamen Strahlen des Lichtes nicht aufnehmen und verarbeiten, ohne gleichzeitig den Folgen der damit auftreffenden Wärmestrahlen zu unterliegen. Die Folge wäre eine rasche Überhitzung der feinen und leichten Blätter um 20 und 30° über die Lufttemperatur, so daß sie eingehen müßten. Kann diese Wärmezufuhr jedoch dazu dienen, Wasser zu verdampfen, dann wird diese Wärme verbraucht, d. h. es erfolgt keine Temperaturerhöhung, und das Wasser, welches den Nährstoffstrom heranbrachte, wird als Dampf abgestoßen.

An denselben Stellen, hauptsächlich wo dieser Wasserdampf die oberirdischen Pflanzenteile, also Stengel und Blätter, verläßt, dringen andererseits wichtige gasförmige Luftbestandteile in die Pflanze ein. Die Öffnungen, wo dies geschieht, sind die sogenannten Spaltöffnungen, Stomata genannt. Ihre Anzahl auf die Flächeneinheit und ihre Anordnung ist bei den einzelnen Pflanzen verschieden. Bei den Laubblättern sind sie hauptsächlich auf der Unterseite, und zwar bis zu 200—300 solcher feinster Öffnungen je Quadratmillimeter. Sie sind mit einem Zellmechanismus (s. Abb. 14) verbunden, so daß sie sich je nach den Bedingungen der Umwelt selbsttätig erweitern und schließen können. Bei Dunkelheit schließen sie sich, ebenso bei großer Trockenheit; im stark feuchten Raume und bei zunehmender Helligkeit öffnen sie sich weit. Die Luftbestandteile, welche hier ein- und austreten, sind außer Wasserdampf noch Kohlensäure und Sauerstoff. Davon ist nun Kohlensäure der Stoff, über dessen Verwendbarkeit als Düngemittel wir hier sprechen. Sie ist auch derjenige Stoff, auf den die schon erwähnte verhältnismäßig geringfügige Menge der wirksamen chemischen Strahlen irgendwie treffen muß, damit überhaupt ein nennenswerter Zuwachs der Pflanzen erfolgt. Als Vermittler, der aus dem ganzen Geschäft unverändert hervorgeht, spielt das in gewissen Zellen in bestimmter Weise angeordnete Blattgrün eine Rolle. Seine grüne Farbe beweist ja schon, daß das Blattgrün (Chlorophyll) aus dem gemischten weißen Tageslicht, sei dies unmittelbar von der Sonne, von Wolken oder vom Himmel her kommend, gewisse Strahlenarten verschluckt. Dadurch nimmt es für Augenblicke die Kräfte dieser Lichtteile in sich auf und vermag sie auf die Kohlensäure zu übertragen, welche ihrerseits von dem grünen Farbstoff festgehalten werden kann. Dieser Kräfte- und Stoffaustausch geht nur so lange vor sich, wie der Blattgrünfarbstoff noch in der natürlichen Zelle untergebracht ist, und sein Ergebnis ist, daß an Stelle der gasförmigen Kohlensäure gasförmiger Sauerstoff erscheint und Zuckerstoffe bzw. Stärke entstehen[1]). Das Blattgrün aber bleibt unverändert und kann im Vergleich zu seiner Menge unbegrenzte Mengen Kohlensäure in Zucker überführen. Der Gewinn für die Pflanze besteht darin, daß die gasförmige Kohlensäure zu einem festen Stoff umgewandelt und daß von dem Wasser, welches in so großer Menge von den Wurzeln herkommt, ein ganz kleiner Teil an den Kohlenstoff der Kohlensäure festgebunden und so unverdampfbar zurückgehalten wird. Rund gerechnet ergeben sich so aus 44 Gewichtsteilen gasförmiger Kohlensäure und 18 Gewichtsteilen an sich verdampfbaren Wassers 30 Gewichtsteile fester Zuckerstoff und 32 Teile flüchtiger, luftförmiger Sauerstoff. Die Bedingungen in den grünen Pflanzenzellen sind nun im allgemeinen so, daß der Sauerstoff sich von dem Zucker

---

[1]) Es scheint mir eine heute nicht mehr angebrachte Ausdrucksweise zu sagen, daß beim Assimilationsvorgange die Sonnenenergie sich im Zucker oder der Stärke aufspeichere. Oder daß z. B. die Steinkohlenlager aufgespeicherte Sonnenenergie von Zeiten vergangener Erdperioden wäre. Die Energie, welche damals als chemische Lichtstrahlen auf Blattgrün wirken mußte, um bei dem Zusammentreffen von Grün, Wasser und Kohlensäure die Scheidung zu Sauerstoff und Zucker zu vollziehen, ist übergegangen sowohl in den Sauerstoff als auch in den Zucker. Man hat wohl dem Sauerstoff deswegen nie seinen Energieinhalt zuerkannt, weil bei der allgemeinen Zugänglichkeit der Luft und ihrer dementsprechenden Wertlosigkeit als Ware man auch dessen Energieinhalt keinen Wert beimaß. Man hielt sich an die leichter greif- und speicherbare Ware, an den Zucker und die Kohlenstoffverbindung und sagte, darin sei die Wärme enthalten. In Wirklichkeit kann aber diese Energie nur tätig werden, wenn man den Zucker und den Sauerstoff zueinanderbringt.

trennt, so daß er nicht sofort wieder verbrennt, sondern erhalten bleibt. In je größerem Maße und mit je größerer Geschwindigkeit dies geschieht, desto mehr erfüllt die betreffende Pflanze die Zwecke ihres Anbaues, nämlich Stoffgewinn für den Menschen. So wenig wie aber die Biene ihren Honig sammelt, um andere Leckermäuler damit zu erfreuen, so wenig fängt die grüne Pflanze die flüchtige Kohlensäure in sich ein und hält das leicht verdampfbare Wasser chemisch zurück, nur damit wir dicke Zuckerrüben ernten. Für sie liegt der Sinn dieses Vorganges darin, sich einen chemischen Stoff zu erwerben, der leicht beweglich und handlich ihr dazu dient, die Bedürfnisse ihres Lebens und ihrer Bewegungen zu bestreiten. Wir wollen hier nicht darauf eingehen, wie dann der Zucker aus sich oder durch Zutritt anderer Stoffe Umgestaltungen zu Gerüststoff, Zelleninhalt oder Eiweiß, zu Fett, zu Blüten- und sonstigen Farbstoffen, zu Duft und Säure oder zu Geschmacksstoffen erfährt. Wir müssen in Kürze auf einen anderen, in jeder Pflanzenzelle allgegenwärtigen und immerwährenden Vorgang unser Augenmerk richten, weil er stetig gerade der Substanzmehrung Entgegengesetztes bewirkt, wozu die grüne Pflanzenzelle doch nur zeitweilig, bei Helligkeit, fähig ist: Jede Pflanzenzelle, die lebt, atmet auch!

In wissenschaftlicher Beziehung ist das Wort „atmen" mit der Zeit in etwas sehr übertragener Weise gebraucht worden. Zum Teil, weil neue Erkenntnisse auf die früheren einfachen Annahmen nicht mehr ganz paßten, zum Teil, weil die Pflanze selbst als Lebewesen, wenn man sie unter außerordentlichen Bedingungen bringt, auch mit außergewöhnlichen Aushilfsmitteln antwortet. Praktisch genommen besteht das Atmen der Pflanzenzellen darin, daß sie Sauerstoff aus der Umgebung aufnehmen und dafür Kohlensäure abgeben. Diese Kohlensäure rührt daher, daß all die Stoffe, von deren Bildung wir zuvor sprachen, sich beim Lebensvorgange der Pflanze abnützen oder umwandeln und irgendwie abgestoßen werden, um nicht schädlich zu sein. Ein Teil der bei der Atmung entstehenden Kohlensäure kommt daher, daß in den Zellen selbst gewisse Bewegungen lebensnotwendig sind und die Zellen im Zusammenspiel miteinander Bewegungen erfordern. Dies hat zur Voraussetzung, daß irgendwie eine maschinenartige Anordnung durch Kräfte in Tätigkeit gesetzt wird: Kraft selbst entsteht durch eine mehr oder weniger unmittelbare Verbrennung der Zucker- oder sonstigen brennbaren Stoffe mittels Sauerstoffes, wobei dann CO_2 entsteht.

So geht Kohle- und Stoffinhalt der Pflanze immerfort verloren, während der Stoffgewinn durch Kohlensäureassimilation nur zeitweise stattfindet. Dieses Gegenspiel hat für die Frage der Kohlensäuredüngung verschiedene Folgen.

Man wird naturgemäß zur Pflanzenerzeugung nur solche Sorten und Arten heranziehen — und die Tatsache, daß man bis zum hundertsten Korne erntet, beweist ohne weiteres die Möglichkeit —, die im ganzen mehr Stoffe aufnehmen, wie sie durch Veratmung verlieren. Aber in dem Ausdrucke „Wüchsigkeit" liegt, daß es hier Unterschiede gibt und daß es darauf ankommt, einerseits die Stärke der Veratmung soweit als möglich zurückzudrängen, dagegen die der Assimilation zu stärken, ferner aber auch hinsichtlich der Zeiten solche mit überwiegender Assimilation zu vermehren. Ja, es gibt noch ein weiteres: Manche Pflanzenteile, wie die Wurzeln, bekommen nie Licht, und deshalb geben sie Tag und Nacht beträchtliche Mengen von Kohlensäure ab. Andere

Teile, wie Äste und Zweige[1]) oder Stengel, haben unverhältnismäßig viele Zellen ohne Blattgrün, die ebenfalls immer Kohlensäure liefern. — Hier stellt sich leicht die Möglichkeit ein, daß selbst bei Tage die wenigen Chlorophyllzellen der Oberfläche nicht imstande sind, die von innen zuströmende Kohlensäure zu verarbeiten, so daß sie in Verlust geraten kann. Bei den Blättern schließlich, die fast nur aus Blattgrün enthaltenden Zellen aufgebaut sind, ist am wenigsten Gefahr, daß Kohlensäure von innen nach außen geht, wenigstens solange es hell ist. Bei eintretender Dunkelheit macht sich aber auch bei ihnen die Atmung geltend, und sie vermögen nicht mehr den Kohlensäuregehalt der Umluft zu erniedrigen, sondern erhöhen ihn durch Kohlensäureausatmen.

Für die gewerbliche Pflanzenerzeugung, die auf Stoffmehrung ausgeht, wäre eine Betätigung völlig ausgeschlossen, wenn die Veratmung gerade so stark wie die Assimilation wäre. Dann müßte vom Samen her aus der Pflanze immer weniger und weniger werden. Es genügt auch nicht, daß die beiden entgegengesetzten Vorgänge gleich groß sind.

Man hat zwar durch besondere Versuche Bedingungen namentlich hinsichtlich der Lichtstärke ermittelt, unter denen die Assimilationsleistung und die Atmungsleistung einander die Wage balten. Man findet unter der Bezeichnung K o m p e n - s a t i o n s p u n k t darüber Mitteilungen in Fachschriften. Wir werden darauf gelegentlich noch stoßen, aber praktisch ist der so gekennzeichnete Kompensationspunkt doch wenig bedeutungsvoll für die Pflanzenerzeugung, weil die Assimilation ja nur etwa 12 Stunden lang, die Atmung aber während sämtlicher 24 Stunden vor sich geht. Wenn aus solchen Untersuchungen überhaupt etwas Brauchbares herausspringen soll über die geringste Lichtstärke, bei welcher z. B. irgendeine Schattenpflanze sich noch weiter erhalten bzw. oberhalb der sie zu wachsen beginnen kann, dann wäre eher diejenige Lichtstärke zu ermitteln, bei der die betreffende Pflanze mindestens zweimal so stark assimiliert wie atmet. Jener mehr theoretische Kompensationspunkt liegt bei manchen Pflanzen etwa bei $^1/_{20}$ bis $^1/_{40}$ voller Sonnenlichtstärke. Der praktische, sagen wir einmal „Zuwachspunkt" wird bei natürlichen Bedingungen erst bei etwas größerer Lichtstärke zwischen $^1/_{20}$ und $^1/_{10}$ voller Sonne liegen.

Mit zunehmendem Licht wird zum Glück für die Erhaltung und das Wachstum der Pflanzen der Abtsand der Leistungen der entgegengesetzten Vorgänge immer größer, so daß man bei vollem Licht und normalen Außentemperaturen von zahlreichen Pflanzen sagen kann, daß die Atmung nur zwischen etwa $^1/_6$ und $^1/_{20}$ der Assimilation beträgt. Und dies muß ja auch so sein, wenn man rasch Pflanzen erzeugen will, denn wenn man die ganze Pflanze in Betracht zieht, so kann sie einen wirklichen Zuwachs selbst noch nicht bei dem oben gekennzeichneten „Zuwachspunkt" erfahren. Denn die Wurzeln veratmen während 24 Stunden Kohlensäure, und beschattete Stengel- und Blatteile oder solche ohne Grün, wie Blütenblätter und dergleichen, sind nahezu den ganzen Tag fließende Verlustquellen. Das hier berührte Verhältnis zwischen Ab- und Zunahme, meßbar am Kohlensäureaustausch der Pflanzen, ist praktisch für die Pflanzenerzeugung von größter Bedeutung,

---

[1]) Boyesen-Jensen: Skosvårdsföreningen Tidskr. 1923, S. 269; Müller: Dansk bot. Arkiv 1924, Bd. 4, Nr. 6.

so daß es wohl den Schweiß einiger Doktorarbeiten und noch eingehenderer Untersuchungen wert wäre[1]).

Die gesamte Tatsache, daß mit abnehmendem Licht schließlich auch die grünen Pflanzenteile Kohlensäure veratmen, enthüllt die Neigung der Pflanze, in ihrem Innern eine gewisse Überspannung an Kohlensäure auszubilden. Dies muß notwendigerweise dazu führen, daß das künstliche Hineinbringen von Kohlensäure in die Pflanzen, also das Kohlensäuredüngen, von dieser inneren Überspannung an Kohlensäure irgendwie abhängig wird.

Indem ich dies kurz erläutere, möchte icn gleichzeitig das von meiner **Kohlensäureresttheorie** anfügen, was an dieser Stelle und späterhin notwendig erscheint. Vielleicht tragen diese Zeilen auch dazu bei, Mißverständnisse und Ausstellungen, die hinsichtlich dieser Theorie laut geworden sind, zu beseitigen.

Also nehmen wir einmal den praktischen Fall, daß bei einer Lichtstärke von 5% des Sonnenlichtes und einem Kohlensäuregehalt der Luft von 0,030% ein Blatt gerade so stark atme wie assimiliere. Nun geht also keine Kohlensäure herein und keine heraus. Es herrscht Gleichgewicht, also muß im Innern die Luft auch 0,030% Kohlensäure enthalten. Steigere ich jetzt in der Außenluft den Gehalt an Kohlensäure auf 0,035, so muß Kohlensäure nach innen gehen, und sie wird verschwinden. Die tatsächliche Stoffaufnahme erhöht sich also von Null auf irgendeinen Wert, und mag dieser noch so klein sein. Das Verhältnis zum vorhergehenden Zustand ist deshalb das einer unendlich mal so großen Leistungsfähigkeit. Ganz anders liegt der Fall unter den sonst gleichen Verhältnissen, aber bei voller Lichtstärke. Jetzt wird in der Innenluft des Blattes der Kohlensäuregehalt, sagen wir auf 0,006 herabgesetzt, der Zustrom geschieht also — beim ursprünglichen CO_2-Gehalte 0,030 — mit einem Spannungsunterschiede (s. S. 48) von 24 Einheiten. Einer Luft von 0,035% CO_2 ausgesetzt würde der Spannungsunterschied unter denselben Lichtbedingungen 29 Einheiten. Die Stärke des Zustroms der Kohlensäure, also der Zuwachs, ändert sich also mit dieser kleinen Steigerung des Kohlensäuregehaltes im Verhältnis von 24:29 oder um $^1/_5$ seines ursprünglichen Wertes. Der Ausschlag, den beim vollen Licht ein Zuwachs an Kohlensäure, also geringfügige Kohlensäuredüngung, bringt, ist unverhältnismäßig viel kleiner wie bei schwachem Lichte, weil hier diese geringe Kohlensäuredüngung überhaupt erst ein Zuwachsen möglich macht. In dem Beispiele mit vollem Lichte müßte man den normalen Kohlensäuregehalt der Außenluft entsprechend diesen Erörterungen bis auf 0,054%, also um ganze 24 Einheiten erhöhen, um lediglich ein doppelt so starkes Zuströmen der Kohlensäure nach innen hervorzurufen. Es versteht sich von selbst, daß in diesen ganzen Ableitungen nirgends die Behauptung eingeschlossen ist, daß nun bei schwachem Licht durch eine Erhöhung des Kohlensäuregehaltes in der Außenluft von 0,030 auf 0,035 dieselbe Assimilationsstärke erreicht würde, wie wenn man das betreffende Blatt bei voller Sonne und 0,030 bzw. gar bei 0,054% Kohlensäure arbeiten läßt.

Denken wir uns also gemäß diesen Ableitungen, daß eine Pflanze in einem allseits geschlossenen Raume arbeitet, in dem Kohlensäure mit 0,030 Vol.-% enthalten ist, dann wird bei hellem Lichte die Zustromgeschwindigkeit nach dem Innern, wo nur 0,006% Kohlensäurespannung herrscht, sehr beträchtlich sein, bis schließlich die äußere Kohlensäure so weit verzehrt ist, daß außen nur 0,006% bleibt. In dem Maße, wie das Licht schwächer wird, wird die innere CO_2-Spannung

---

[1]) Derartige Untersuchungen müssen natürlich mit Rücksicht auf die neueren Erkenntnisse über das Abhängigkeitsverhältnis zwischen Lichtstärke und Kohlensäuregehalt der Umluft unter Veränderung sowohl der ersteren als auch des letzteren und der Temperatur vorgenommen werden. Denn es ist heute nicht mehr ein theoretischer Kompensationspunkt nicht nur einer bestimmten Lichtstärke zugeordnet, sondern dieser Lichtstärke nur unter einem ganz bestimmten Kohlensäuregehalt der Luft.

höher und deshalb der Rest, der im Versuchsraume zurückbleibt, größer und größer, bis dann z. B. bei Lichtstärken von $^1/_{20}$ bis $^1/_{40}$ der vollen Sonne, wo selbst aus normaler Luft manche Blätter infolge Gleichgewichts zwischen Atmung und Assimilation keine Kohlensäure mehr aufnehmen können (Kompensationspunkt), der Rest gleich den ursprünglich gebotenen 0,030 Vol.-% ist. Man könnte im chemischen Sinne hier ohne weiteres von einer Art Gleichgewichtsreaktion sprechen, wenn nicht jeder einzelne Vorgang an sich schon, also sowohl die Assimilation als auch die Veratmung, chemisch genau betrachtet, höchst verwickelt wäre. Aber im Endergebnisse kommt der Zusammenhang der beiden Vorgänge, bei denen der eine als Ausgangsstoffe hat, was der andere erzeugt, letzterer aber erzeugt was der andere zersetzt, doch auf einen der üblichen chemischen Gleichgewichtsvorgänge heraus, nur mit der Einschränkung, daß das leuchtende Licht nur in den seltensten Fällen wieder als Licht zum Vorschein kommt, wenn Pflanzen atmen, sondern höchstens ein Gegenwert an Wärme nachgewiesen werden kann. Immerhin, unter diesem Gesichtswinkel ist es den Chemikern verständlich, daß es für diese Vorgänge gewisse Konzentrationen — also Stärke des Gasgehaltes oder des Lichtes — gibt, bei denen der Vorgang nicht mehr in der einen, sondern in der entgegengesetzten Richtung verläuft. Eine solche Grenzkonzentration ist der eben gekennzeichnete Kohlensäurerest, der sich um so rascher herausbilden wird, je kleiner der betreffende umschlossene Raum ist.

Ohne mich hier weiter dabei aufzuhalten, sei bemerkt, daß die Fortführung des Gedankens, daß es sich um eine Gleichgewichtsreaktion handelt, unmittelbar dazu führt, das anzunehmen, was ich als Kohlensäure-Lichtprodukt-Gesetz 1919 aufgestellt habe, nämlich: gleiche Produkte aus Lichtstärke und Kohlensäuredichte müssen gleiche Assimilationsleistungen ergeben, bzw. erweitert ausgedrückt, Lichtstärke und Kohlensäuredichte können sich gegenseitig gewissermaßen ausgleichen und vertreten. D. h. bei starkem Licht genügt ein niedriger Kohlensäuregehalt, bei trübem Licht benötigt man mehr Kohlensäure in der Luft, um gleiche Ergebnisse zu erzielen. In der Zwischenzeit ist dieses Gesetz oder vielleicht besser diese Regel an ganz verschiedenartigen Pflanzen bestätigt worden. In beiden Fällen ist die Formung der Ergebnisse, und zwar in etwas anderer Weise geschehen, zumal da in den äußersten Grenzfällen, also bei äußerst schwachem bzw. sehr starkem Licht und bei ganz geringen bzw. enorm hohen Kohlensäuregehalten (die Natur) das Blatt bzw. die grüne Pflanzenzelle sich doch nicht so verhält wie irgend 3 Stoffe im chemischen Reagenzglase, sondern imstande ist, zum Selbstschutz durch irgendwelche andere Mittel gegen Übertreibungen regelnd einzugreifen. Harder hat diese Verhältnisse an gewissen Wasseralgen untersucht und Lundegårdh an verschiedenen Blattpflanzen.

Letzterer spricht von einem Relativitätsgesetz zwischen Licht und Kohlensäure, was schließlich, praktisch gesprochen, auch nichts anderes bedeuten soll, als daß die beiden Wirkenden, Licht und Kohlensäure, sich mit ihren beziehungsweisen Stärken zum Produkt ergänzen. Aus den Arbeiten dieser Genannten sind die Werte in der folgenden Tabelle entnommen und man sieht, wie in der Tat trotz der größten Unterschiede in Lichtstärke und Kohlensäuregehalt, unter denen die einzelnen Versuche angestellt wurden, doch die Assimilationsleistung gleich ist, genau so wie die rein rechnerische Vervielfachung vom Kohlensäuregehalt mal Lichtstärke nahezu gleiche Zahlen ergibt.

Tabelle 2.

Nach Lundegårdh:

Bezügliche Lichtstärken	0,12	0,05	0,03	0,025
CO_2-Gehalt (Vol.-Proz.)	0,030	0,060	0,090	0,120
Produkt.	0,0036	0,0030	0,0031	0,0030

Nach Harder:

Bezügliche Lichtstärke	19000	3500	2000
CO_2-Gehalt (etwa Vol.-Proz.) . .	0,040	0,160	0,320
Produkt	76	56,0	64,0

Diese Zusammenstellung zeigt je 4 bzw. 3 Beobachtungen gleich großer Assimilationsleistung bei verschiedensten Stärken von Kohlensäure und von Licht und ferner, daß die Produkte aus den angeführten Werten für Kohlensäuregehalt und Lichtstärken annähernd übereinstimmende Zahlen liefern, obgleich die bezüglichen Werte äußerst verschieden sind.

Abb. 3. Mitte und links 2 Analysenapparate zur Kohlensäurebestimmung nach Petterson-Sondèn. Nach rechts zu Leitungen aus Glaskapillaren zum Ansaugen der Luftproben. Rechts unten Glocke aus Zinkblech zur Bestimmung der Bodenatmung nach Lundegårdh.

Diese mehr theoretischen Ausführungen sind zum Verständnis der natürlichen und künstlichen Kohlensäuredüngung unerläßlich. Ja, sie führen auch dahin, die Verhältnisse draußen im Freien, also im unumschlossenen Raum, besser zu übersehen. Wir haben schon oben (S. 5 u. 11) einen kurzen Begriff davon gegeben, aus welchen beträchtlichen Quellen ständig Kohlensäure fließt und welch starker Verbraucher die grüne Pflanzendecke in ihrer Allgegenwart ist. Sieht man auf die Erde als Ganzes, so verschwindet die Bedeutung der Kohlenverbrennung in den Industriestaaten, und es bleibt die Tatsache, daß etwa geradesoviel

Kohlensäure ganz nahe bei ihrem Verbrauchsorte, also den grünen
Pflanzen, entsteht, nämlich durch die Tätigkeit des Bodens, auf dem jene
wachsen. Deswegen habe ich die Ansicht vertreten, daß auch in der oberen
freien Luft eigentlich nur der Rest an Kohlensäure enthalten sei, den die
Pflanzen gewissermaßen von der Kohlensäure nicht mehr verarbeiten

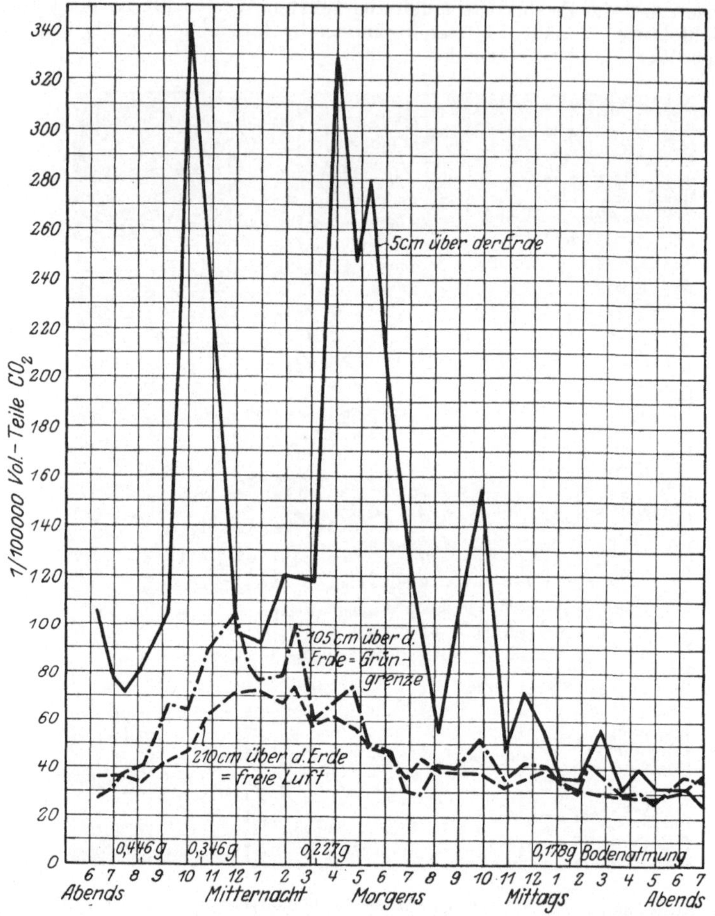

Abb. 4. Jeder Linienzug gibt den Tagesverlauf der CO_2-Gehalte der Luft in verschiedenen Höhen
über dem Boden an: Nachts Höchst-, tags Niedrigstwerte. Windstille Nacht nach Regen.
Weizenfeld Juli. (Nach Techn. i. d. Landw. 1924. Bd. 15, S. 186.)

können, die vom Boden aufsteigt. Es wird dies tags sehr wenig, vielleicht gar nichts, wie wir später sehen werden, dagegen nachts unter Umständen sehr viel sein. Des ferneren wird im Laufe des Tages die Pflanze
die Fähigkeit haben, die während der Nacht vom Boden her entwischte
Kohlensäure oder solche irgendwelcher anderen Herkommen aus der
oberen Luft an sich zu ziehen; gleichgültig bleibt zunächst, ob diese
Kohlensäure durch Windströmungen herangetragen und in unmittelbare Nähe der Blätter gebracht wird, so daß diese sie ansaugen können,

oder ob die Saugkraft der Blätter für Kohlensäure sich auf größere Luftschichten hin betätigt (Diffusion). Für alle drei Vorgänge ist

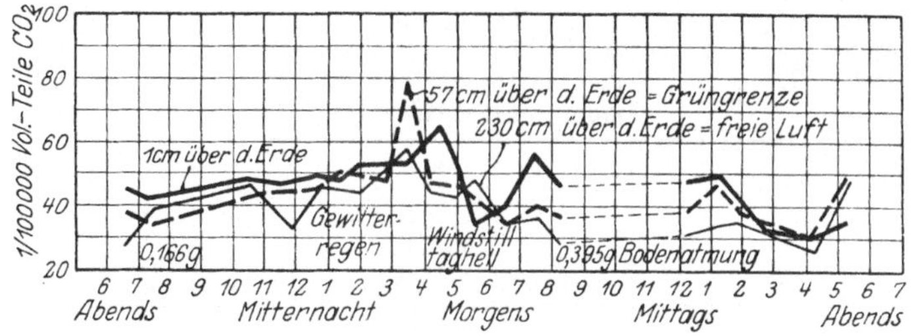

Abb. 5. Dasselbe wie Abb. 4 jedoch vor Regen, nachts bei Gewittersturm und Regen. Die Luftschichten bzw. die Linien deren CO_2-Gehalte vermischen sich. (N. l. c. wie Abb. 4.)

die Saugfähigkeit wesentlich, also die Arbeitsleistung des Blattes, und diese ist im allergrößten Maße von der herrschenden Helligkeit abhängig. Die Restwerte sind unter dem Einfluß der großen zur Verfügung stehenden Lufträume und infolge der Luftströmungen wohl nicht so ausgeprägt zu erwarten wie im abgeschlossenen Raume, aber sie sind ganz deutlich nachweisbar. Ja, der Zusammenhang zwischen Helligkeit und Kohlensäuregehalt der Luft ist ein so enger, daß in einer Reihe von aufeinanderfolgenden Jahren das Produkt aus dem Mittel der täglich bestimmten Kohlensäuregehalte der Luft und dem Mittel der täglichen Ortshelligkeit für diese 4 Jahre nahezu konstant war. Dies zeigt die folgende kleine Zusammenstellung aus den Beobachtungen Marie Davy auf der meteorologischen Station von Mont-Souris bei Paris:

Tabelle 3. Nach Marie Davy:

Jahr	1876	1877	1878	1879
Lichtstärke	0,63	0,58	0,55	0,50
CO_2-Gehalt	25,9	27,6	34,6	34,4
Produkt.	16,3	16,0	19,0	17,2

Diese Zusammenstellung beruht auf täglichen Beobachtungen des Kohlensäuregehaltes und der Lichtstärken Ende der siebziger Jahre bei Paris. Die Jahresmittel der betreffenden Beobachtungen sind hier angeführt und die Produkte aus den Zahlen jedes Jahres ebenfalls. Auch hier hat man wieder eine weitgehende Gleichheit der Produkte.

Ich will mich jetzt nicht bei weiteren Erörterungen aufhalten, ob und inwiefern ganz streng wissenschaftlich der merkwürdige Befund dieser Tabelle als Beweis für das Kohlensäurelichtproduktgesetz betrachtet werden kann. Es wird dies an anderer Stelle geschehen. Auf jeden Fall, in dem Zeitpunkt, als ich diese Beobachtungen etwa 1916 im Schrifttum fand, betrachtete ich sie als beweisend für einen derartigen Zusammenhang und als wesentliche Stütze für meine oben entwickelte Resttheorie. Es ist zudem nicht zu vergessen, daß jene Luftproben bei Paris von einem Gebäude aus mindestens einigen Metern Höhe über der Erde entnommen wurden. Allerdings liegt das Gebäude in unmittelbarer Nähe eines Parkes. Also der Einfluß von Pflanzenwachstum ist zwar nicht ganz unmittelbar, aber doch wahrscheinlich. Wesentlich klarer, übersichtlicher und beweisender läßt sich dieser Zusammenhang verfolgen, wenn man die Untersuchungen des Kohlensäuregehaltes der Luft

Tabelle 4.

CO_2-Gehalte der Luft auf einem Zuckerrübenacker am 16. und 17. IX. 1925. (Höhe der Rübenblätter ca. 50—60 cm, Barometerstand 759 mm, Bodentemperatur 8—11,5°.)

Zeit Stunde	Licht		Wind-richtung	Luft-temp.	In 100 000 Raumteilen, Raumteile CO_2		
	Wolken	Sonne	m/sec.	Grade Cel.	3 cm v. Bod. = Erd-nähe	55 cm v. Bod. = Grün-grenze	120 cm vom Bod. = Freiluft
16. IX. 1925.							
11^{20}	weiß $^4/_5$	schwach	W 1	15,0	32,5	—	28,0
12^{30}	„	„	W 1—2	16,5	27,5	25,0	—
14^{45}	bedeckt, grau	—	W 0,5	16,5	34,0	23,0	—
15^{40}	bedeckt	etwas	W 1 m	16,6	—	26,0	29,0
16^{35}	„	trübe	W 0,5	16,1	42,0	—	34,0
17^{25}	$^3/_4$ bed.	etwas heller	SO 0,7	15,8	—	18,0	24,0
18^{10}	$^1/_2$ „	geht unter	SO 0,7	14,8	35,0	35,0	—
19^{10}	$^9/_{10}$ „	—	SO 0,2	12,7	50,0	—	40,5
17. IX. 1925.							
5^{15}	Tau, schw. neblig	nicht aufgeg.	OSO, leichter Zug	3,7	53,5	53,0	—
6^{10}	kaum bewölkt	etwas	SO fast still	4,0	—	50,0	45,0
8^{25}	Stratus-Tau	hell	SO 0,3	10,5	—	32,0	40,5
9^{15}	etw. verschleiert	ziemlich hell	SO 0,5	12,2	40,0	—	31,0
10^{05}	Stratus	ziemlich bedeckt	SO 0,2	14,1	37,0	—	33,0
11^{00}	„	„ „	SO 0,2	17,0	—	16,5	21,0
11^{50}	etwas bezogen	hell	O 1	18,3	25,0	13,5	—
12^{55}	einige Kumulus	etwas Sonne	S cr. 1	17,7	—	25,5	19,5

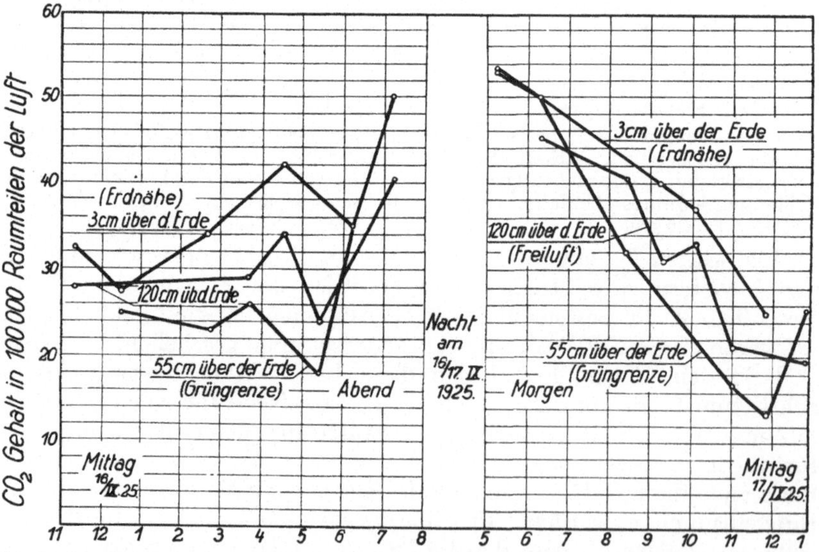

Abb. 6. Die CO_2-Gehalte der Luft bei den stark assimilierenden Zuckerrüben gehen tags sehr stark herab. Gegen abends und morgens sind die CO_2-Gehalte wesentlich höhere.

Tabelle 5.

CO$_2$-Gehalt in 100 000 Vol.-Teilen Luft über einer Wiese am Observatorium in Davos-Platz (230, 40 und 3 cm über der Erde) am 13. VIII. 1925 bei aufhellendem Wetter.

Stunde	Temperatur			Barom.	Witterung	CO$_2$-Gehalte		
	Luft	Sonne	Boden	mm	Wind, Wolken, Sonne, neblig	230 cm	40 cm	3 cm
6^{18}	5,6	—	—	635,4	SO, schw.Wolk., bedeckt	37,5	—	—
7^{00}	6,5	—	10,5	635,4	still, helle Wolk., ,,	32,3	—	—
9^{40}	12,8	15,2	—	636,7	SW 1—2, blau hell	45,0	24,2	36,5
10^{35}	14,8	15,6	17,5	636,7	SW 1—2, Str. $^1/_2$, hell	—	22,0	31,5
11^{15}	15,0	17,0	18,0	636,7	SW 1—2, C Str. $^1/_5$, hell	37,0	18,2	33,5
11^{58}	14,8	16,5	17,0	636,7	N 2—3 m, C weiß $^1/_8$, hell Schornstein riecht	35,5	23,0	30,0
14^{35}	15,2	15,2	16,2	636,7	N 2—3 m, C weiß $^1/_5$, etwas bedeckt	35,0	30,0	26,0
16^{40}	15,2	17,3	15,0	636,7	N 2 m, C weiß $^1/_4$, hell	30,5	32,0	31,5
19^{50}	10	—	—	636,7	still, klar, unter	31,0	—	—

Tabelle 6.

CO$_2$-Gehalt in 100 000 Vol.-Teilen Luft über einer Wiese talabwärts Davos (150, 20 und 1—2 cm über der Erde) am 24. VIII. 1925 bei bedeckt-regnerischem Wetter.

Stunde	Temperatur			Barom.	Witterung	CO$_2$-Gehalte		
	Luft	Sonne	Boden	mm	Wind, Wolken, Sonne,' neblig	150 cm	20 cm	1-2 cm
12^{40}	15,0	—	12,5	626,5	S 1—2, bed., grau	29,3	33,0	31,5
15^{40}	11,3	—	—	626,5	N 1—2, bed., Regen	29,8	41,0	32,5
17^{25}	9,5	—	12,0	626,5	S cr.2, heller, etw.Sonn.	32,3	35,5	34,0
18^{20}	8,5	—	12,0	626,5	S, schw. $^1/_2$ bed., unter	31,7	—	—

draußen auf landwirtschaftlichen Äckern selbst vornimmt und sich hierbei solcher Untersuchungsmethoden bedient, die es gestatten, den

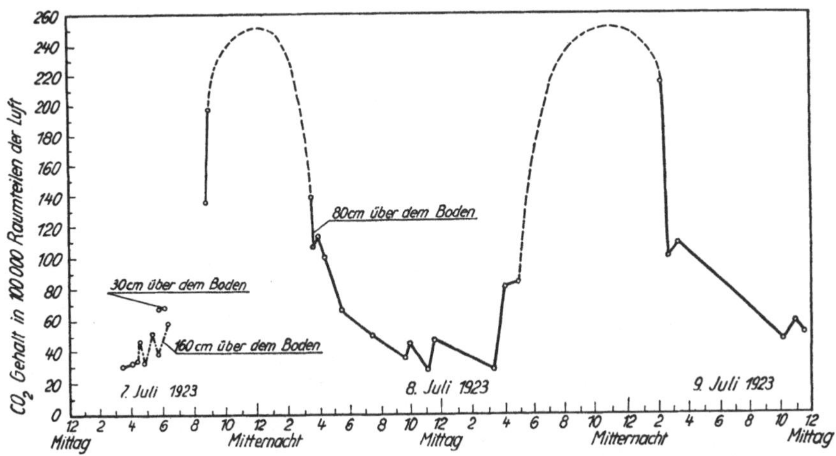

Abb. 7. CO$_2$-Gehalte im Laufe von 36 Stunden in und über einem Schlage an Grünfuttergemenge. (Nach Techn. i. d. Landw. 1924, S. 97.)

Kohlensäuregehalt der Luft augenblicklich zu bestimmen und dies innerhalb der kurzen Zeitspanne von wenigen Minuten und Viertelstunden zu wiederholen. Abb. 3. Ja, man erhält noch viel schönere Unterlagen für diese Zusammenhänge, wenn man derartige Feststellungen mit Luft aus verschiedenen Höhenabständen über dem Erdboden und innerhalb von Pflanzenbeständen macht. Wie aus den Abb. 4 u. 9 bzw. Tab. 4—7

Tabelle 7.

CO_2-Gehalt in 100000 Vol.-Teilen Luft auf Muottas Muraigl, 2510 m, an einem klaren — 27. VIII. 1925 — und einem trüberen Tage — 28. VIII. 1925. (Barometerstand 570—572.)

Stunde	Temperat. °C		Witterung			Hellig-keit	Verschiedenes	CO_2-Gehalte	
	Luft	Sonne	Wind	Wolken	Sonne			5m üb. Erde	3-5 cm
27. VIII. 1925.									
10^{48}	5	6,8	N 4	bed. $^1/_2$	hell	84,5	6,5° Bodentemp.	27	—
11^{27}	7,0	—	N 4	bed. $^1/_2$	Trübung	—	—	28,5	—
12^{02}	7,0	8,2	N schw.	bed. $^1/_4$	heller	83,9	—	26,0	—
12^{52}	7,5	9,1	N 3—5	keine	sehr hell	83,9	8,6° Bodentemp.	26,0	—
13^{22}	6,5	10,0	N 1—2	$^1/_{16}$ bed.	sehr hell	65,9	8,6° Bodentemp.	29,0	—
14^{00}	7,6	10,6	N schw.	$^1/_{16}$ bed.	sehr hell	—	—	31,0	—
14^{40}	7,7	9,5	N stärk.	diesig	hell	79,5	zeitw. NW-Stöße	31,5	—
15^{12}	8,5	10,5	N mittelst.	einzelne	hell	67,0	—	29,0	—
15^{45}	8,7	11,0	WNW mittlst.	weiße	bedeckt	67,0	13,7°Bodentemp.	25,0	—
16^{25}	8,0	9,7	N schw.	keine	hell	18,6	—	30,5	—
17^{04}	19,0	9,0	NNW 2	einige	hell	—	—	26,5	—
17^{35}	9,6	8,5	N 2—3	} etwas am {	hell	—	—	28,5	—
18^{12}	7,5	8,8	N 2	} Horizont {	nahe am Untergehen	—	10,5°Bodentemp.	28,0	—
18^{43}	6,2	—	NNO etw.	klar	geht unter	—	} Kuhherde in {	33,0	—
19^{00}	5,3	—	NO 1—2	klar	Abendrot	—	} der Nähe {	32,0	—
19^{16}	5,0	—	NO 1	klar	—	—	—	28,5	—
20^{55}	4,3	—	NO 1—2	sternklar	Mond	—	—	30,0	—
21^{35}	3,8	—	N schw.	sternklar	Mond	—	—	32,0	—
21^{55}	3,0	—	N stärk.	sternklar	Mond	—	—	29,0	—
22^{20}	2,8	—	N stärk.	sternklar	Mond	—	—	27,0	—
28. VIII. 1925.									
3^{15}	2,8	—	NNO stark	sternklar	—	—	—	29,0	—
3^{36}	2,8	—	NNO 1—2	klar	—	—	2 Best.: 30,5/28,0	29,3	—
4^{35}	—	—	NNO 0,5	klar	Dämmerung		—	32,0	
5^{26}	2,2	—	NO schw.	keine	alle Farben deutl.sichtbar		—	34,0	—
5^{40}	2,1	—	N schw.	bed. $^1/_4$	—	—	—	33,0	—
6^{35}	3,0	—	NO stärk.	weiße W. am Horizont	} scheint {	—	2,6° Bodentemp.	30,5	28,0
7^{05}	3,5	9,0	NO 2	keine	} ringsum {	—	2 Best.: 31,0, 30,0 Entnahmestellen im Schatten	—	28,0
7^{25}	4,2	9.0	NO 1—2	$^1/_8$ bed.	hell	—	—	29.0	—
7^{35}	4,3	9,0	NO 1—2	$^1/_8$ bed.	scheint	—	2 Best.: 30,0, 29,0	—	29,5
7^{45}	4,2	10,6	NO 1	$^1/_4$ bed.	scheint	—	3,4°} 2 Best.:	—	28.5
10^{15}	8,2	20,5	NNO 1—2	$^3/_4$ bed.	verschleiert	33,2 50,7	7,0°}32,0 + 32,5	30,3	27,0
10^{52}	10,2	12,5	N mittel	bedeckt	bedeckt	33,2 50,7	7,2° Bodentemp.	30,0	—
11^{35}	10,0	17,5	N schw.	etwas bed.	scheint	—	—	31,0	—
12^{25}	11,6	19,0	NW schw.	verschl.	schwach	8,4	8,7° Bodentemp.	29,0	—
13^{05}	10,2	21,5	NW schw.	heller	ziemlich hell	57,7	—	29,0	27,0
13^{30}	11,5	19,0	N 1—2	—	weniger hell	57,7	15,0°Bodentemp.	—	27,0
14^{00}	10,5	18,5	NW 2—3	etwas bed.	bezogen	15,9	15,0°Bodentemp.	30,5	—
14^{30}	10,5	15,5	NW 2—3	bewölkt	hell	15,9	—	—	28,5

deutlich ersichtlich und wie später (S. 53 f. u. Abb. 16 u. 17) noch besprochen wird, gelingt es so, Aufnahmen von dem Tagesverlaufe des Kohlensäuregehaltes in verschiedenen Luftschichten zu bekommen. Hier sei nur hervorgehoben, daß sowohl jede einzelne dieser Kurven in ihrer Abhängigkeit von der Lichtzunahme zwischen morgens und mittags und wiederum zwischen da und abends von der Helligkeitsabnahme gewissermaßen einen stündlichen Beweis der Resttheorie liefert, als daß auch die gegenseitige Lage dieser Kurven zueinander und die Verschiebung ihrer Höchst- und Niedrigstwerte gegeneinander innerhalb der Tagesstunden bekräftigt, daß selbst in jeder einzelnen Luftschicht, wenn sie

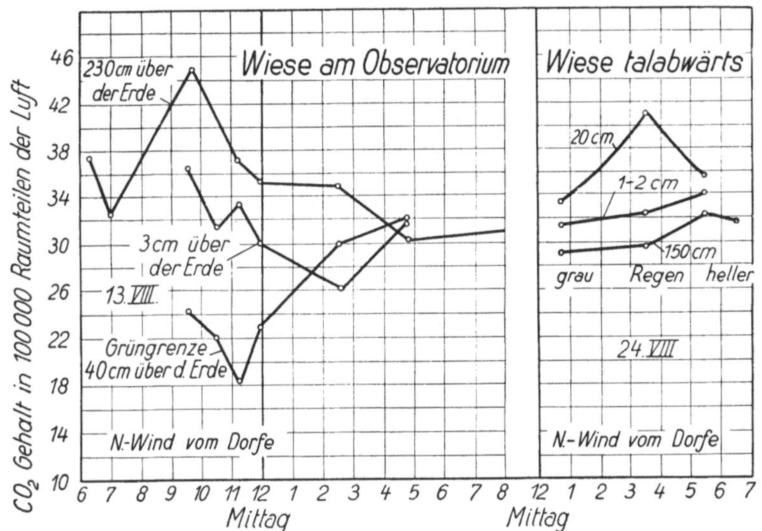

Abb. 8. Auch im Hochgebirgstale (Davos) über Wiesen läßt sich bei klarem Wetter der Einfluß der assimilierenden Pflanzen auf den CO_2-Gehalt der Luft feststellen. (13. VIII.) — Bei Regen (24. VIII.) dagegen sind die Pflanzen Abgeber von CO_2, so daß in der Grüngrenze die höchsten CO_2-Gehalte herrschen (s. Tab. 5, S. 23).

nur anderen Lichtverhältnissen — infolge der Selbstbeschattung der Pflanzen — unterliegt, diese Gesetzmäßigkeit herrscht.

Es ist also mit dem Licht und mit der Kohlensäure umgekehrt wie in dem Sprichwort: Wo viel Licht, da ist viel Schatten. Im Gegenteil, wo viel Licht, ist wenig Kohlensäure. Und wo viel Schatten, da ist viel Kohlensäure. Es bleibt gewissermaßen in jedem Augenblick in dem Wechselspiel zwischen fortwährender Kohlensäureentstehung vom Boden her, nur zeitweiliger Assimilation, also den Verzehr von Kohlensäure und dem — wahrscheinlich ziemlich geringfügigen — Einfluß der oberen freien Luft mit ihren Winden, in jeder den Pflanzen nahen Luftschicht der Rest an Kohlensäure zurück, der dort nicht verarbeitet wird — oder nicht verarbeitet werden kann.

Was ergibt sich nun aus den an dieser Stelle kurz entwickelten pflanzenphysiologischen und theoretischen Darlegungen über das Produktgesetz, die Resttheorie, die Schwankungen des Kohlensäuregehaltes in der freien Natur an Gesichtspunkten für eine etwaige Kohlensäuredüngung im alltäglichen Betriebe des Pflanzenerzeugers?

Zunächst ganz unabhängig von der vielleicht in manchem noch strittigen Frage, ob es in erster Linie die Pflanze ist, die die Schwankungen im Kohlensäuregehalt ihrer Umluft beherrscht und regelt, oder ob dafür äußere Umstände maßgebend sind, ist an folgendem Satze keinesfalls mehr zu zweifeln:

Wenn es gelingt, Kohlensäure in irgendeiner Weise an die Pflanzen heranzubringen, so daß in deren Umluft (Lufthemd nach Krantz) ein etwas höherer Gehalt mehr oder weniger lange sich erzielen läßt, als er ohne diese Maßnahme unter der herrschenden Lichtstärke bei sonst gleichen Bedingungen sich einstellen würde, dann muß das Produkt aus Lichtstärke und Kohlensäuregehalt etwas größer werden und auch die

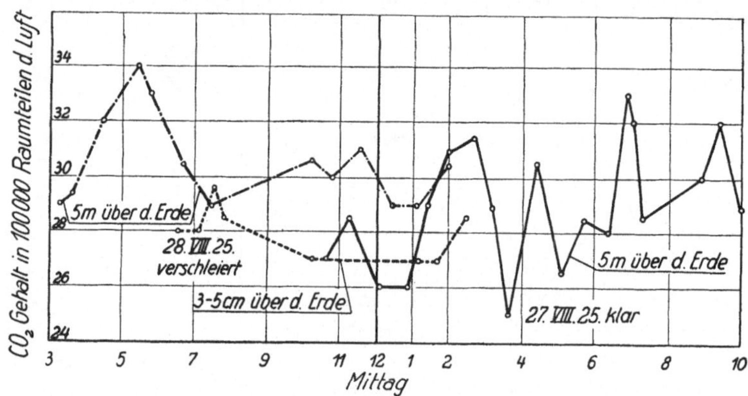

Abb. 9. Selbst auf freiem Gipfelhang im Hochgebirge (Muottas Muraigl 2500 m) hat der tägliche Verlauf des CO₂-Gehaltes bei klarem Wetter (27. VIII.) gegenüber verschleiertem (28. VIII.) Wetter deutlich niedrigere Werte. Auch die spärliche aber zeitweise sehr intensive Assimilationstätigkeit (3—5 cm über der Erde 28. VIII.) erniedrigt den CO₂-Gehalt sichtlich (s. Tab. 7 S. 24).

Assimilation zunehmen. Die Frage, um welchen Betrag man die Umluft mit Kohlensäure anreichern muß, um irgendein Mehr an Produktion zu erzielen, werden wir weiter unten behandeln (S. 25ff.).

Zunächst ist auf jeden Fall unbestreitbar, daß die Lichtstärke um unsere Pflanzen ganz gewaltigen Schwankungen unterliegt. Ich möchte an dieser Stelle nicht mit zuviel Zahlen aufhalten und verwirren und gebe deshalb aus einer früheren Veröffentlichung[1]) einige an (s. Abb. 10):

1. Zwischen Sommer und Winter ist ein Unterschied der Lichtstärke bei klarem Himmel wie etwa 6200 zu 730. Bei mittlerer Bewölkung dagegen wie 3310 und 200.

2. Die verschiedenen Tagesstunden bei klarem Himmel (ganz abgesehen davon, daß es in der Nacht völlig dunkel ist) verhalten sich zu den Zeiten früh 4 und abends 8, morgens 8 bzw. nachmittags 4 und mittags im Sommer wie 1,1 zu 415 zu 700, im Winter aber wie 0 zu 179,

---

[1]) Reinau und Kertscher: Die Umwandlung der Sonnenenergie, des Wassers und des Kohlenstoffes in der Landwirtschaft. Wiss. Veröff. aus dem Siemens-Konzern 1925, IV. Band, 1. Heft.

d. h. selbst am hellen Wintertage ist es um die Mittagszeit nicht so hell wie im Sommer morgens kurz nach 6 bis abends kurz vor 6.

3. Eine mittlere Bewölkung vermindert die Lichtstärke gegenüber klarem Himmel im Winter etwa im Verhältnis von 730 auf 200 und im Sommer von 6200 auf 3300. Ganz starke Bewölkung kann schließlich so weit zur Verfinsterung führen, daß die eben genannten Werte von mittlerer Bewölkung sich noch viel mehr erniedrigen und die Unterschiede gegenüber klarem Himmel im Winter also etwa 700 gegen 20—30 und im Sommer 6200 gegenüber etwa 12—1500 betragen.

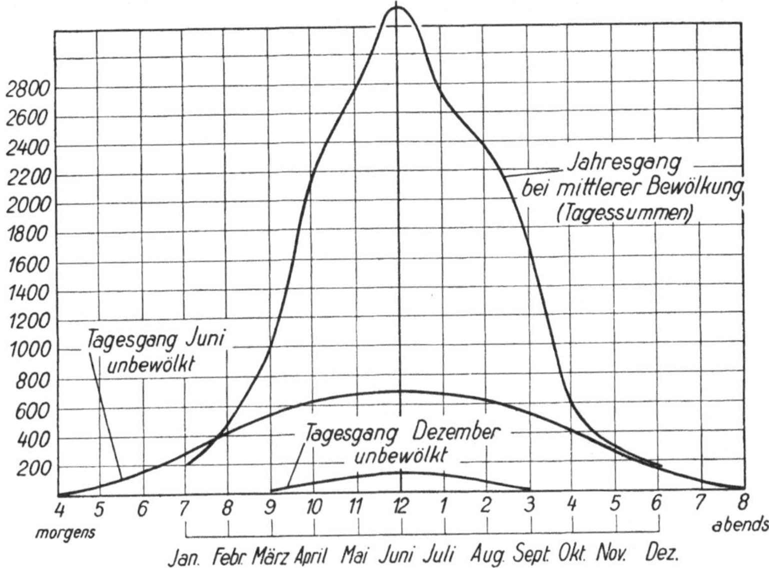

Abb. 10. Die Lichtmengen in Kilo - Kalorien pro Quadratmeter und Tag bzw. Stunde die in verschiedenen Jahreszeiten und in den verschiedenen Tagesstunden auf den Boden (1 qm Horizontalfläsche) gelangen (Potsdam). Das hellste Licht an einem Wintermittag ist kaum stärker wie im Sommer vor und nach 6 Uhr: Und die Tagessumme im Januar - Dezember ist nur $^1/_{16}$ von der des Juni.

4. Und nun schließlich noch das, was die Pflanzen, wenn sie in Gesellschaft beieinanderstehen, sich selbst und anderen durch Beschattung an Licht wegnehmen. Am Boden eines 150 cm hohen Weizenbestandes kommen im Sommer bei heller Sonne nur etwa $^1/_5$—$^1/_{10}$ der Lichtmengen an, die obenauf strahlen. Durch dicht stehenden 60 cm hohen Klee dringt nur etwa $^1/_{20}$ des Lichtes hindurch. Ein guter Haferbestand beschattet sich nahezu gleich stark.

Aus all diesen Zahlen geht hervor, daß es viele Zeiten und Umstände gibt, in denen wegen der Schwächung des Lichtes eine Verstärkung des Kohlensäuregehaltes angezeigt wäre: z. B. in den Morgen- und Abendstunden im Frühjahr und Herbst und schließlich eigentlich immerwährend für die untersten Blätter, wenn ein Pflanzenbestand erst einmal sich weitgehend geschlossen hat. Wenn man nun die Frage stellt, wieviel Kohlensäure soll man zuführen, da ist es schon schwieriger, eine sichere Antwort zu erteilen. Die einfache Fassung des Produktgesetzes würde fordern, daß man bei halber Schwächung des vollen Sonnenlichtes den Kohlensäuregehalt verdoppelt. Unter der Annahme, daß ein Kohlensäuregehalt von $^{30}/_{100\,000}$ bei Sonne eine Höchstleistung gibt, würde man also bei halber Bewölkung etwa $^{60}/_{100\,000}$ Kohlensäure um die Pflanzen aufrechterhalten müssen, im Schatten eine Kleefeldes in Bodennähe, wo nur $^1/_{20}$ des Lichtes hingelangt, sogar $^{600}/_{100\,000}$. Erhöht man aber den Kohlensäuregehalt so stark um die ganze Pflanze, dann würde, wie heute eine große Zahl von Forschern glaubt annehmen zu müssen, die Tätigkeit der obersten hellsten Blätter um das 20 fache gesteigert. Betrachtet man die Verhältnisse dagegen mehr aus dem Gesichtswinkel der Gedankengänge der Resttheorie und von dem Gegenspiel der Atmung der Pflanzen und dem Gegendruck von Kohlensäure, den sie in sich haben, dann kommt man zu dem Schluß, daß die Leistung der Pflanze etwas schneller zunehmen muß, als die Steigerungen des Kohlensäuregehaltes in der Umluft.

Wenn wir später im einzelnen die ersten mehr wissenschaftlichen Versuche zur Kohlensäuredüngung durchgehen, werden wir finden, daß die Erfolge mit Kohlensäuredüngung in der Praxis mehr dieser letzteren Annahme entsprechen. Selbst Lundegårdh, der glaubt, meine Resttheorie mit einer mathematisch anmutenden Geste beiseite schieben zu können, muß zugestehen, daß bei seinen Gewächshausversuchen die Erträge nicht im einfachen arithmetischen Verhältnis der Steigerung des Kohlensäuregehaltes folgten, sondern in einem weit verstärkterem Maße, nämlich im geometrischen Verhältnisse, d. h. der Verdoppelung des Kohlensäuregehaltes würde vierfacher Ertrag entsprechen. Dieselben Beobachtungen sind schon aus den ersten diesbezüglichen französischen Versuchen abzulesen, wie ich dies in meinem schon öfter angeführten Buche („Kohlensäure und Pflanzen") dargelegt habe (vgl. auch S. 68 ff.).

Wenn man sich die natürlichen Verhältnisse und alle bisher entwickelten Zusammenhänge überlegt, so kommt es auf einen Streit um des Kaisers Bart heraus, entscheiden zu wollen, ob die Pflanzenerzeugung in einfachem oder in verstärkt-geometrischem Verhältnis mit der Gehaltssteigerung der Kohlensäure zunimmt. Selbst in Gewächshäusern, in denen man in 2 Versuchen mit verschiedenen aber immer gleich hohen Kohlensäuregehalten gleiche Kulturen ziehen würde, müßte der Unterschied des CO_2-Gehaltes ganz anders auf die hellsten wie auf die dunkelsten Blätter wirken. In den Morgen- und Abendstunden würde die Nutzung ebenfalls anders sein, wie am hellen Mittag. Ich bin deshalb schon bei meinen ersten praktischen Begasungsversuchen im Gewächshause (1912), die ich später noch schildern werde, mehr von dem Gesichtspunkte ausgegangen, der Pflanze im Laufe des Tages wechselnde Kohlensäuregehalte in der Umluft zu verschaffen. Ich hielt es wohl für möglich, daß Lebewesen, wie die Pflanzen durch richtige Mast auf derselben Fläche zwei-, drei-, ja sogar viermal mehr bringen können, wie es heute üblich ist. Es war mir auch gewiß, daß lebende Organe, wie die Blätter, eine solche Wirkungsweite haben, daß sie unter geeignetsten Bedingungen und während kurzer Zeiten je Quadratmeter bis zu 10 g Kohlensäure verarbeiten könnten, während sie im Mittel unter den üblichen Wachstumsbedingungen höchstens 0,4—2 g Kohlensäure assimilieren. Wenn ich also die Pflanze während einer Stunde dazu bringe, mit höchster Leistung zu arbeiten, so habe ich nicht·nötig, in den andern 5—10 Stunden mehr von ihr zu verlangen, als was sie gewissermaßen natürlicherweise tut: Und doch habe ich aus jener ersten Stunde tatsächlich 10 Wachstumsstunden gemacht und diese 10 zu den neun natürlichen Stunden hinzugefügt. Das Ergebnis muß also ein doppeltes Wachstum sein. Diesen Werten haben wir uns schon 1913 im Gewächshausversuche dadurch genähert, daß wir zweimal täglich den Gehalt von Gewächshausluft auf den zehnfachen Betrag des natürlichen, also auf 0,300%, brachten.

Noch etwas anders liegt der Fall bei den großen Freilandflächen. Heute wissen wir, daß jeder landwirtschaftliche Boden, und sei es der ärmste, ständig in langsam fließenden Mengen von Sekunde zu Sekunde je ein bißchen Kohlensäure abgibt, und daß diese Kohlensäure — davon darf man vielleicht erst in 5 Jahren ohne Anstoß reden — von Pflanzen, die darüber wachsen, weitestgehend abgefangen wird. Deshalb ist es ganz ungeheuer schwierig, unter Verhältnissen, wo Entstehung und Verzehr eines Stoffes so unmittelbar aneinanderliegen, die Bedeutung und auch den zahlenmäßigen Wert des CO_2-Gehaltes, unter dem die beiden Vorgänge sich abspielen, anzugeben bzw. zu ermitteln. Der Geschwindigkeit des Herauskommens der Kohlensäureteilchen aus der mit Kohlensäure stark geladenen Bodenluft (0,500 bis 2,000 Vol.-%) durch die Poren des Bodens hindurch zu einer in höchster Tätigkeit sich befindenden Chlorophyllzelle — und der Durchgangsgeschwindigkeit durch die kleinen Spaltöffnungen — sind praktisch kaum Grenzen gesetzt, solange nur die Chlorophyllzelle, wie Brown sich ausdrückt, eine vollendete Sickergrube für Kohlensäure vorstellt. Das einzelne Kohlensäureteilchen kann sich dabei mit etwa 4 m je Minute fortbewegen. Unter diesen Umständen kann sich eigentlich ein Gehalt in der Umluft der Pflanzen, wie oben angedeutet, nur dadurch einstellen, daß entweder bei höchster Leistungsfähigkeit des Grüns der Boden noch mehr, als verschaffbar ist, erzeugt, oder daß er zwar in normaler Weise etwa $1/_2$ g je Stunde liefert, die grüne Zelle aber in ihrer Leistungsfähigkeit, sei es durch Lichtmangel oder durch Erschöpfung ihrer Apparatur, nachläßt.

Auf all diese Dinge werden wir bei der Praxis der Kohlensäuredüngung nochmals zurückkommen. Im folgenden seien noch zwei bedeutsame biologische Vorgänge, die bei einer Kohlensäuredüngung sehr beachtlich sind, besprochen. Es gibt nämlich zwei Organe der Pflanzen, denen das Kohlensäuredüngen nicht so zusagt wie den Blättern, die fast nicht genug davon bekommen können. Dies sind die Wurzeln und die Fortpflanzungsorgane.

A. Die Wurzel besteht wie die ganze Pflanze aus lebenden Zellen. Sie enthalten aber kein Grün, und sie bekommen unter den üblichen Umständen auch nie Licht. Bei ihrer Atemtätigkeit wird, wie bei jeder anderen Zelle, Kohlensäure frei, die irgendwie entweder nach außen oder aber nach innen abgestoßen werden muß. Daß es nach außen geschieht, ist mehrfach festgestellt und in den letzten Jahren von Stoklasa auch gemessen worden. Die Möglichkeit, nach innen zu die überschüssige Kohlensäure fortzuleiten, wäre ohne weiteres vorhanden. Denn durch die Wurzeln strömen im Vergleich zu ihrer Masse — sagen wir 10—15% von der ganzen Pflanze — sehr große Mengen von Flüssigkeit, etwa 2—3000 mal ihr eigenes Gewicht, hindurch.

Rechnen wir einmal 400 g trockene Wurzelmasse auf 1 qm, so werden diese etwa 1200 l Wasser im Laufe ihres Lebens aufnehmen. Es könnten sich darin ebenso viel Liter reine gasförmige CO_2 auflösen, das sind 2,4 kg. Um ein ungefähres Bild von der Atmungsleistung von Pflanzenwurzeln während des Wachstums zu geben, füge ich einige Zahlen von Stoklasa an:

Je feiner die jungen Wurzeln noch sind, um so größer ist die Oberfläche im Verhältnis zur Masse, desto größer ist auch die Wurzelatmung im Verhältnis zur Trockensubstanz. Die Werte fallen allmählich auf etwa den 20. Teil, so daß z. B. für Zuckerrübe je Stunde bei 25° Temperatur aus 100 g Trockensubstanz folgende Mengen an Kohlensäure in Grammen ausgeatmet werden:

am 25.	Tage	nach	Beginn	des	Wachstums	0,5438 g
„ 50.	„	„	„	„	„	0,1758 g
„ 75.	„	„	„	„	„	0,0521 g
„ 120.	„	„	„	„	„	0,0310 g

Die entsprechenden Werte bei Sommerweizen sind etwa halb so groß. Die Art der Versuchsanstellung macht es wahrscheinlich, daß diese Werte ein wenig zu hoch sind. Wir wollen deshalb unserer Berechnung eine mittlere Atmungsstärke der Wurzel von 0,1 g je Stunde auf 100 g Trockensubstanz zugrunde legen und mit einer mittleren gleichzeitig atmenden Wurzelmasse von 200 g und mit 5 Monaten Wachstumszeit rechnen. Wir kommen dann zu dem Ergebnis, daß diese Wurzeln während der ganzen Wachstumszeit etwa 720 g Kohlensäure ausatmen. Es ist dies eine Kleinigkeit weniger wie $^1/_3$ der Kohlensäure, die sich in dem Wachstumswasser bei voller Sättigung mit 100 proz. Kohlensäure lösen könnte. Da nun aber die Atmung sich immer auf Kosten des Sauerstoffs der Bodenluft abspielt, so ist kaum anzunehmen, daß der Kohlensäuregehalt bei der atmenden Zelle höher wie 15% steigt, also so, daß noch immer ein Rest von Luftsauerstoff vorhanden ist. Unter diesen Umständen könnten sich dann etwa 360 g der entstandenen Kohlensäure in dem aufgenommenen Wasser lösen, also etwa die Hälfte aller entstandenen.

Wir kommen also der Größenordnung nach zu dem Ergebnis, daß immerhin ein beträchtlicher Teil der Atmungskohlensäure der Wurzel nicht notwendigerweise nach außen, also in die Bodenluft hinein, zu entweichen braucht, sondern durch die Gefäßbündel im Wachstumswasser nach den Blättern zu abgeleitet werden kann. Andererseits ergibt sich aber auch, daß die Wurzeln beträchtliche Mengen von Kohlensäure abgeben müssen, und es sind verschiedentlich Beobachtungen darüber gemacht worden, daß die Gesamtpflanze geschädigt wird, wenn zu viel Kohlensäure in der Bodenluft sich ansammelt, was wiederum die Atmungstätigkeit der Wurzeln hemmt. Die Schädigung kann sich in Ertragsminderung kundgeben (Jentys) oder in stärkerer Anfälligkeit der Pflanzenwurzel für Bakterienkrankheiten (Lundegårdh, Bewley). Praktisch weiß jeder, der mit Pflanzen zu tun hat, daß es wichtig ist, einen durch starken Regen oder außergewöhnliche Trockenheit völlig verschlossenen Boden durch Hacken oder ähnliches aufzureißen, damit wieder Gasaustausch stattfindet. Wenn man nun mit Kohlensäure auf irgendeine der später eingehender behandelten Arten düngt, sei es also selbsttätig oder künstlich, so wird immer, sei es im Boden selbst oder in der Luft, dicht über dem Boden der Kohlensäuregehalt erhöht und damit die CO_2-Abgabe der Wurzeln gehemmt. Bei dem einen oder anderen im Schrifttum berichteten, gelegentlich ohne Erfolg durchgeführten Kohlensäuredüngungsversuche, namentlich wenn man sehr große Mengen von Kohlensäure benützte, mag der Mißerfolg auf diesen Zusammenhang zurückzuführen sein. Auch beim Verabfolgen von frischem Mist, der noch nicht genügend verrottet ist, oder beim Zubereiten von neuen Pflanzbeeten mit solchem Mist, können ähnliche

Erscheinungen vorkommen, die der Praktiker einfach als Verbrennen bezeichnet, die gelegentlich auch als Schädigungen durch freies Ammoniak anzusehen sind. Aber die Mengen von Kohlensäure, die derart neuangelegte Mistbeete je Quadratmeter und Stunde an die Luft abgeben können, sind nach meinen Beobachtungen in den ersten Tagen größer wie 3 g, also 15 mal soviel als eine beträchtliche Wurzelmasse schon ausatmen würde. Unter solchen Umständen mögen die Wurzeln leicht ihre Kohlensäure weder nach innen noch nach außen abstoßen können. Sie werden dann zu der sogenannten inneren Atmung ohne Sauerstoffverbrauch und ohne Kohlensäureentwicklung übergehen, also einer gewissen Unregelmäßigkeit, bei der ungewohnte Stoffwechselerzeugnisse: Säuren, Alkohol und dergleichen entstehen, die entweder zu Vergiftungen oder zu Anfälligkeit durch Bakterien führen.

B. Andere Teile der Pflanze, die sich ebenfalls unbeschränkte Kohlensäuredüngung nicht ohne weiteres gefallen lassen, sind die sogenannten Generationsorgane. Wir wissen heute noch nicht genau, wo eigentlich die Ursache dafür zu suchen ist, daß nahezu alle Pflanzen, die man einer künstlichen Kohlensäuredüngung unterworfen hat, rascher zur Blüte und Frucht gelangen und daß sie sich auch stärker bestocken und mehr Blüten ansetzen. Wir werden dafür später eine ganze Reihe von Beispielen und Belegen anführen. Also die Tatsache besteht, daß Kohlensäuredüngung immer so wirkt, und daß es die Geschlechtsorgane sind, an denen die außergewöhnliche Folgeerscheinung zu beobachten ist, ist· ebenso unzweifelhaft richtig. Wo indessen die Kohlensäuredüngung oder deren erste Folgen, wie z. B. vermehrte Erzeugung von zuckerartigen Stoffen oder Verzögerung der Wurzeltätigkeit im Sinne der Ausführung A. über die Wurzelatmung angreifen, darüber besteht noch kaum Klarheit.

Daß die verstärkte Zuckerbildung die treibende Ursache ist, nehmen in der Hauptsache Dr. H. Fischer und Bornemann in teilweiser Anlehnung an Klebs an. Letzterer sagte etwa: wenn die Pflanze alles, was sie überhaupt zum Wachsen braucht, im gleichmäßigen Verhältnis hat, dann kann sie immerwährend und gewissermaßen ewig weiter wachsen, bis der Baum an den Himmel stößt. (Vegetatives Wachstum.) Verschiebt sich aber die Harmonie der Wachstumsbedingungen, dann beginnt die Pflanze Anstalten zu treffen, um eine neue Generation zu erzeugen. (Generatives Wachstum.) Ohne damit mehr wie ein Bild aussprechen zu wollen, fasse ich diese Verhältnisse gelegentlich in den Ausdruck: Ohne Füße, mit denen sie laufen können, sind die Pflanzen Lebewesen mit einer sehr großen Anpassungsfähigkeit an die Verhältnisse ihres zufälligen Standortes. Solange ihnen dort alles in richtiger Harmonie geboten wird, vegetieren sie. Stört man sie dagegen irgendwie, dann trachten sie danach, wie sie weiterkommen, und dies können sie nur durch Erzeugung von Samen, die zwar meistens nicht aus sich ortsbeweglich sind, aber im engsten Raume alles zusammengepackt enthalten, so daß schon ein Fall zur Erde oder ein Windstoß oder ein Flug im Magen eines Vogels alles Wesentliche von ihnen an einen anderen Ort trägt[1]).

---

[1]) Z. f. Elektrochemie 1920.

Klebs und in Ergänzung dazu Bornemann gehen bei ihrer Erklärungsweise für die raschere Blütenbildung bei verstärkter Kohlenstofffernährung von dem chemischen Unterschiede aus, der zwischen den Substanzen des Zelleninhaltes und der Zellhülle besteht. Der Zellinhalt hat beträchtliche Mengen von Stickstoff, Phosphor, erdigen Salzen und so weiter, während die Hülle fast reines Kohlenhydrat ohne all die anderen Stoffe, die vom Boden herkommen, ist. Die Anzahl der Zellen, die überhaupt im Verlaufe der Vegetation gebildet werden kann, sei annähernd immer die gleiche. Wenn daher viel Rohstoff für Zellinhalt da ist, dann entstehen inhaltsreiche große Zellen, langgestreckt und mit verhältnismäßig dünnen Zellwänden (Lagergetreide bei überreicher Stickstoffdüngung). Überwiegt dagegen die Lufternährung, also die Kohlensäure, gegenüber den Bodenstoffen, dann entstehen inhaltsarme gedrungene dickwandige Zellen: weniger Stroh und mehr Körner. Poenickes Gedankengänge aus den Beobachtungen in der Obstzucht kommen wohl im ganzen auf dasselbe heraus wie die eben geschilderten Erklärungsweisen. Damit stimmt ferner zusammen, daß, wenn die Kohlenstofffernährung weiter überwiegt, nicht nur die Hülle, sondern nach dem Einstellen des vegetativen Wachstums der Inhalt der Zellen selbst reich an Kohlenhydrat und arm an Bodenstoffen wird, d. h. die Pflanze bildet stärke- und zuckerreiche Speicherorgane aus. H. Fischer, der die Ausdrücke Bodenernährung und Lufternährung zuerst eingeführt hat, schließt sich diesen Erklärungen im ganzen an, nähert sich aber, wie mir scheint, dem Kerne der Frage insofern noch etwas mehr, als er untersucht, warum dies alles gerade zur Blütenbildung treibt bzw. warum die Kohlensäuredüngung die Blüte auch besser unterhält.

Seine Bestrebungen auf dem Gebiete der Kohlensäuredüngung reichen ja schon bis in eine Zeit, da man das Blühen auf die Entstehung von blütenbildenden Stoffen zurückführte. Man glaubte, daß sie unter dem Einfluß bestimmter Lichtstrahlen erst entstehen und dann gewissermaßen als Reizstoffe die Bildung der Blüten einleiten. Auch Fischer nahm an, daß das Blühen von bestimmten Stoffen abhängig ist, nur mit dem Unterschiede, daß deren Anwesenheit und Wirkung deswegen nicht weiter wunderlich ist, weil sie mit all unseren Vorstellungen von Kraft und Stoff und deren Erhaltung gut übereinstimmen.

Bekanntlich haben die meisten Blütenblätter kein Blattgrün, aber Spaltöffnungen. Auch Staubgefäße und Stempel sind ähnlich beschaffen. Als lebende Pflanzenzellen atmen sie, und da sie kein Blattgrün, aber Spaltöffnungen haben, so verlieren sie die Kohlensäure, welche sie entwickeln. Diese Kohlensäure selbst entsteht auf Kosten von Nährstoffen und Betriebsmaterial, das diese Blütenblätter nicht selbst erzeugen können, also von anderer Stelle her beziehen müssen. Aus dem botanischen Schrifttum ist nun bekannt, daß in manchen Blüten diese Atmungstätigkeit so stark werden kann, daß man in ihrem Innern Wärmegrade beobachtet, die um 2 bis 3° höher liegen als die Außentemperatur. Zu einer solchen Überhitzung ist eine entsprechende Heizung und dazu selbstverständlich allerhand Rohstoff, und zwar in Form von zuckerähnlichen Körpern nötig. Fischer sagte also, die Pflanze wird erst zur Anlage einer Blüte schreiten, wenn ein kräftiger Zustrom solcher Zuckerstoffe ihr die Wahrscheinlichkeit liefert, daß sie sich den Unterhalt solcher kostspieliger Gebilde leisten kann, die nichts erwerben, viel kosten und nur schön sind. Eine gewisse Üppigkeit, ein gewisser Überfluß an Zuckerstoff wird also hier zum blütenbildenden Stoff.

In Erinnerung an das oben entwickelte Kohlensäure-Licht-Produktgesetz ist nun einleuchtend, was die Praxis schon lange weiß, daß helles

Licht zur Entstehung einer Blüte unbedingtes Erfordernis ist. Was man aber lange nicht wußte, und eben erst seit H. Fischer weiß, ist, daß man auch durch ein Mehr an Kohlensäure, trotz schwächeren Lichtes, Blüten erzielen kann. Das Produktgesetz selbst macht vielleicht das Ganze noch etwas leichter merkbar.

Ähnliche Gedankengänge wie die für Entstehung, ja Verfrühung der Blüte durch Kohlensäuredüngung erklären auch deren längere Lebensdauer bei Kohlensäuredüngung: Unter einer solchen Maßnahme können die Blätter täglich mehr Zuckerstoffe bilden und den Blüten zuführen. So wird ihr Dasein verlängert, und zwar jeder einzelnen, und auch die nachkommenden Blüten werden noch gut.

Kommt die Blüte früher und üppiger, dann wird bei sonst guter Ernährung auch die Frucht zeitiger und besser sein. Und wenn die

Abb. 11. Begaste Chrysanthemumstecklinge (links): selbst die stark beschatteten Unterblätter sind noch vorhanden und gesund. Bei den unbegasten Pflanzen (rechts) Blattverlust mangels Assimilationsmöglichkeit, wenn gleichzeitig Licht und CO_2 fehlen.

Frucht, wie es ja für die meisten Pflanzen zutrifft, Speicherorgan, sei es für sich oder aber für den Menschen ist, dann wird sie sich um so vollkommener bilden, je besser sie mit dem beliefert wird, was sie in der Hauptsache speichert, nämlich Zuckerstoffe, Stärke, Fett und schließlich Eiweiß. Zu den ersten drei davon braucht sie ja überhaupt nur Kohlensäuredüngung.

Die Schilderung der Zusammenhänge zwischen CO_2-Düngung und Blühen bzw. Fruchten weist deutlich auf die Folgerungen, die die Praxis zur Erhöhung der Rente der pflanzenerzeugenden Betriebe ziehen kann.

Nicht allein die Masse der Erzeugnisse eines Feldes oder Gewächshauses beeinflußt die Rente des Betriebes, die Qualität und vor allem der Zeitpunkt der Bereitstellung seiner Waren sind vielmehr ausschlaggebend. In manchen Gegenden läßt das Klima keine Wahl und die Zeiten, in denen überhaupt etwas wachsen kann, sind schon so kurz, daß die Zeit zwischen Aussaat und Ernte ein fortwährendes Hangen und Bangen in schwebender Pein ist. 8 Tage später beginnen können und schließlich doch noch 14 Tage früher fertig sein: Wenn das durch CO_2-Düngung möglich wird, dann hat Dr. H. Fischer mehr Land entdeckt wie Columbus! Dem Gärtner ist es ohne weiteres einleuchtend, was er sparen kann, wenn er im Winter ein Gewächshaus mit Blumen, die zu Ostern verkaufsfähig sein sollen, 8 Tage länger bei niedrigster Erhaltungstemperatur lassen kann und 8 Tage lang den Koks für die Mehrerwärmung der Häuser spart. Also Zeit ist Land, und Zeit ist Geld! Richtig durchgeführte Kohlensäureernährung der Pflanzen spart nicht nur diese drei, sondern — und damit nehmen wir den Faden der biologischen Zusammenhänge wieder auf — er gibt auch widerstandsfähigere und gesundere Pflanzen — nur als Beispiel von heute in die Hundert gehenden ähnlichen Beobachtungen, die seit den ersten Tagen, da man überhaupt von Kohlensäuredüngung sprechen kann, also seit Demoussy und H. Fischer immer wieder gemacht wurden —: Pflanzen unter künstlicher Kohlensäuredüngung

Abb. 12. Künstlich mit CO_2 begaste (rechts) Stecklinge von Chrysanthemum: größer und gesünder wie u n b e g a s t e (links) Kontrollpflanzen.

sind selbst bei engem Stande fest gegen Bakterienbefall. Selbst die untersten Blätter (Abb. 11), die am wenigsten Licht haben, erhalten sich am Leben und werden groß und stark: Wenig Licht aber viel Kohlensäure gibt auch noch eine Leistung! Und wenn die Leistung des Blattes vorhanden ist, dann bleibt es prall, widerstandsfähig gegen eindringende Pilze und so gut mit Reservestoffen versehen, daß es rasch jeden Schaden, den ein trotzdem eingedrungener Parasit verursacht, bald heilt.

Diese Art der Erklärungsweise des günstigen Einflusses von Kohlensäuredüngung auf die Gesundheit der Pflanzen mag etwas oberflächlich erscheinen. Ich gehe deshalb in folgendem ausnahmsweise auf einen besonderen Fall schon in diesem Abschnitt ein:

Die anspruchsvolleren Sorten von Hafer werden sehr leicht, namentlich in der Jugend von der sogenannten D ö r r f l e c k e n k r a n k h e i t ergriffen. Sie äußert sich dadurch, daß auf den Blättern einzelne gelbbraune Punkte entstehen, die mehr und mehr ineinander übergreifen, so daß schließlich das ganze Blatt außer Tätigkeit gesetzt wird. Nachdem man lange Zeit geglaubt hatte, man habe es mit einer Bakterienkrankheit zu tun, stellte sich mehr und mehr heraus, daß Dörrfleckenkrankheit eine Stoffwechselerkrankung ist. Ja, besser ausgedrückt, handelt es sich eigentlich um eine Ernährungsstörung. Man suchte deshalb die Ursache im Boden und konnte schließlich die Krankheit heilen und vermeiden, wenn man den Boden mit Mangansalzen düngte. E. Hiltner[1]) ist noch etwas tiefer in die Erklärung vorgedrungen und konnte dieselbe Heilwirkung auch erzielen durch Bepinseln der Blätter oder Bespritzen mit Mangansulfat. Er vermutete deshalb, daß der Grund der Ernährungsstörung nicht eigentlich und ursprünglich von der Wurzel ausgehe, sondern gewissermaßen vom Magen der Pflanzen, von den Chlorophyll-apparaten, also den Blättern. Schließlich erbrachte er den Beweis (Abb. 13), daß man die Krankheit vermeiden und heilen kann, wenn der Chlorophyllapparat der Pflanzen, also die Stelle, wo die Kohlensäure verarbeitet wird, in guter Beschäf-

Abb. 13. Heilung der Dörrfleckenkrankheit des Hafers erfolgt viel besser mit CO_2-Düngung (Topf 3 u. 4 rechts) wie mit Mangansalzen (Topf 1 u. 2 links). Am besten durch beides (Topf 4). (E. Hiltner.)

tigung ist, d. h. wenn die Pflanzen mit Kohlensäure gedüngt oder recht hell gehalten werden. Da nun ursprünglich die Bodenverhältnisse bei dem Zustandekommen der Krankheit auch eine gewisse Rolle spielen, nun aber schließlich die bessere Kohlenstoffernährung die Heilung bewirkt, so lehnt sich E. Hiltner zur Erklärung der ganzen Erscheinung — und damit schließt sich der Ring dieser Betrachtungen wieder — bewußt an Klebs und Fischer an und sagt etwa:

Um gesund zu bleiben, muß die Pflanze einer etwaigen Aufnahme großer Mengen und namentlich unter Umständen nicht genügend ausgeglichener Bodennährstoffe eine genügende Kohlensäureassimilation entgegenstellen können. „Bedingen Witterung, Lichtverhältnisse und vor allem stärkere künstliche Düngung usw., daß dies nicht der Fall ist, so treten Ernährungsstörungen ein, die in Krankheiten sichtbar zum

---

[1]) Landw. Jahrbücher 1924, S. 689.

Ausdruck kommen können und unter Umständen selbst auf das Saatgut übergehen." Namentlich im jugendlichen Stadium ist die Kulturpflanze dieser Schädigungsmöglichkeit leicht ausgesetzt, andererseits haben aber die Versuche gezeigt, daß die Kohlensäurezufuhr auf die jugendliche Pflanze günstiger wirkt als auf die weiter entwickelte und ältere. Es ist heute noch kaum möglich, diese weitere Besonderheit gut zu erklären. Ich möchte jedoch noch kurz darauf hinweisen, daß sich die Pflanze, je jünger und kleiner sie ist, an Stellen befindet, an denen im allgemeinen höhere, ja, wenn die Pflanze noch als Samen in der Erde ruht, ganz beträchtlich größere Mengen Kohlensäure um sie herum sind, als wenn die Pflanze ausgewachsen ist. Und es hat den Anschein, als ob der reichere Gehalt der Bodenluft an Kohlensäure auch auf die Samen ohne Grün und Licht sind, einen bestimmten Einfluß ausübt. Nachdem Popoff schon einige ungefähren Andeutungen darüber gemacht hatte, daß Kohlensäure auch als Stimulationsmittel in Betracht käme, hat Werner Schmidt eine kurze Mitteilung darüber gebracht[1]), daß Kiefernsamen, wenn er im feuchten Zustande einige Stunden starker Kohlensäure ausgesetzt wurde, innerhalb der ersten 5 Tage eine ganz beträchtliche Beschleunigung des Keimens erfuhr.

Jedermann weiß, wie die Saat nach einem warmen Regen schnell und kräftig aufläuft. Die Wärme und der Regen wirken im Boden nicht nur auf die Samenkörner quellend und treibend, zuvor schon kamen sie den Bakterien zugut. Diese allerkleinsten pflanzlichen Lebewesen, die jeden Boden bevölkern, denen das Blattgrün meist völlig fehlt und die im allgemeinen das Licht nicht lieben, ja von gewissen Teilen des Lichtes, den jenseits des Violett liegenden geschädigt werden: sie sind ungeheuer abhängig von Wärme und Wasser. Das werden wir im III. Teile alles noch ausführlicher belegen. Hier nur einige Grundtatsachen, die zum Verständnis des Ganzen erforderlich sind.

Also die Bodenbakterien können im allgemeinen keine Kohlensäure verarbeiten. Sie vermögen nur solche zu erzeugen, und sie leben davon, daß sie irgendwie gegebene Stoffe organischer Herkunft mehr und mehr zersetzen und mittels Sauerstoff zu Kohlensäure abbauen. Die Bakterien sind von einer unvorstellbaren Kleinheit, die man in Tausendsteln von Millimetern ausdrückt. Sie haben infolgedessen das denkbar ungünstigste Verhältnis zwischen Masseninhalt und Oberfläche. Daraus folgt großer Wärmeverlust bzw. die Anforderung an ihren Organismus, unverhältnismäßig viel und rasch Wärme zu erzeugen. Dies aber ist nur möglich, wenn diese Lebewesen beträchtliche Mengen, wenigstens im Vergleich zu ihrer eigenen Masse, von Stoffen umsetzen. Dieser rasche Betrieb bringt wiederum eine schnelle Aufeinanderfolge der Generation mit sich. Schließlich ist noch zu bedenken, daß diese Bakterien nicht, wie man das aus manchen Darstellungen glauben könnte, Mäuler zum Fressen haben, sondern all ihre Nahrung durch ihre gesamte Oberfläche in verflüssigtem Zustande zu sich nehmen. Aus all dem folgt mehr oder weniger unmittelbar, daß die Bakterien in rasch wechselnder Menge im Boden vorhanden sind, daß sie unverhältnismäßig große Stoffmassen

---

[1]) Z. f. Pfl. u. Düng. B. 1924.

schnell zersetzen können, und daß sie an das Vorhandensein von viel
Wasser und Wärme gebunden sind. Soweit sie im Boden schließlich
Kohlensäure erzeugen, müssen sie entsprechende Mengen von Sauerstoff
erlangen können, was meist nur dann möglich ist, wenn der betreffende
Boden porig genug ist. Bei zu dichtem Schluß des Bodens wird der
Sauerstoff der Bodenluft mehr und mehr verbraucht, so daß es in der Tat
vorkommen kann, daß die Luft selbst der obersten Bodenschichten
über 10% Kohlensäure enthält. Im allgemeinen ist es zwar viel weniger,
doch jene Tatsache ist zu beachten, wenn man über die Lebensgewohnheiten von Samen, Wurzeln und Keimlingen mit den ersten Blättern
Betrachtungen anstellt. Wahrscheinlich erfährt also schon ganz natürlicherweise jeder Samen im Boden eine Kohlensäurestimulation. Das
erste Grün des Keimes und das erste Blättchen ist einer kohlensäurereicheren (Boden-) Luft nahe. Und die wachsende Pflanze entzieht sich
dieser kohlensäurereicheren Luftschicht mehr und mehr.

b) Chemisches und Physikalisches.

Was wir mit dem deutschen Worte Kohlensäure bezeichnen, ist
eigentlich nicht der Stoff, mit dem wir die Kohlensäuredüngung durchführen wollen. Kohlensäure gibt es nur in wäßriger Lösung, aus der man
sie nicht einmal als wirkliche Säure und reinen Körper abscheiden kann
(sie führt ein mehr oder minder „annahmegemäßes" Dasein). Der Stoff,
mit dem wir dagegen düngen wollen, ist das gasförmige Kohlendioxyd.
Es handelt sich also um Kohlenzweifachsauerstoff oder, wie dies die
chemische Formel $O = C = O$ ausdrückt, um die Verbindung von einem Teilchen elementarem Kohlenstoff mit zwei Teilchen elementarem Sauerstoff.
Es ist dies Kohlendioxyd, eine luftförmige Substanz, die immer entsteht,
wenn irgendein organischer Stoff oder kohlenstoffhaltiger Körper mehr
oder weniger rasch mit dem Sauerstoff der Luft in enge Verbindung
kommt. Geschieht dies rasch, so spricht man von Verbrennung, geht es
langsam vor sich, z. B. im Innern lebender Wesen, so nennt man es
Veratmung; sind Kleinlebewesen dabei beteiligt, so sagt man Gärung,
Fäulnis, Verwesung, und schließlich spricht man von Vermoderung,
wenn irgendein organischer Stoff sich ganz langsam durch die Einwirkung
des Sauerstoffes zersetzt.

Kohlendioxyd ist nicht zu verwechseln mit Kohlenoxyd, dem
als giftig bekannten Kohlengas. Dieses ist entsprechend seiner Formel
$C = O$ Kohleneinfachsauerstoff. Diese ebenfalls luftförmige Verbindung aus Kohlen- und Sauerstoff bildet sich immer dann, wenn weniger
Sauerstoff bzw. Luft vorhanden ist, als zur Bildung von Kohlenzweifachsauerstoff, also Kohlendioxyd, notwendig ist, denn dieses enthält,
auf die gleiche Menge Kohlenstoff bezogen, doppelt soviel Sauerstoff
wie das Kohlenoxyd. Da das Kohlenoxyd also noch nicht so weit verbrannt ist, wie die Kohlensäure, so kann es nach Mischung mit Luft
in geeigneten Vorrichtungen wie Brennern u. dgl. in einfachster Weise
zu Kohlensäure verbrannt werden. Hierbei liefert es ganz beträchtliche
Wärmemengen. Dies Kohlenoxyd ist ein wesentlicher Bestandteil aller

möglichen industriellen Betriebsgase wie z. B. Generatorgas, Wassergas, das heutige Leuchtgas, Hochofengichtgas usw., und es findet sich namentlich bei schlecht geleiteten Feuerungsanlagen in größerer Menge, bei guten Heizanlagen in geringeren, in jedem Schornsteingas.

Aber in der Hauptsache kann man doch sagen, daß bei jeglicher Verbrennung von Kohle, Holz oder sonstigem organischen Material, Kohlendioxyd entsteht. Ja, es gilt sogar auch in wissenschaftlicher Beziehung die Menge von Kohlendioxyd, welche aus irgendeinem Stoffe bei völliger

Tabelle 8.
Menge und Preis des in einigen Stoffen vorkommenden Kohlenstoffes[1].

1 kg Kohlenstoff ist enthalten in:		1 kg Kohlenstoff kostet
Art der Ware:	Menge in kg	Pf.
Ackererde	100	0,2
Torf	2,6	3
Stroh	3	4
Steinkohle	1,25	5
Holzkohle	1,4	10
Stallmist	10	10
Benzin	1,25	50
Kartoffeln	10	60
Roggen	3	75
Brennspiritus	2,2	100
Mehl	3	150
Zucker	3	180
Erbsen	3,4	180
Weißbrot	3,4	245
Schmalz	1,25	250
Milch	12	370
Butter	1,25	550
Bier	8,51	800
Fleisch	2,6	800
Äpfel	10	800
Eier	10	2 000
Blumenkohl	12,5	2 500
Apfelsinen	2,5	4 000
Treibhausgurken	8	50 000
Nelken oder Rosen	4	350 000
Orchideen	4	2 000 000
Diamanten	1	12 000 000

Verbrennung entstehen kann, als Maß für seine Beschaffenheit, teilweise als Anhaltspunkt für seinen Heizwert. Der wirtschaftliche Wert der verschiedenen natürlichen Rohstoffe, die Kohlenstoff enthalten, richtet sich allerdings nur zum Teil danach. Dieser Umstand ist für das ganze Gebiet der Kohlensäuredüngung und der Pflanzenerzeugung doppelt wichtig. Da man aus allem, was Kohlenstoff enthält, verhältnismäßig leicht Kohlensäure herstellen kann, also seinen Rohstoff für die etwa zum Düngen nötige Kohlensäure fast beliebig wählen kann, andererseits aber Kohlensäure von jeder beliebigen Pflanze verarbeitet wird, sei es von der Kuhblume, dem Weizen, der Buche oder Orchidee, also von wertlosen bis höchstwertigsten Pflanzen und Erzeugnissen daraus, so ergibt sich aus

[1] Z. V. d. I. 1925, S. 721.

dieser doppelten Wahl vom Rohstoff für Kohlensäure und Erzeugnis aus der Kohlensäure, eine große Vielfältigkeit in der Abstufung der Wirtschaftlichkeit, und wir müssen kurz einiges zur Erklärung hier einfügen.

Vorstehend haben wir eine Tabelle (8), die nach wirtschaftlichen Gesichtspunkten geordnet ist. Und zwar beginnt diese Tabelle mit dem Werte, den 1 kg Kohlenstoff hat, wenn er in Ackererde enthalten ist. Dies ist folgendermaßen zu denken: Die Ackererde enthält Humusstoffe, das sog. Verbrennliche, und diese Humusstoffe bestehen zu etwa 30—50% aus Kohlenstoff. Hat also eine Erde in der gesamten Oberkrume eines Stücks Land etwa 2—3% Humus, so sind dies in 100 kg solcher Erde 1 kg Kohlenstoff. Rechnet man nun — sehr übertrieben — daß von einem Stück Land nur sein Humus etwas wert wäre, das heißt also den ganzen Landpreis allein auf den Humus bzw. auf dessen wesentlichsten Teil, den Kohlenstoff, dann kommt man etwa zu dem Werte von etwa $^1/_5$ Pfennig für 1 kg Kohlenstoff. Es handelt sich in dieser Tabelle nicht darum, mit völliger Genauigkeit diesen Wert des Kohlenstoffes im Boden anzugeben, sondern nur darum, zu einem Überblick der gegenseitigen Wertverhältnisse zueinander zu gelangen. Einfacher ist die Rechnung bei der Steinkohle, die etwa 80% reinen Kohlenstoff enthält, von der man 1,25 kg braucht, um 1 kg Kohlenstoff zu haben. Wenn deshalb der Doppelzentner Steinkohle zur Zeit etwa 4 M. kostet, so ist eben der Wert des Kohlenstoffes darin je Kilogramm 5 Pf. Je mehr Kilogramm man von einer Ware braucht, um 1 kg Kohlenstoff zu erhalten, desto geringer ist ihr Prozentgehalt daran. Die Wertsteigerung selbst, die das eine Kilogramm Kohlenstoff erfährt, indem es in den etwa 30 verschiedenen Waren auf dem Markte erscheint, beginnt also mit 0,2 Pf. in der Ackererde. Es folgen nun 4,0 Pf. in Stroh, 5 Pf. in Steinkohle, 75 Pf. im Roggen und dagegen 10 Pf. im Stallmist, 245 Pf. in Weißbrot, 550 Pf. in Butter, 2000 Pf. in Eiern, schließlich 2 Millionen Pfennige in Orchideenblüten und etwa 12 Millionen als Diamant: Die Reihenfolge ist nicht so willkürlich, wie man beim ersten Anblicke denkt, sondern mit Rücksicht auf das, was überhaupt Marktwert nach menschlicher Schätzung ausmacht, ziemlich übersichtlich: Dinge, die leicht erreichbar, oder in denen offensichtlich der Kohlenstoff nicht das einzig Wertbestimmende ist, wie z. B. bei Land, oder die sperrig und lästig als Nebenerzeugnisse anfallen, Stroh und Mist, haben einen geringen Kohlenstoffwert. Die einfachsten, verhältnismäßig leicht zu gewinnenden Nahrungsmittel sind im Kohlenstoffinhalt am billigsten, und zwar um so mehr, je unmittelbarer der Mensch sie verzehren kann. Eine Verarbeitung durch Fabriken oder Tiere zu Brot oder Fleisch verteuert, und die Besonderheit der Kohlenstoffverbindungen, wegen der die betreffende Ware hauptsächlich gekauft wird, wie z. B. in den Eiern das Eiweiß und die wertvollen Eigelbstoffe (Fett, Lezithin) wirken wertsteigernd. Daß in Treibgemüsen und Südfrüchten der Kohlenstoff als Ganzes so hoch bewertet wird ist vielleicht schon eine instinktmäßige Vorausahnung dafür, daß man darin den Kohlenstoff in Form von Vitaminen kauft. Und schließlich gelangen wir zu den Erzeugnissen, die als Gegenstände des gesteigerten Lebensgenusses, also des Luxusses, manchmal nur beschafft werden, um schon durch die auffallende und außergewöhnliche Form zu zeigen, was ihr Besitzer alles aufwenden kann.

Es ist also nicht der Kohlenstoff an sich, der bezahlt wird, sondern dessen verschiedenartige Erscheinungsformen, von denen der klare Kristall des Diamanten, des allerreinsten Kohlenstoffes, die wertvollste ist.

Es ist eine besondere Eigenschaft des Elementes Kohlenstoff, daß es eine ungeheure Wendigkeit in seinem chemischen Charakter annehmen kann, und sich sowohl mit sich selbst als wie mit den Elementen des Wassers: Wasserstoff und Sauerstoff, und schließlich etwa im Verhältnis von 10 : 1 mit Stickstoff zu zahllosen verschiedenen chemischen Stoffen verbindet. Es kann dies praktisch im Aufbau von Pflanze und Tier alles so vor sich gehen, daß immer ein kleinstes Kohlenstoffteilchen mehr an die Gebilde herantritt, so daß sich ganze Ketten und Ringe aus dem Kohlenstoffelement aufbauen, die es andererseits aber auch zulassen, daß diese Ketten und Ringe nahezu an jeder beliebigen Stelle gesprengt werden können, wobei doch wieder chemisch selbständige, brauchbare und nützliche Stoffe entstehen, bis schließlich durch erneutes Einwirken von Sauerstoff zuletzt wieder Kohlensäure herauskommt.

Nur wenige besonders sinnfällige Züge sollen hier diesen stetigen Fluß der chemischen Vorgänge um den Kohlenstoff als Pflanzenbaumittel verdeutlichen. Wenn das gasförmige Kohlendioxyd — gleichgültig, ob es von draußen aus der Luft oder irgend von einer Zelle, die im Innern atmet, herkommt — sich im Wasser löst, so entsteht annahmegemäß die sogenannte wirkliche Kohlensäure.

$$(1) \qquad CO_2 \quad + \quad H_2O \; = \; O = C\begin{matrix} \diagup OH \\ \diagdown OH \end{matrix}$$

$$\text{Kohlendioxyd} + \text{Wasser} = \text{Kohlensäure.}$$

Die entstandene Verbindung ist aber, wie schon oben gesagt, eine durchaus lockere, die schon bei der geringsten Erwärmung auseinandergeht und weder das luftförmige Kohlendioxyd noch das Wasser, welches vom Boden herstammt, oder Teile von beiden werden derart in der Pflanze verankert, daß sie dadurch einen dauernden Stoffzuwachs erhält. Erst wenn diese Kohlensäure mit dem grünen lebenden Blattfarbstoff zusammentrifft und gleichzeitig Licht dazu kommt, wird das lose Gebilde zu einem festen Stoffe umgeformt, der nicht mehr so leicht durch Wärme oder Luft entführt wird und so einen dauerhafteren Gewinn für die Pflanze ausmacht, wie nur das Aufsaugen von Wasser mit den Wurzeln oder von Kohlendioxyd mit den Blättern. Ohne mich hier auf die verschiedenen Ansichten einzulassen darüber, wie im einzelnen aus Kohlendioxyd und Wasser das eben gekennzeichnete erste, feste bleibende Erzeugnis der grünen Pflanze entsteht, gebe ich lediglich folgendes Schema:

$$(2) \qquad O = C\begin{matrix} \diagup OH \\ \diagdown OH \end{matrix} + \text{Chlorophyll} + \text{Licht} \; = \; O_2 + C(H_2O) + \text{Chlorophyll.}$$

$$(3) \qquad 6\,C(H_2O) \; = \; \underset{H_2}{C} - \underset{H}{C} - \underset{H}{C} - \underset{H}{C} - \underset{H}{C} - \underset{}{C} \quad \text{(Zucker).}$$
$$\overset{OH \; OH \; OH \; OH \; OH \; O}{}$$

Unter dem Einflusse des Chlorophylls vermag also die Kraft des Lichtes den Kohlenstoff der Kohlensäure so zu stimmen, daß er einen Teil des an ihn gebundenen Sauerstoffes abgibt, und dafür die Neigung bekommt, sich mit mehreren seinesgleichen zu einer Kette zusammenzuschweißen. Der Sauerstoff, welcher entsteht, entweicht im allgemeinen völlig, denn es ist nur ein geringer Teil davon den die lebenden Zellen zur Atmung selbst verbrauchen. Und zwar entweicht dieser Sauerstoff deshalb, weil er in der wäßrigen Flüssigkeit der Pflanze nur ganz wenig löslich ist. Gewichtsmäßig betrachtet stellt sich dieser gesamte Vorgang der Formelbilder 1—3 folgendermaßen dar: Entsprechend dem Gewicht ihrer kleinsten Molekülteilchen treten in Wirksamkeit 6×18 Teile $= 108$ Teile Wasser nebst $6 \times 44 = 264$ Teile Kohlendioxyd oder zusammen 372 Teile an sich flüchtige Stoffe. Daraus entstehen 6 Moleküle Sauerstoff gleich $6 \times 32 = 192$ Teile Sauerstoff, der wiederum flüchtig ist, also keinen Stoffgewinn für die Pflanze vorstellt und 1 Molekülteilchen Zucker (Kohlenhydrat) — das 6 Elementteilchen Kohlenstoff $(6 \times 12 = 72)$ und 6mal alle Elementteilchen des Wassers $(6 \times 18 = 108)$ in sich schließt — also 180 Teile ausmacht. In dieser Weise wird also von 372 Teilen Flüchtigem 180 Teile als bleibender Gewinn der grünen Zelle und der Pflanze gesichert. Das Blattgrün selbst geht nach den Untersuchungen von Willstätter und Stoll völlig unversehrt aus dieser Umwandlung hervor, wie wenn es überhaupt nicht daran beteiligt gewesen wäre. Es ist gewissermaßen nur der Mittler zwischen dem Stofflichen der Kohlensäure und der Kraft des Lichtes.

Wenn also das Kohlendioxyd so verändert und gestimmt werden soll, daß es mit seinem Kohlenstoff in solche kettenartige Gebilde mit seinesgleichen zusammentritt, dann erfordert dieses Zusammenschweißen gewisse Energiemengen, welche in diesem Falle eben das Licht lieferte.

Umgekehrt ist es in der Tat nun so, daß, wenn eine solche Kette durch irgendwelche Umstände zerreißt, wobei meist die bei (3) eingezeichneten anhängenden, Teilchen von —OH— und —H— wie bei einer chaine anglaise ihre Plätze etwas vertauschen, daß dann von der aufgewandten Energie wieder ein Teil zum Vorschein kommt. Die Einrichtungen und Verhältnisse in der Pflanzenzelle gestatten es, diese freiwerdende Energie zu den verschiedensten Zwecken zu verwenden. Sei es dazu, um noch größere Ketten als die bei (3) gekennzeichneten herzustellen, wobei unter Umständen ein ganzes Teilchen Wasser herausgedrängt wird. Dadurch kann ohne irgendwelche neue Energie von außen aus dem einmal entstandenen Zucker schließlich Stärke, Zell(wand)stoff, Dextrin, Gummi, Fett usw. entstehen. Oder die Energie bestreitet die notwendigen Lebensbewegungen und sorgt schließlich für Wärme.

Anstatt Ketten mit sich selbst zu bilden — nur um dies nicht unerwähnt zu lassen — kann solche Spaltungsenergie auch dazu dienen, chemische Bruchstücke des Ammoniak, welches vom Boden her aufgenommen wurde, an mehr oder minder große Kohlenstoffketten zu binden, woraus dann Bausteine für Eiweiß werden.

Es ist nicht unwichtig, sich hieran zu erinnern, wenn man gelegentlich die Bedeutung der beiden Grundstoffe Stickstoff, sei es als Ammoniak oder Salpeter oder Harnstoff, und des Kohlenstoffes miteinander vergleicht: im Durchschnitt kommt auf etwa 9—12 Teilchen Kohlenstoff erst ein Elementarteilchen Stickstoff. Selbst wenn die Pflanzen gar nicht fähig wären, aus der ungeheuren Menge des Stickstoffes der Luft, von dem 24 000 mal mehr um sie herum ist wie Kohlensäure, Stickstoff für ihr Eiweiß zu gewinnen, so wäre das noch nicht so schlimm, da sie ja nur $^1/_8$—$^1/_{12}$ soviel davon benötigen wie von Kohlenstoff, der völlig aus der Luft herangezogen werden muß. Bedenkt man aber die Bemühungen und Sorgen um dies Wenige an Stickstoff und demgegenüber die Sorglosigkeit um den hauptsächlichsten Baustoff jedes Teiles einer Pflanze, den Kohlenstoff, so wird man sich nicht wundern, daß auf einem mit unglaublicher Sorglosigkeit behandelten Gebiete grundlegende Entdeckungen möglich sind.

Unzählig sind die Verbindungen, die der vom Licht beschwingte Kohlenstoff der Kohlensäure, zu Kettchen und Ketten gefügt, mit Sauerstoff, Wasserstoff und Stickstoff in der Pflanze zu bilden vermag. Außer den handfesten Nährstoffen des Menschen: Zucker, Stärke, Eiweiß, Fett, finden sich die zahllosen verschiedenen Säuren: Oxalsäure, Zitronensäure, von Alkoholen, die meist mit diesen Säuren zu zahlreichen der feinsten Duftstoffe vereinigt sind (Ananasduft, Weingeruch, Bergamot), die zahllosen wohlriechenden Öle (Rose, Vanille, Terpentin) und die unzähligen bunten Blüten- und sonstigen Farbstoffe. Die Entstehung dieser Tausenden von Verbindungen hat sich in einer Forschungs- und Aufklärungsarbeit, zu der Hunderte von fleißigen Arbeitern aller Länder beitrugen, auf ganz wenige grundlegende Eigenschaften des Elementes Kohlenstoff in völliger Klarheit und Übersichtlichkeit zurückführen lassen: 1. auf seine Verträglichkeit mit sich selbst, so daß er Ketten bildet, 2. auf seine chemische Wendigkeit mit Sauerstoff und Stickstoff nebst Wasserstoff, sowohl Alkalien als Säuren zu bilden, und 3. nicht zum wenigsten auf seine Anpassungsfähigkeit je nach den Gegebenheiten, seine Bindungen in sich preiszugeben, und mit den kleineren Gebilden Nützliches zu leisten, ja, 4. schließlich das Feld seiner Tätigkeit, als Einzelteilchen mit Sauerstoff zu Kohlendioxyd verbunden, bescheiden und rückstandslos zu verlassen! Es war schon eine Leistung des 19. Jahrhunderts, das gesamte stoffliche Sein alles Lebenden auf diese vier Grundsätze zurückzuführen.

Für das Bestehen von Pflanze und Tier ist gerade die letztere Eigenschaft des Kohlenstoffes, aus seinen Kettenverbindungen herauszutreten, kleinere Teile zu bilden und schließlich mit Sauerstoff wieder das gasförmige Kohlendioxyd, ungeheuer wichtig. Also aus den verschiedensten Kohlenstoffgebilden sind die zahlreichen Teile von Pflanze und Tier zusammengesetzt und erfüllt. · Sie sterben schließlich und fallen dem Boden anheim. Wäre die Säure, die mit der Frucht einer Zitrone zu Boden fiele, nämlich ein Gebilde, so starr und unveränderlich wie ein Bergkristall oder auch nur wie ein Granit oder Gneis, so würde auf jener Stelle sobald kein Gras mehr wachsen. Die verschiedensten Stoffe in der Pflanze, unschädlich solange sie lebt, werden, wenn sie erst in den Boden gelangen, zu Gift für neu entstehendes Leben. Da aber immer weitergehende Spaltung in immer kleinere und schließlich gasförmige Stoffe möglich ist, so schwinden diese Gifte mit der Zeit, und es blüht tatsächlich neues Leben aus den Ruinen.

Nur in aller Kürze sei an der schematischen Formel von Zucker klargestellt, welche Art von Stoffen entstehen, je nachdem, zwischen welchen 2 Kohlenstoffatomen eine solche Spaltung stattfindet:

$$\begin{array}{cccccc}
OH & OH & OH & OH & OH & O \\
| & | & | & | & | & \| \\
C - & C - & C - & C - & C - & C \\
\| & | & | & | & | & | \\
H_2 & H & H & H & H & H \\
(1) & (2) & (3) & (4) & (5) & (6)
\end{array}$$

Erfolgt sie zwischen 1 und 2 oder 5 und 6, so ergibt der Teil mit dem einen Kohlenstoff leicht Kohlensäure. Der andere Teil mit den 5 Kohlenstoffatomen ergibt gewisse Bestandteile. der Holzsubstanz: Lignin, Pentosen usw. Trennung zwischen 2 und 3 oder zwischen 4 und 5 kann zu Alkohol, Essigsäure einerseits bzw. Buttersäure andererseits führen. Spaltung in der Mitte führt zu Milchsäure und ähnlichem. Jedes dieser größeren Spaltstücke selbst aber kann weitergespalten werden, namentlich dann, wenn außer dem Sauerstoff, der schon an den Kohlenstoff gebunden ist, solcher aus der Luft hinzukommt oder darauf übertragen wird. An diesem Punkte kommen wir gewissermaßen zur Chemie der anderen Seite der Kohlensäuredüngung, nämlich dazu, woher man diese Kohlensäure nehmen soll, während wir bisher ja hauptsächlich verfolgten, was aus der Kohlensäure wird, wenn sie mit der Pflanze zusammenstößt. Dieses Spalten der Kohlenstoffgebilde pflanzlichen und tierischen Ursprunges und das Übertragen von Sauerstoff auf diese Spaltstücke, dies ist eine hauptsächlichste Arbeitsleistung für die Bakterien und anderen Kleinlebewesen. Man kann ohne Übertreibung sagen: Die Arten der Bakterien und ihrer Helfershelfer sind so zahlreich, daß es kaum in irgendeiner derartigen Kohlenstoffverbindung eine oder die andere Stelle gäbe, für die nicht irgendeine der vielen Bakterienarten eine Vorliebe hätte, anzugreifen und die Spaltung herbeizuführen. Jedermann weiß von der Existenz der Buttersäuregärer, von Essigpilzen,

von der Hefe, die Kohlensäure und Alkohol aus Zucker macht, und auch
die Milchsäuregärung im Sauerkraut ist in jedem Haushalt bekannt.

Immerhin, derart glatt und einfach liegen in der Natur die Verhältnisse auch nicht immer, daß, wenn Pflanzen und Pflanzenteile der Erde
anheimfallen, sofort auch gleich die richtige Bakterienart da ist, um am
richtigen Punkte das Spaltungswerk zu beginnen. Es kann am Wasser
fehlen oder zuviel Wasser die Erde verschlemmt haben, daß der
Sauerstoff keinen Zutritt hat. Beispielsweise enthält ein Stück frischer
Zuckerrübenwurzel gegen 20% reinen Rohrzucker, also etwas, das
durch Hefe äußerst rasch vergoren wird. Aber wie es in der Zucker-
fabrikation ziemliche Mühe macht, um diese reichliche Zuckermengen
aus dem Rübenstücke herauszuziehen, und wie dies in der Tat auch erst
möglich ist, wenn die einzelnen, den Zucker enthaltenden Zellen bzw. ihre
Zellstoffwände zerrissen werden, ebenso muß der Tätigkeit der Hefe
diejenige von Zellulosegärern zu Hilfe kommen. Erst wenn diese die
Hülle zersetzt haben, welche den köstlichen Zuckerstoff enthalten, können die Hefenpilze sich darauf stürzen und in kürzester Zeit in gemein-
schaftlicher Arbeit mit den Zellstoffgärern das Stück frischer Zuckerrübe
fast restlos zersetzen. Manches Mal sind die Verhältnisse beim gleich-
zeitigen Wirken zweier verschiedener Bakterienarten nicht so harmonisch,
wenn z. B. Buttersäure- und Milchsäuregärer gleichzeitig in einer Zuckerlösung arbeiten, dann können bei gewisser Temperatur die Milchsäuregärer so viel Milchsäure erzeugen, daß dies den Buttersäuregärern lästig
wird, ja schädlich, so daß schließlich in dem Endergebnis nur Milchsäure
entsteht, die nicht riecht und angenehm schmeckt, und keine stinkende
Buttersäure und umgekehrt. Bei der Spiritusherstellung bzw. bei der
Hefebereitung dazu wird dieser Umstand praktisch benützt. Noch
andere Nebenumstände, die man bis vor kurzem eigentlich nur bei der
wissenschaftlichen Erforschung der Bakterien im Laboratorium beachtet
hatte, sind, wie die neueren bodenbakteriologischen Beobachtungen beweisen, sehr wichtig für den raschen Ablauf ihrer Arbeit. Diese ist nämlich an das Vorhandensein von verschwindend kleinen Mengen einiger
sogenannter lebenswichtiger Salze gebunden. Es sind dies namentlich
Kali, Phosphorsäure, Kalk und Ammoniak oder Salpetersäure. Die Wirksamkeit von Kalk, sei es als kohlensaurer Kalk oder gebrannter Kalk —
selbstredend in möglichst feiner Verteilung, da beide Stoffe ja sehr schwer
löslich sind —, ist verhältnismäßig leicht verständlich. Wir sahen oben
die Neigung des Zuckers, bei allen möglichen Angriffen auf seine Kohlen-
stoffkette irgendeine Säure zu bilden. An sich sind aber die meisten
Bodenbakterien ziemlich empfindlich gegen Säure, so daß sie ihre Spaltarbeit bald einstellen, wenn sie erst eine gewisse Menge von Zuckerteil-
chen zu Säuren zerhackt haben. Wenn nun Kalk in der Nähe ist, dann
kann er diese Säure abstumpfen, und zwar ist dabei die entstandene
Säure stark genug, wie zum Beispiel Essigsäure, um aus dem kohlensauren Kalk die Kohlensäure auszutreiben, die ja dann gasförmig austritt, so genügt in einem solchen Falle kohlensaurer Kalk: Kreide,
Mergel, gemahlener Kalkstein und dergleichen. Entstehen aber durch
die Spaltarbeit der Bakterien schwächere Säuren, dann vermögen

diese den kohlensauren Kalk nicht zu zersetzen, und dann ist gebrannter oder gelöschter Kalk nötig, um die Säure zu beseitigen. Als Beispiel nennen wir die im großen geübte Melioration saurer Torf- oder Moorerdeflächen durch entsprechende Kalkung.

Verhältnismäßig leicht und schnell wird aus gefallenen Pflanzenteilen oder Wurzelrückständen der Inhalt an Zucker, Stärke, auch Zellstoff angegriffen und zersetzt. Immerhin, Teile davon können sich auch zu braunen, karamelähnlichen, zum Teil schwer löslichen Stoffen, zu Humus verändern. Im allgemeinen nimmt man auch an, daß besonders der Eiweißinhalt der Zellen den Grundstoff für die schwarzen und braunen Humuskörper abgibt, weil ein Gehalt von etwa $^1/_{10}$ Stickstoff auf jeden Teil Kohlenstoff für alle Humusstoffe kennzeichnend ist. In chemischer Beziehung ist das Gebiet dieser Humusstoffe noch ein äußerst unerfreuliches: Wir wissen, daß sie braun oder schwarz sind, sich nicht kristallisieren lassen, so daß man überhaupt nie weiß, ob man einen einheitlichen Stoff vor sich hat, und daß sie sauren Charakter haben, viel weiter ist unser Wissen auf diesem Gebiete seit 100 Jahren kaum gekommen. (Es soll dies keine Kritik an den zahlreichen mit großem Fleiß unternommenen Versuchen zur Aufklärung dieses Gebietes zum Teil auch in den allerletzten Jahren sein, lediglich eine Feststellung vom Standpunkte erwerbstätigen Handelns.)

Wenn ein Boden lange ohne Kultur geblieben ist, stark durchnäßt und wenig gelüftet wurde, so enthält er fast immer sauren Humus zum Unterschiede von dem milden Humus eines kultivierten Bodens: Kalkung mit gebranntem Kalk beim ersten Umbruch ist fast immer die erste agrikulturchemische Maßnahme. Früher tat man es mehr deshalb, weil angeblich die bessern Kulturpflanzen auf einem sauern Boden nicht gut gedeihen. Heute bemüht man sich, durch diese Maßnahmen den Bodenbakterien für ihre Zersetzungsarbeit günstige Lebensbedingungen zu schaffen. Besonders bei Moor, Torf und rohem Boden ist dies unbedingt nötig, um das erstorbene Leben im Boden neu zu erwecken und all die biologischen Vorgänge in Gang zu bringen, die allein den Boden später fruchtbar und gar machen können.

Nun sind es noch ein paar Riesenschritte von Jahrhunderten und Jahrtausenden, bis aus Humus und Torf Braunkohle, Steinkohle und Anthrazit wird. Die Forschungen der letzten 20 Jahre lassen keinen Zweifel mehr darüber, daß alle diese Kohlen nicht aus reinem elementaren Kohlenstoff bestehen, dem etwas Stickstoff, Wasserstoff und Sauerstoff beigemengt ist: nein, es ist gewissermaßen eine ununterbrochene Folge von langsamen chemischen Veränderungen und mechanischen Einwirkungen, die mit der Zeit die Inhaltsstoffe von Pflanzen — namentlich die mehr holzartigen kommen in Betracht — Schritt für Schritt so verändern, daß schließlich noch in der ältesten Steinkohle das Vorhandensein von ketten- und ringförmigen Gebilden mit anhängendem Wasserstoff, Sauerstoff und Stickstoff nachweisbar ist, also der ursprüngliche Zusammenhang und die Ähnlichkeit mit dem ersten chemischen Ding, durch das sie jemals überhaupt feste Substanz wurden, nämlich mit dem Zucker.

Wenn dies aber so ist — und die einschlägigen Untersuchungen der letzten Jahre lassen kaum einen Zweifel darüber —, dann ist auch nicht einzusehen, warum es nicht Mittel und Wege geben soll, um diese Stoffe als Rohstoffe zur Kohlensäuredüngung heranzuziehen. Es werden sich schon Bakterien finden, denen sich passende Angriffspunkte bieten, und sie werden mehr oder minder rasch die chemische Spaltarbeit bis herab zur Kohlensäure durchführen. Also ich meine an dieser Stelle nicht die Kohlen, nachdem sie zu gewerblichen Zwecken verbrannt worden sind, und die Verwendung der kohlensäurehaltigen Kamingase zur Kohlensäuredüngung — nein, hier handelt es sich darum, die mehr oder minder wertvollen alten Kohlensorten nach Mahlung oder Krümelung in ähnlicher Weise in die Kohlenstoffwirtschaft unserer Äcker überzuführen, wie es heute mit feinem Moostorf in der Gärtnerei allgemein üblich und wie es gemäß der Schilderung weiter oben beim Urbarmachen von Mooren täglich geschieht. Lange ehe die eben entwickelte chemische Wahrscheinlichkeit erkannt war, daß solche alte Kohlensorten noch nahe Verwandte von Humus und deshalb der bakteriellen Angreifbarkeit zugänglich sind, schrieb Prof. Stoklasa gemeinschaftlich mit Ernest[1]: „Bei unseren Untersuchungen haben wir diese auch auf die Bildung von CO_2 bei der Braunkohle erstreckt und gefunden, daß dieselbe aerob CO_2 abspaltet." Ferner: „Unterstützt wird unsere Anschauung über die Analogie der Verhältnisse in Braunkohlen- und Steinkohlenlagern überhaupt mit denjenigen in atmendem Waldboden durch die Tatsache, daß in den Braunkohlengruben Methan, Wasserstoff und Kohlendioxyd immer zu konstatieren sind." Leider wird an dieser Stelle nichts zahlenmäßig mitgeteilt, woraus man etwa überschlagen könnte, wie rasch nun eine gewisse Menge von Braunkohle Kohlensäure liefert.

Es ist kein Zweifel, daß durch geeignete Zubereitung, Zumischung von anderen Stoffen und Anpassung geeigneter Bakteriensorten auch Braunkohle sich verhältnismäßig rasch zu Kohlensäure zersetzen läßt.

Viel Erstaunlicheres berichtet M. C. Potter[2]): Er benützte ausgeglühtes, sterilisiertes Holzkohlenpulver, das ein Sieb mit etwa 1 mm weiten Maschen passiert hatte. Aus einem Gartenerdeextrakt brachte er einige Bakterien dazu. Nun legte er jeden zweiten Tag aus der vorhergehenden Kultur durch Überimpfen eine neue an. Damit wollte er erreichen, daß schließlich nur noch solche Bakterien übrigblieben, die allein imstande wären, auf Holzkohle und von ihr zu leben. Schließlich bekam er eine Reinkultur eines Bakteriums vom Aussehen eines Diplokokkus von $1/_{1000}$ mm Durchmesser. Mit diesem Bakterium war es ihm nun möglich, zweifach den Nachweis zu erbringen, daß es in der Lage ist, aus Holzkohle, Lampenruß, Torf und Steinkohle Kohlensäure zu entwickeln. Er hat sowohl die entbundene Kohlensäure als auch die Wärmemenge, welche bei dieser gelinden Verbrennung frei wurde, mittels feiner elektrometischer Apparate gemessen. Ich gebe im folgenden eine von mir zusammengestellte Tab. 9 aus der genannten Abhandlung, woraus man sowohl den Einfluß der herrschenden Temperatur auf diesen Vorgang sehen kann als auch den Beweis dafür bekommt, daß es sich nicht etwa nur um eine tote chemische Einwirkung von Sauerstoff auf fein verteilte Kohle handelt. Denn jedesmal, wenn die Bakterienreinkultur mit dem Kohlenmaterial zusammengebracht war, so ergab sich eine Kohlensäureent-

---

[1]) Zentralbl. f. Bakteriol., Parasitenk. u. Infektionskrankh., Abt. 2, Ref. Bd. 14, S. 723ff.
[2]) Proc. of the roy. soc. of London, Ser. B, Bd. 80, S. 239ff. 1908.

wicklung, wenn aber hinterher sterilisiert wurde, dann unterblieb die Abspaltung von Kohlensäure.

Um zu einer Vorstellung von der Leistung dieses besonderen Bakteriums zu kommen, in Kürze folgende Überlegung: 3,66 mg Kohlendioxyd entsprechen 1 mg zersetzter Kohle. Werte von dieser Höhe finden wir in der Tab. 9 unter 1a zwischen 30 und 40° für sterilisierte Kohle feucht geimpft und unten unter 3. für nicht geglühte und feucht geimpfte Holzkohle schon unter 20°. In 20 Tagen sind also von 5 g Kohlenmaterial = 5000 mg $^1/_{5000}$ zersetzt worden. Zur völligen Zersetzung — wenn diese wirklich möglich ist — wären also 100 000 Tage oder 274 Jahre nötig. Allerdings die feuchte geglühte Holzkohle würde bei 40° schon etwa nach 45 Jahren völlig zersetzt sein. Immerhin, beide Werte sind nicht gerade einladend zu dem an sich notwendigen Versuche, ob diese Zersetzung sich in der Tat auf das gesamte verwendete Material erstreckt oder ob nicht nur gewisse Teilchen davon abgespalten werden, während der Rest — wenigstens für den rein

Tabelle 9.

5 g **Kohle** enthaltende Stoffe geben innerhalb 20 **Tagen** bei den verschiedenen angeführten Wärmegraden Milligramme Kohlendioxyd:

	20° C	30° C	40° C	100° C
1. Steinkohle sterilisiert:				
a) feucht geimpft	2,0	3,1	4,6	0,0
b) feucht sterilisiert durch Kochen	0,0	0,0	0,0	0,0
c) trocken	0,0	0,0	0,0	0,0
2. Holzkohle geglüht:				
a) feucht geimpft	0,77	1,1	2,5	0,0
b) feucht sterilisiert durch Kochen	0,0	0,0	0,0	0,0
c) trocken	0,0	0,0	0,0	0,0
3. Holzkohle nicht geglüht:				
a) feucht geimpft	5,4	8,0	22,8	0,0

gezüchteten Diplokokkus — unangreifbar bleibt. Ein solcher Versuch würde jahrzehnte- und jahrhundertelang dauern. Wissenschaftlich wäre er vielleicht nicht ohne Interesse, praktisch hat er wenig Bedeutung.

Wenn nämlich ein durch Bakterien abbaubarer Stoff als Kohlensäuredünger überhaupt in Betracht kommen soll, dann muß er mindestens so rasch Kohlensäure liefern, daß die Menge von der betreffenden Zubereitung, welche man auf 1 qm Land aufbringen soll oder will, in der Stunde 50—100 mg Kohlendioxyd abgibt. Eine einfache Rechnung zeigt, daß man von der Holzkohle unter 3. mindestens $22^1/_2$ kg auf den Quadratmeter ausstreuen müßte, also 2250 dz auf den Hektar oder 1125 Zentner auf den Morgen. Wenn man im Mittel bei üblicher bäuerlicher Wirtschaftsweise dem Acker etwa 2000 kg Kohlenstoff je Jahr entzieht, so müßte man hier eine Maßnahme treffen, die für 100 Jahre vorhält. Weniger zu geben hätte kaum Zweck, da dann kaum noch ein Unterschied im Ertrage bemerkbar wäre. Es bedarf weiter keiner Ausführung, daß etwas Derartiges für den alltäglichen Gewerbebetrieb nicht in Frage kommt, es sei denn, daß man dem Kohlenstoff eine ganz andere Zersetzungsgeschwindigkeit durch irgendwelche Maßnahmen verschafft. Ich werde darauf im III. Kapitel unter c) noch zurückkommen.

Das chemische Spiel zwischen Werden und Vergehen der Kohlensäure, also zwischen den Rohstoffen, aus denen sie wird, und den Erzeugnissen, zu denen Pflanzengrün sie macht, ist notwendigerweise in den sonstigen Eigenschaften der Kohlensäure bedingt.

Wenden wir uns mehr den physikalischen Eigenschaften des Kohlendioxydes zu, so möchte ich zunächst bemerken, daß für die Umstände bei der Pflanzenerzeugung das gar keine so große Rolle spielt, was man eigentlich allenthalben und als erste Eigenschaft der Kohlensäure angegeben findet, daß sie nämlich schwerer sei als die Luft und infolge dieser größeren Schwere sich am Boden ansammle. Reines Kohlendioxyd ist tatsächlich 1,5mal schwerer als Luft, d. h. 1 l davon — also von dem farblosen 100proz. reinen CO_2 — wiegt 1,94 g, während 1 l Luft 1,29 g wiegt. In der freien Natur indessen herrscht selbst bei

Abb. 14. Eine einfachere Weise um den Kohlenstoff der Holzkohle zur Kohlensäuredüngung zu verwerten, stellt das OCO-Dunggasverfahren nach Dr. Reinau dar, dessen Durchführung dieses Bild zeigt.

Windstille nie eine solche unbedingte Ruhe der Luft, daß alle Kohlensäure infolge des größeren Gewichtes sich an der Erde ansammelt. Wenn trotzdem die Luftschichten, welche am allernächsten bei der Erde sind, schon seit langem als kohlensäurereicher bekannt waren, so hat dies seinen Grund nicht etwa in einer Scheidung der Luftbestandteile nach ihrer Schwere, sondern einfach darin, daß, wie eben geschildert, in jedem Boden durch Bakterientätigkeit fortwährend Kohlensäure entsteht, daß sich die Bodenluft deshalb an Kohlensäure anreichert und aus ihr an die erdnächsten oberen Luftschichten durch die Poren des Bodens austritt, ebenso wie der an sich ja nur $^2/_3$ so schwere Sauerstoff eingeht. Selbst in einem Gewächshause, dessen gut bemisteter Boden nach meinen Messungen bis über 3 g, also 1,5 l reines CO_2 je Quadratmeter und Stunde abgibt, herrscht, wenn es normalerweise erwärmt wird, genügend Luftbewegung, daß man höchstens 1—2 Hunderttausendstel Unterschied im Kohlensäuregehalte 10 cm vom Boden oder am First feststellen kann, und zwar, wenn das Haus nur Blätter dicht dem Glas entlang hat. Wenn irgendwo 100 proz. Kohlensäure — sei es aus einem vulkanischen Spalt oder aus einem stark tätigen Gärbottich — herausquillt, dann kann es vorkommen, daß das schwerere Gas zu Boden sinkt und sich dort in einer Lage ausbreitet, deren Mächtigkeit schließlich davon abhängt, ob irgendwo ein Abfluß möglich ist. Unbedingte Luftruhe, wie in einem Keller, einer Felsengrotte oder dicht abgedeckten Jauchegrube, ist hierzu aber unbedingt nötig. (Luft in einem Gärkeller und Hundsgrotte auf Capri.)

Nur in solchen Fällen überwindet die Schwere eine andere Eigenschaft der Gase, nämlich die ihrer freien Beweglichkeit von Orten größeren Gehaltes nach solchen kleineren Gehaltes: Diffusion der Gase genannt oder freie Gasverfließung. Diese Erscheinung hat etwas Ähnlichkeit mit dem Fließen elektrischer Ströme verschiedener Spannungen oder dem von Wassermassen verschiedenen Druckes. Wenn also zwei Luftmassen, die beide Kohlensäure enthalten, aber jede eine andere Menge, vorsichtig übereinander (oder nebeneinander) gebracht werden, dann tauschen sich Gasteilchen gegenseitig aus, und zwar um so rascher, je größer die Fläche ist, mit der die beiden Gasmassen einander berühren, und um so größer der Unterschied an Gehältigkeit — also der Spannungsunterschied — an Kohlensäure in ihnen von vornherein war. Läßt man die beiden sich nicht unmittelbar berühren, sondern schaltet dazwischen eine dritte Gasmenge ein, die gewissermaßen einen Verbindungskanal zwischen den beiden ersteren vorstellt, so erfolgt der gegenseitige Teilchenaustausch um so langsamer, je länger dieser Kanal bzw. die Entfernung der beiden Gasmassen voneinander ist. Es ist durch Experimente folgendes festgestellt worden: Stoßen zwei Luftmengen, von denen die eine $^1/_{100\,000}$ Vol.-Teile mehr Kohlensäure enthält wie die andere, mit 1 qm Fläche aneinander und ihre beiderseitige Entfernung beträgt 1 cm, so fließen durch diesen 1 qm weiten und 1 cm langen Kanal in einer Stunde von der Luft höherer Gehältigkeit 0,130 g CO_2 ab.

Um ein praktisches Beispiel vorzuführen: Im Boden ist im allgemeinen eine Luft enthalten mit ca. 0,500% CO_2, die freie Luft darüber soll 0,035% CO_2 enthalten. Der Boden sei so porös, daß etwa $^1/_3$ seiner Oberfläche aus Poren besteht. Wieviel Kohlensäure wandert innerhalb 1 Stunde aus 1 qm Boden nach oben hin in die freie Luft? Der Einfachheit halber nehmen wir an, daß der Vorgang sich abspielt zwischen zwei Luftmassen, von denen die eine, die Bodenluft, 5 mm unter der Erde, die andere, die Freiluft, 5 mm oberhalb der Erde beginnt. Der Gehaltsunterschied, in $^1/_{100\,000}$ Vol.-Teilen ausgedrückt, ist $^{465}/_{100\,000}$, die Trennungsfläche etwa $^1/_3$ qm. Somit können zu den beiden Schichten je Stunde ca. 20,1 g Kohlensäure übergehen. Tatsächlich sind aber so große Werte noch nicht festgestellt worden, und es kommt dies einfach daher, daß 20 g Kohlensäure etwa 10 l CO_2 entspricht, und so viel Kohlensäure kann gar nicht in der Luft einer Bodenschicht von 1 cm Dicke vorhanden sein, wenn sie 0,5% CO_2 enthält und die Porosität des Bodens 33% beträgt. Diese 1 cm dicke Quadratmeterschicht hat nur 3,3 l Luft bzw. bei 0,5% CO_2 macht dies 0,0165 l oder 0,033 g CO_2. Daraus folgt, daß im praktischen Falle die oberste Bodenschicht verhältnismäßig rasch an Kohlensäure verarmt, wenn sie mit freier Luft in Verbindung steht, und nun muß Kohlensäure aus weiterer Entfernung (ev. bis 60 cm und mehr), also größerer Tiefe zuströmen. Dadurch wird aber die Länge des Verbindungskanales verdoppelt und vervielfacht bzw. die Menge von Kohlensäure, die ausströmen kann, halbiert oder um ein Vielfaches ($^1/_{60}$) geringer. Die Folge ist, daß man bei praktischen Messungen der sog. Bodenatmung Werte findet, die wesentlich geringer sind und die etwa 0,2—0,8 g betragen. Etwas anders liegt der Fall dann, wenn zwar der Gehalt der Luft im Boden auch nicht größer ist wie 0,5%, darin aber Bakterientätigkeit stetig CO_2 in die betreffende Luftschicht nachliefert. Dann ist es selbstverständlich unnötig, daß der Weg für die Kohlensäure sich so sehr nach der Tiefe ausdehnt wie in dem ersteren Falle, und man kann dann, namentlich wenn der Boden sehr tätig ist, bis zu 3 g Kohlensäure oder 1,5 l je Stunde aus dem Quadratmeter Bodenfläche erhalten.

Die Gasdiffusion ist ferner noch wichtig, wenn man sich Rechenschaft davon ablegen will, wie eigentlich die Kohlensäure aus der freien Luft in das Blattinnere hereinkommt (s. S. 16). Man ist heute nicht mehr der Ansicht, daß ein Blatt, um Kohlensäure aus Luft mit 0,03 Vol.-$^0/_0$ CO_2 aufzunehmen, die ungeheure Arbeit vollführt oder erleidet, daß 30000 mal soviel Außenluft in die feinen Blattöffnungen ein- und wieder austritt. Mit einer solchen Durchwehung der Blätter mit Luft rechnet man heute nicht mehr, sondern man nimmt an, daß sich im Blattinnern, als an der Verarbeitungsstätte der Kohlensäure, ein Untergehalt an CO_2 herausbildet und infolgedessen dann die äußere Kohlensäure vermittels Diffusion herangesaugt wird.

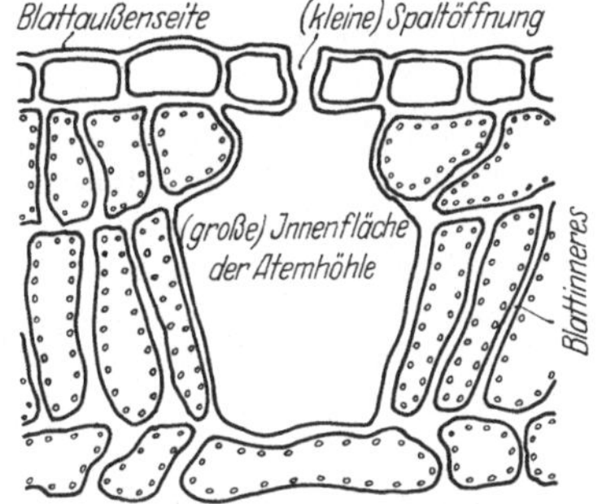

Abb. 15. Die kleine Spaltöffnung sitzt über der großen Atemhöhle. Nachdem die CO_2-Teilchen die kleine Öffnung durchströmt haben, saugen die Innenflächen der Atemhöhlen bzw. die Chlorophyllzellen diese rasch an sich.

Die Verhältnisse liegen dabei nicht ganz so einfach, wie dies aus eingehenden Untersuchungen englischer Forscher[1]) hervorgeht. Die Anordnung der Spaltöffnungen mit ihrer großen Anzahl ungeheuer kleiner Öffnungen hat einen solchen Einfluß auf die Diffusionsgeschwindigkeit, daß sie nahezu auf das 50fache gesteigert wird. Man hat dies auch so ausgedrückt: Bei einer regelmäßigen Anordnung unendlich vieler feinster Öffnungen auf einer Trennungsfläche ist die Diffusionsgeschwindigkeit nicht der Summe der Flächen aller Löcher, sondern einfach dem Durchmesser dieser Löcher gleichlaufend; d. h. also, während man erwarten sollte, daß durch ein Löchelchen von 0,02 mm 4mal soviel Gas hindurchtritt wie durch eines von 0,01 mm, weil ja die Flächen sich wie 4:1 verhalten, hat man in der Tat festgestellt, daß durch die 4mal so große Öffnung nur 2mal soviel Gas hindurchgeht. Diese physikalische Abweichung bei der Anwendung der Diffusionsgesetze auf unendlich feine Öffnungen ist bei der Konstruktion des Blattes wahrscheinlich aus dem Grunde gebildet, weil zwei entgegengesetzte Wünschbarkeiten für seine Tätigkeit miteinander in Einklang gebracht werden können: größte Festigkeit, also möglichst wenig große Durchbrechungen und andererseits geeignetste Vorrichtung, um den Gasaustausch zu erleichtern. Obgleich nämlich im allgemeinen die Lochfläche sämtlicher Spaltöffnungen zusammengenommen höchstens 1—2% der gesamten Blattfläche beträgt, so kann sie doch so viel Kohlensäure eintreten lassen, wie bei einem chemischen Versuche von einer freien Fläche Lauge angezogen wird, die nur halb so groß ist wie das gesamte Blatt. Es ist allerdings auch zu bemerken, daß z. B. Kalilauge, wenn sie in einer Schale frei ausgegossen ist, nicht die beste Vorrichtung darstellt, um Kohlensäure in der raschesten Weise aus der Luft anzusaugen. Wie man

---

[1]) Vgl. Reinau: Kohlensäure und Pflanzen, S. 32.

(aus der beigefügten Abb. 15) etwas vereinfacht entnehmen kann, saugt ja im Blattinnern nicht nur eine Fläche von der Größe des Löchelchens der Spaltöffnung Kohlensäure an sich, sondern der feine Kanal verbreitert sich im Innern und bietet einer vielfach größeren Oberfläche von grünen, also die Kohlensäure verarbeitenden und ansaugenden Zellen Raum. Allerdings auch diese inneren Zellenoberflächen bzw. ihre feuchten Wände sind noch nicht das beste Ansaugmittel für Kohlensäure. Es kommt nämlich nie dahin, daß in ihrer unmittelbaren Nähe in der Luft des Innenraumes der Kohlensäuregehalt auf $^0/_{100\,000}$ herabsinkt.

Man nimmt heute an, daß die Spaltöffnungen (Abb. 15) so arbeiten, daß der Teildruckunterschied an Kohlensäure zwischen außen und innen meist nur 2—5 Hunderttausendstel ausmacht. Immerhin ist die ganze Vorrichtung so, daß die Kohlensäuremolekülchen beim Durchwandern des feinen Öffnungskanales Geschwindigkeiten von 380 cm in der Minute, also 6 cm in der Sekunde erreichen. Eine solche Geschwindigkeit ist aber größer als die der Luft innerhalb eines geschlossenen Bestandes von Pflanzen im allgemeinen. Es ist dies aus dem Grunde nicht unwesentlich, weil man noch sehr oft die Meinung antrifft, daß Kohlensäureteilchen, die aus dem Boden austreten, sogleich dem Winde anheimfallen und von ihm aus dem Bereich der Blätter entführt würden. Wenn die Geschwindigkeit der Kohlensäureteilchen durch die feinen Eintrittsöffnungen bzw. -kanäle größer ist als die des Windes, dann wird das Blatt selbst aus strömender Luft, ohne daß sie als Ganzes ins Innere herein müßte, das eine Raumteilchen Kohlensäure aus den 3300 Teilchen Luft vom Wege ablenken und zu sich hereinziehen (vgl. S. 176).

Einmal ins Innere des Blattes eingedrungen, löst sich die Kohlensäure zunächst in den wäßrigen Teilen des Blattes auf. Deshalb ist die Löslichkeit von Kohlensäure im Wasser von Interesse.

Die gasförmige Kohlensäure ist in reinem Wasser löslich. In den meisten Fällen wird aber nicht scharf genug und mit Deutlichkeit gesagt, daß die Löslichkeit von Kohlendioxydgas in reinem Wasser ganz davon abhängig ist, welche Gehältigkeit das betreffende Kohlendioxydgas in dem Augenblicke der Auflösung hatte. Es kommt auf den Prozentgehalt an CO_2 in einer Luft oder auf den Teildruck, den die Kohlensäure in dieser Luftmischung selber hat, sehr wesentlich an, und schließlich auch auf die Pressung überhaupt, mit der die betreffende Luft bzw. Gasart auf das Wasser zur Durchführung des Lösungsvorganges zur Einwirkung gebracht wird.

Bringt man z. B. ganz reine, gasförmige Kohlensäure, etwa durch Entnahme aus einer der handelsüblichen Kohlensäureflaschen, über Quecksilber in ein umgekehrtes chemisches Proberöhrchen und fügt nun vorsichtig gerade soviel Raumteile reines destilliertes Wasser hinzu, dann verschluckt dies Wasser jene Kohlensäure nahezu vollständig, d. h. der Luftraum verschwindet völlig, und es bleibt nur noch das Wasser zurück. 100proz. reines, gasförmiges Kohlendioxyd wird also von der gleichen Raummenge Wasser völlig verschluckt, und da 1 l Kohlendioxyd (gasförmige Kohlensäure) etwa 2 g wiegt, so findet man häufig die Angabe: 1 l Wasser löst 2 g Kohlensäure auf. Bringt man aber die Wasserprobe von dem eben geschilderten Versuche aus dem Quecksilber und dem Proberöhrchen heraus, setzt also diese Kohlensäurelösung mittelst 100prozentiger Kohlensäure gewöhnlicher Luft aus, dann wird man sofort sehen, wie die Kohlensäure verhältnismäßig rasch in Bläschen aus dem Wasser herausgeht. Und zwar geschieht dies deshalb, weil eben in der freien Luft nicht 100% Kohlendioxyd enthalten sind, sondern nur etwa 0,03%, d. h. die Pressung der Kohlensäure beträgt dort nicht 1 Atm. oder

760 mm Quecksilber, sondern nur 0,352 mm oder $^1/_{2000}$ Atm. Und deshalb ist in reinem Wasser, welches mit gewöhnlicher Luft in Berührung steht oder damit in Berührung war, nur so viel Kohlendioxyd gelöst, und zwar in 1 l Wasser, wie sich 760:0,352 verhält. Also nur etwa der 2160. Teil von 2 g bzw. 1 l Kohlensäure:

In Gegenwart von freier Luft enthält also 1 l Wasser nur ca. 0,465 ccm Kohlendioxyd, also rund $^9/_{10}$ mmg.

Füllt man dagegen eine druckfeste Flasche vollständig mit Wasser und setzt obenauf eine Zuleitung von 100proz. Kohlensäure aus einer Stahlflasche, in der das Gas flüssig ist und etwa 50 Atm. Druck hat, und läßt es mit 5 Atm. auf das Wasser einwirken und einströmen und verschließt die Flasche möglichst augenblicklich nach Entfernung der Kohlensäureleitung, dann hat man ein Fläschchen Mineralwasser. Und in diesem ist nun die Kohlensäure unter Überdruck praktisch von etwa 2—3 Atm. aufgelöst. D. h. in 1 l solchen Mineralwassers sind etwa 3 l (also in einem Raum Flüssigkeit drei Räume Gas Kohlendioxyd gasförmig gelöst, oder 6 g Kohlensäure. Wenn man den Patentverschluß der Mineralwasserflasche öffnet, macht sich im Augenblick der Überdruck des eingepreßten Gases geltend, indem es unter Zischen aus der Flüssigkeit schnellstens entweicht. Immerhin der Vorgang des Entweichens benötigt doch gewisse Zeit, so daß man noch nach Minuten und Viertelstunden aus der Flüssigkeit die Kohlensäureblasen aufsteigen sieht. In der ganzen Zeit zwischen dem Öffnen der Flasche bis zur letzten aufsteigenden Kohlensäureblase befindet sich die unter Einpressen von Kohlensäure entstandene Lösung in einem Zustande von Übersättigung an Kohlensäure. D. h. obgleich dieses Wasser nun schon längere Zeit mit Luft in Berührung ist, in der, wie oben gesagt, der Kohlensäuredruck nur etwa 0,35 mm beträgt, so enthält es doch noch mehr wie 0,46 ccm Kohlendioxyd. In diesen 3 Beispielen handelt es sich um sogenannte reine physikalische Auflösungen des Kohlendioxyds in reinem Wasser. Diese Löslichkeit ist außer von dem Druck und der Gehältigkeit der betreffenden Kohlensäure, auch noch von der herrschenden Wärme abhängig; und zwar nimmt sie mit zunehmender Wärme ziemlich rasch ab, so daß sie z. B. bei 21° nur noch halb so groß, bei etwa 37° nur noch ein Drittel so groß ist wie bei 0°.

Etwas anders liegt der Fall, wenn man nicht ganz reines Wasser mit kohlensäurehaltiger Luft zusammenbringt. Mit Rücksicht auf die Praxis ist hier namentlich an die Anwesenheit von kohlensaurem Kalk in fast jedem natürlichen Wasser und Boden gedacht. Steht das betreffende Wasser in Berührung mit kohlensaurem Kalk und mit kohlensäurehaltiger Luft, dann nimmt es auch noch durch chemische Lösung Kohlensäure zu der bereits physikalisch aufgelösten in sich auf. Es geht dabei der einfach kohlensaure Kalk in sogenannten doppeltkohlensauren oder löslichen Kalk über:

$$CaCO_3 + CO_2 + H_2O \;=\; Ca{<}^{O-CO_2H}_{O-CO_2H} \;=\; CaH_2(CO_3)_2.$$

Die Menge des derart löslichen Kalkes bzw. der chemisch löslichen Kohlensäure ist auch abhängig von dem Teildrucke der Kohlensäure, und zwar so, daß bei verhältnismäßig geringstem Teildrucke mehr Kohlensäure gelöst ist, mit zunehmendem Kohlensäuredrucke aber sich nicht gleich schnell mehr löst. Bei

$^{30}/_{100\,000}$ Kohlensäure in der Luft sind etwa 0,7 ccm bzw. 1,4 mg Kohlensäure löslich, also etwas mehr wie durch physikalische Löslichkeit. In Gegenwart einer Bodenluft, die vielleicht 2—3%, also $^{3000}/_{100\,000}$ Kohlensäure enthält, sind als Bikarbonatkohlensäure deshalb in 1 l Wasser etwa 80 mg CO_2 gleich-ca. 40 ccm gelöst: Also trotz etwa 100fach stärkerer Kohlensäure doch nur 60mal soviel. Dagegen wird sich aus dieser Bodenluft physikalisch bis zu 46,5 ccm Kohlendioxyd auflösen, also mehr wie in Form von Bikarbonat.

Es kann also 1 l reines Wasser, wenn es z. B. als Regen in den Boden eindringt, im ganzen ca. 80 ccm oder 0,160 g CO_2 physikalisch und chemisch aufnehmen unter den beiden Voraussetzungen, daß es Karbonate enthält und die Bodenluft etwa 2—3% CO_2 hat. 1 l Wasser ist aber soviel wie 1 mm Regen auf 1 qm Boden bringt. Was geschieht nun alles bezüglich der Kohlensäure in Luft und Erde, wenn es regnet? Also zunächst — um einen der ältesten Irrtümer in dieser Sache zu erledigen —, wenn es 5 mm regnet, so kommen 5 l Wasser aus der Atmosphäre, die in der Tat nur etwa $2^1/_2$ ccm oder 0,005 g Kohlensäure enthalten, denn die oberen Luftschichten enthalten nur 0,030% CO_2. Es fällt dem Regen gar nicht ein, aus den oberen Luftschichten Kohlensäure mit herabzubringen etwa, weil an sich Kohlensäure in Wasser leichter löslich ist wie Sauerstoff. Von oben her bringt der Regen keine nennenswerte Kohlensäure! Nun ein weiterer Irrtum: Die 5 l Wasser dringen in den 1 qm Boden ein und nun sollen sie den CO_2-Gehalt der freien Luft erhöhen, weil sie dort kohlensäurereiche Luft verdrängen und so nennenswerte Mengen von Kohlensäure aus dem Boden freimachen. Nun, sie verdrängen nicht mehr wie 5 l Luft von etwa 2% CO_2-Gehalt, das sind 100 ccm oder 0,2 g CO_2. Diese Menge ist ansehnlich, aber gegenüber den 5mal 80 ccm bzw. 5mal 0,60 g, also gegenüber 400 ccm bzw. 0,8 g CO_2, die diese 5 l reines Wasser physikalisch und chemisch aufnehmen können, doch nur ein Viertel, so daß es viel richtiger ist, anzunehmen, daß das eindringende Regenwasser gar keine Kohlensäure herausdrängt, sondern das Austreten von Kohlensäure durch freie Diffusion, also die Bodenatmung vermindern wird. Vor einem Regen im Sommer, also nach einigen Tagen Trockenheit, beträgt die Bodenatmung eines landwirtschaftlichen Bodens etwa 0,2 g je Quadratmeter und Stunde. Diese Menge und diejenige aus der verdrängten Luft könnte der eindringende Regen also wohl in sich auflösen, und man müßte nach einem solchen Regen stark herabgesetzte Bodenatmungswerte finden. In der Tat ist aber das Gegenteil der Fall. Wenn man mit reinem destilliertem Wasser regnet, dann bleibt der Wert der Bodenatmung innerhalb der ersten halben Stunde zwar ungefähr gleich (s. S. 159). Dann aber nimmt er stark bis zum Zwei- und Dreifachen zu, und dies hat seinen Grund in folgendem:

1. Der Vorgang der chemischen und physikalischen Lösung von Kohlensäure im Wasser benötigt Zeit, geht nur allmählich vor sich, und während dieser Zeit beginnt

2. eine ganz andere Wirkung des Wassers, nämlich die biologisch belebende für die Bakterien. Deren Tätigkeit wird ganz beträchtlich gesteigert, ja, die Steigerung geht rascher wie das Lösen der Kohlensäure in Wasser, und so kommt es, daß meist nur ganz kurze Zeit nach dem Regen bzw. nur nach einem sehr starken Regen die Bodenatmung etwas

zurückgeht und damit vielleicht auch der CO_2-Gehalt in den erdnächsten Luftschichten. Nach kurzer Zeit — von Minuten — aber überwiegt die Bodenatmung, und es ist nur eine Folge der frisch und mächtig angeregten Tätigkeit der grünen Pflanzen durch das Naß, welches ihre Blätter und Wurzeln erfrischt, daß der plötzliche Zustrom an Kohlensäure von unten so rasch verzehrt wird, daß man sehr oft nach Regen nur eine ganz mäßige Steigerung des Kohlensäuregehaltes der Luft findet, die sonst viel größer sein müßte. Lang anhaltender Regen, also zwischen 20 und 80 mm, bringt natürlicherweise etwas andere Verhältnisse, weil dadurch unter Umständen die Poren des Bodens völlig zugeschwemmt und verschlossen werden können und beträchtliche Abkühlung erfolgt, wodurch die Bakterientätigkeit sinkt (vgl. hierzu Tab. 25, S. 159).

c) Wetterkundliches.

Mit Regen und Luft gelangen wir ohne weiteres in ein Gebiet, das aus mancherlei Gründen bei der praktischen Kohlensäuredüngung beachtlich ist. Wir werden uns bei der Behandlung von Wind und Wetter, sonnigen, Tages-, Nacht- und Jahreszeiten auf das beschränken, was unmittelbar für die praktische Kohlensäuredüngung belangreich oder auffallend ist.

Ich habe an anderer Stelle eine ziemlich ausführliche Darstellung über den Kohlesäuregehalt der Luft gegeben[1]), so daß ich mich hier kurz fassen kann. Dort, wo sich unser Geschäft abspielt, also das Erzeugen von Pflanzen und das etwaige Düngen mit Kohlensäure, dort ist der Kohlensäuregehalt in der Luft ein sehr wechselnder. Wenn man für die freie Luft der oberen Luftschichten behaupten kann, daß ihr Kohlensäuregehalt ziemlich gleichbleibend ist, allerdings mit den Einschränkungen für einzelne Jahresdurchschnitte, wie S. 20/21 mitgeteilt, so kann dies keinesfalls mehr nach meinen neueren Feststellungen für die Luftschichten Geltung haben (vgl. Tab. 4—7 und Abb. 4—9, S. 19 ff.), in welchen die Kulturgewächse gewerblich erzeugt werden. Mag man immerhin die Angabe zulassen, daß die obere freie Luft im allgemeinen 0,028—0,032 Vol.-Proz. CO_2 enthält, in der Nähe von Kulturpflanzen hat sie — selbst im Freien — zwischen 0,3 und 0,010 Vol.-Proz. CO_2. Die Blätter schöpfen also in der Natur ihre Kohlensäure aus einer Luft, die 10 mal so reich sein kann und nur $1/_3$ so arm an Kohlensäure wie die Luft der oberen Schichten. Und diese Unterschiede sind nun nicht etwa so verteilt, daß irgendein Blatt während seines ganzen Lebens Luft von gleicher Kohlensäurestärke um sich hätte, nein, diese großen Schwankungen können innerhalb weniger Stunden das nämliche Blatt treffen. Beim Wechsel von Nacht zu Tag und umgekehrt, kommen die größten Unterschiede vor, und die untersten Blätter erfahren sie im Laufe der Vegetation am häufigsten.

Es ist, wenn man sich überhaupt mit der Frage praktischer Kohlensäuredüngung beschäftigen will, ganz unerläßlich, möglichst vielseitig und umfassend darzulegen, wieviel Kohlensäure die verschiedensten

---

[1]) Reinau: Kohlensäure und Pflanzen S. 2—20 u. S. 139 ff.

Kulturpflanzen unter den heute gebräuchlichen Anbauverhältnissen im allgemeinen um sich haben. Nur dann wird man sich darüber klar werden können, wieviel man ihnen etwa mehr geben muß und wie sehr dieses bestimmte Mehr an Kohlensäure den Ertrag verbessert. Aus allen diesen Gründen habe ich im Laufe der letzten Jahre eine beträchtliche Anzahl von Untersuchungen der Luft auf Kohlensäure vorgenommen (s. S. 22 ff.) und zwar immer so, daß ich gleichzeitig, also zur selben Minute und Sekunde, Luft von drei Stellen in der Nähe der Pflanzen entnahm:

1. Luft 2—5 cm über dem Boden: erdnächste Luftschicht.

2. Luft aus der Höhe der obersten Blätter des betreffenden Pflanzenbestandes, also je nachdem 0,10—1,5 m über der Erde: Luft der Grüngrenze.

3. Luft etwa in doppelter Höhe der obersten Blätter bzw. der Pflanzen über dem Boden, also 0,20—3,00 m über der Erde: Freie Luft.

Ich habe dabei solch kleine Luftproben entnommen und diese so langsam durch feine Röhren angesaugt, daß ich wirklich nur Luft aus derjenigen Schicht untersucht habe, die ich angab. Die Arbeitsweise nach Petterson-Sondén, s. Abb. 3 S. 19, in einigen praktischen Handgriffen von mir ergänzt[1]), gestattet es, in dieser Weise innerhalb weniger Minuten Ergebnisse zu bekommen, die auf $^{1}/_{100\,000}$ Vol.-Teile CO_2 Genauigkeit gebracht werden können. Indem man nun im Laufe von 24 Stunden diese Untersuchungen oft wiederholt, erhält man für jede Schicht von Luft eine fortlaufende Reihe von Werten. Wenn man diese bildlich aufzeichnet und diejenigen, welche zu der nämlichen Luftschicht gehören, durch entsprechende Linien verbindet, dann kann man den täglichen Gang bzw. die stündlichen Änderungen für jede Luftschicht und schließlich alle drei gegeneinander mit einem Blicke übersehen. In den Abb. 4—9, S. 20ff., gebe ich eine ganze Reihe solcher Darstellungen, wie sie gewonnen wurden bei Beobachtungen inmitten von großen Beständen von Gemengefutter (Abb. 7), von Weizen (Abb. 4 u. 5), Zuckerrüben (Abb. 6), Senf (Abb. 6), Wiese (Abb. 8) und Alm (Abb. 9). Letztere Beobachtungen entstammen dem Hochgebirge, die ersteren alle dem norddeutschen Flachland. Soweit Messungen vorliegen, findet sich auf der Darstellung auch noch immer der Betrag der Bodenatmung in Grammen CO_2 je Quadratmeter und Stunde eingetragen.

Tabelle 10.

CO_2-Gehalt in 100 000 Vol.-Teilen Luft eines Senfbestandes im Herbste 1925 im Oderbruch. (Senf in Blüte ca. 1 m hoch. Bedecktes aber helles Wetter. Barometerstand 763 mm. Lufttemperatur 7,8—6°. Bodentemperatur 5—6°. Wind: N bis NW 1—2 m/sec. 17. X. 1925.

Zeit der Proben	Bodennähe 5 cm üb. Boden	Halbhoch 45 cm üb. Boden	Grüngrenze 90 cm üb. Boden	Freiluft 165 cm üb. Bod.
10^{35}	33,0	—	39,5	—
11^{50}	38,0	39,5	43,0	—
14^{20}	31,5	35,0	37,0	37,0
15^{10}	34,0	—	39,0	25,0
16^{15}	—	—	37,0	—

Bodenatmung: $\left.{0,320 \atop 0,255}\right\}$ Ø 0,288 g CO_2 St./qm.

Nahezu ohne Ausnahme hat man immer dasselbe Bild:

1. Je tiefer in der Nacht, desto höher und je näher bei Mittag, um so niedriger liegen alle drei Kurven.

---

[1]) Vgl. Stoklasa u. Doerell: „Biophys. u. Biolog. Durchforschung d. Bodens". Parey. 1926, S. 690—700.

2. In der Nähe der Erde ist fast ausnahmslos der höhere und höchste Gehalt an Kohlensäure. Also die betreffende Kurve der erdnahen Luft zieht sich meist ohne sie zu schneiden oberhalb der beiden anderen Kurven hin.

3. Meistens zwischen den beiden anderen Kurven verlaufend zieht sich die der freien Luft hin, sehr selten geschnitten von derjenigen der erdnahen Luftschicht, woraus erhellt, daß nur selten böige oder wirbelnde Winde diese Schichten durcheinanderbringen oder geschnitten von der Linie für die Grüngrenze, was jeweils besagt, daß die Blätter nicht imstande waren, die von unten kommende Kohlensäure voll auszunützen.

4. Die Lage der Kurve in Höhe der Grüngrenze ist gegenüber den anderen beiden Kurven Tag und Nacht grundsätzlich verschieden: Nachts liegt sie zwischen „erdnaher Luft" und „freier Luft", tags weist sie aber meist die tiefstenWerte auf. D. h. nachts bildet sich vom Boden her eine starke Anhäufung (vgl. S. 20) von Kohlensäure, die sich über die grünen Blätter hebt und zeitweise noch in der freien Luftschicht von doppelter Pflanzenhöhe deutlich feststellbar bleibt.

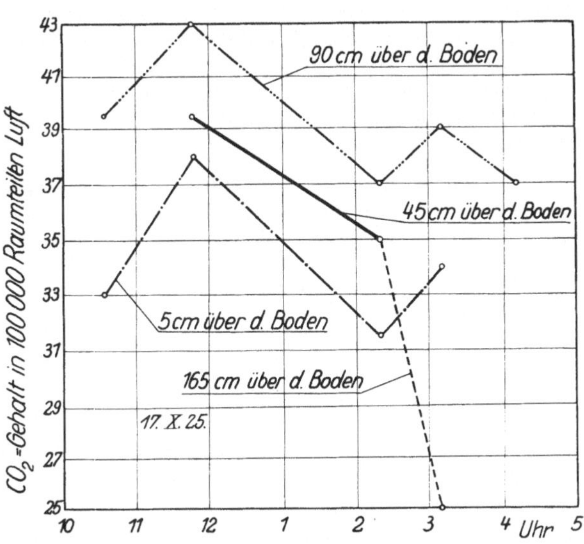

Abb. 16. Diese CO₂-Gehalte in der Luft bei einem Senf-Bestande im Herbste deuten darauf, daß selbst bei Tage anstatt Assimilation Veratmung an CO₂ vorkommt, so daß die Anwesenheit der Pflanzen den CO₂-Gehalt vermehrt.

Mit beginnendem Tage aber nähert sich die Wertlinie der Grüngrenze der der freien Luft und schneidet sie in den ersten Morgenstunden, ein Zeichen dafür, daß nicht nur die vom Boden kommende Kohlensäure weitgehend ausgenützt, sondern auch solche aus der freien Luft herangesaugt wird.

Jede einzelne Gruppe dieser natürlichen Befunde bildet gewissermaßen eine stündliche Bestätigung der Kohlensäureresttheorie und des Kohlensäure-Licht-Produktgesetzes. Andererseits zeigen uns die Zahlen der Bilder und Tabellen, wieviel Kohlensäure ohne besonderes Zutun landwirtschaftliche Kulturen in ihrer Umluft haben, und daß dies ganz verschieden ist am frühen Morgen, mittags oder abends und ganz anders bei den obersten und bei den untersten Blättern. Aber auch das ist schließlich noch nicht unbedingt das Entscheidende, wenn es sicherlich auch sehr wesentlich ist. In Mitteleuropa sind die wärmsten Monate auch die regenreichsten. Wärme in der Luft überträgt sich aber auch auf den Boden, und wenn es auf warmen Boden regnet, bzw. wenn er richtig feucht und locker genug ist, dann entwickelt er ganz beträchtliche Mengen von Kohlensäure. Wir werden dies im einzelnen in Kapitel III, c genauer sehen. Bei höherer Wärme und besserer Luftfeuchte assimilieren aber auch die Blätter besser. Wenn sie dies wirklich sehr stark tun, also rascher als der Boden Kohlensäure ausatmet, bzw. wenn Wind den oberen Blättern an Kohlensäure unverbrauchte Luftschichten zuführt, dann können wir den Fall stärkster Assimilationstätigkeit der Pflanzen haben, trotzdem der Kohlensäuregehalt in der Umluft allmählich sinkt!

Was den Wind anbetrifft, so herrschen auf diesem Gebiete noch sehr viele falsche Vorstellungen. Man hat zeitweise nicht einmal genügend beachtet, was jedem Wetterkundigen geläufig ist, daß in der Nähe der Erde, wo unsere Pflanzen wachsen, von den 2 Hauptbewegungsmöglichkeiten, die die Luft im Raume hat, in der Tat nur diejenige in horizontaler Richtung, also gleichlaufend mit der Bodenfläche und über sie hinstreichend in Betracht kommt. Die Meteorologen rechnen damit, daß jeder Wind, der vielleicht in höheren Schichten mehr oder weniger stark vertikal auf- oder abwärts steigt, in der Nähe der Erdoberfläche in eine solche Luftströmung übergeht, die mit dem Boden gleichläuft. Aber auch den Wenigen, denen diese Verhältnisse klar sind, ist selten recht bewußt, wie stark selbst ein über die Ebene hinstreichender Wind abgebremst wird, wenn Pflanzen darauf wachsen. Man setze sich bei einem starken Sturm in ein gutgewachsenes Klee- oder Luzernefeld, biege einige Pflanzen sorgfältig zur Seite und entzünde dicht am Boden ein Streichholz. Seine Flamme zittert kaum, so schwach ist die Luftbewegung, und es sind doch nur 30—40 cm bis zu dem stark wehenden Sturme. Ich habe Untersuchungen in einem Roggenfelde von etwa 1,60 m Höhe angestellt, um die Geschwindigkeit des Windes in der Nähe des Bodens zu ermitteln. Es ist dies selbst mit dem besten heute zur Verfügung stehenden Windmessern sehr schwierig, denn man bekommt, auch wenn oben ein kräftiger Wind von 5—8 m herrscht, unten am Boden nur Werte von 2—10 cm, und zudem wechselt seine Richtung am Boden so sehr, daß man eigentlich gar nicht richtig von einer Fortbewegungsgeschwindigkeit der dortigen Luftmassen, mit etwa 5—10 cm je Sekunde in einer Richtung, sprechen kann. Die Bewegung ist ganz vorwiegend gleichlaufend mit dem Boden, wovon man sich auch leicht überzeugen kann, wenn man, um vertikale Strömungen zu finden, die Windmesser mit ihren Flügeln parallel zum Boden stellt. Die Bewegungen werden dann nahezu unmeßbar klein. Die Meteorologen haben deswegen angenommen, daß von der ganzen Windbewegung nur ein geringer Bruchteil von etwa 1—2% auf Heben und Senken der Luftmassen kommt, alles übrige aber auf die Verschiebung gleichlaufend zur Erde.

Die zahlreichen Untersuchungen der Luft auf Kohlensäure, wie sie im Laufe der letzten Jahre von Lundegårdh und mir angestellt, aber auch manche der früheren, soweit sie in der Nähe von wachsenden Pflanzen ausgeführt wurden, beweisen in ihrer Gesamtheit ebenfalls, daß der Wind sich hauptsächlich gleichlaufend zur Erdoberfläche bewegt, denn sonst würden sich in der Luft gar nicht solche Unterschiede von

10 und 20% im Werte des Kohlensäuregehaltes ausbilden können, wie man sie zwischen Nacht und Tag, zwischen morgens und mittags und schließlich zwischen den verschiedenen Luftschichten ganz nahe bei den Pflanzen findet. Wenn der Wind alles so durcheinander wirbeln würde, wie man früher glaubte, dann müßte der Kohlensäuregehalt der Luft tags und nachts im ganzen Jahre und allenthalben der nämliche sein. Vermag also die Windbewegung der Luft keine solche Mischung zwischen deren einzelnen Schichten herbeizuführen, daß der Luftkohlensäure-

Tabelle 11.

CO_2-Gehalt der Luft in 100 000 Vol.-Teilen Luft von Davos-Platz im 2. Stock, Balkon ca. 9 m über der Erde, am 16. VIII. 1925 bei bedecktem und am 17. VIII. 1925 bei hellem Wetter.

Stunde	Temperatur		Barom.	Wetterlage		Luft-feucht.	Sonne	Hellig-keit	CO_2-Geh.
	Schatten	Sonne		Wind	Wolken				
				16. VIII. 1925. Bedeckter Tag.					
7^{50}	12,0	—	635,6	N 2	Regenw.	—	—	—	34,4
8^{20}	12,2	—	635,6	im Tal N 2, oben W	„	—	—	—	32,9
10^{46}	12,6	—	635,6	im Tal N 2, oben W	„	80,0%	—	—	30,0
11^{56}	12,6	—	635,6	N 1	heller	75%	schw.	8,47	26,5
15^{40}	12,4	—	636,3	N 2	Regenw.	—	—	—	28,4
17^{30}	11,5	—	636,3	N 2	„	85%	—	—	29,6
17^{53}	11,1	—	636,3	N 2	„	etwas Regen	—	—	31,5
$20^{\underline{59}}$	11.4	—	638,0	N schw.	bei 1500 m etw. Nebel	—	—	—	28,0
$21^{\underline{42}}$	11,2	—	638,0	N schw.	heller	85%	einige Sterne	—	30,0
				17. VIII. 1925. Heller Tag.					
$5^{\underline{05}}$	9,6	—	638,0	still	keine	77%	blHimmel	—	34,5
$7^{\underline{05}}$	9,4	11,2	638,0	N fast still	„	78%	stechend	61,0	32,5
7^{45}	10,6	14,7	637,3	S schw.	„	—	„	73,1	29,0
12^{26}	20,4	23,5	637,3	N 0,5	„	57%	strahlend	86,0	24,0
13^{38}	19,5	23,7	636,5	N 0,5	„	57%	„	84,6	24,5
14^{01}	19,8	22,6	636,5	N 0,5	„	69%	„	82,4	26,5
17^{25}	19,1	—	636,5	N 1—2	„	—	„	65,6	26,5
$21^{\underline{30}}$	14,5	—	637,2	N schw.	„	—	sternhell	—	28,5

(Vgl. Abb. 17.)

gehalt fortwährend der gleiche ist, so hat man demgegenüber viel mildere meteorologische Einflüsse auf den Kohlensäuregehalt der Luft. Jede Schwankung von Licht und Helligkeit, also der Ursache, von welcher die Verarbeitung der Kohlensäure am allermeisten abhängt, prägt sich fast unvermittelt und stark im Kohlensäuregehalte der Umluft aus. Dies beweisen die eben angeführten Darstellungen (4, 9, 16), einige, die weiter unten folgen, und auch das umstehende Bild über die Veränderung des Kohlensäuregehaltes in der Luft des Hochgebirgsortes Davos (Abb. 17, Tab. 11), die nicht einmal aus unmittelbarer Nähe von Pflanzen herrührt. Hier handelt es sich um Kohlensäuregehalt der Luft auf einer Liegehalle eines Sanatoriums in Davos-Platz: Am helleren Tage im Vergleich zu einem trüberen, jeweils zu den gleichen Tagesstunden, immer die niedrigeren CO_2-Werte, und ferner, an beiden Tagen der gleichmäßige Gang, morgens und abends höhere Werte und um die Mittagsstunde niedrigere.

In diesem Zusammenhange sind auf der folgenden Tabelle einige Beobachtungen über den Kohlensäuregehalt der Luft zu verschiedenen Jahreszeiten bei einem Kleefelde angeführt. Das eine Mal ist an einem Taumorgen der Kohlensäuregehalt verhältnismäßig hoch, da bei den

Tabelle 12.
Gleichzeitiger Kohlensäuregehalt verschiedener Luftschichten.
a) Über einem jungen Kleebestande zu verschiedenen Tageszeiten
und nach Tau ($^1/_{100\,000}$ Vol.-Teile).

Datum	15. 9. 1924					16. 9. 1924
Tageszeit	nachmittags		nachts			Taumorgen
Uhrzeit	13^{30}	14^{08}	17^{20}	21^{30}	22^{30}	8^{00}
1 cm über der Erde zwischen dem Klee	43	36,5	41	60	58	56
20 cm über der Erde bei den obersten Kleeblättern (Grüngrenze)	36	32,5	32	55,5	62	60
200 cm über der Erde in freier Luft	33	28	33	34	38	45
Beleuchtung	bed. Him. hell	klare Sonne	klare Sonne	Mondschein		etwas Sonne
Temperatur	20 bis 21°	21 bis 22,5°	16 bis 16,5°	9 bis 10°	7 bis 9°	11 bis 12°
Wind	O mittel	Ostoß-weise	W schw.	SW still	absol. still	SO fast still

b) Über einem Kleebestande im zweiten Jahre 40 cm hoch bei Trockenheit
und schlappendem Blattwerk.

Datum	28. 5. 1925									
Tageszeit	morgens				nachmittags				abends	
Uhrzeit	8^{30}	9^{05}	10^{19}	10^{55}	14^{42}	15^{42}	16^{20}	17^{10}	19^{40}	20^{15}
2 cm über der Erde im Klee	39,5	40,0	36,5	40	30,5	26,0	29,5	26,0	39,5	41,0
40 cm über der Erde, oberste Kleeblätter (Grüngrenze)	52,0	47,5	51,0	34,0	28,0	27,0	28,5	28,5	45,0	41,0
170 cm über der Erde Freiluft	39,0	40,5	32,0	32,5	28,0	29,5	29,5	29,0	40,0	41,0
Beleuchtung	helle Sonn.	helle Sonn.	helle Sonn.	helle Sonn.	helle Sonn.	bedeckt	bedeckt	bedeckt	Sonne untergeg.	
Temperatur	22°	22°	25,5°	26°	26,5°	24,8°	24,8°	22,0°	16,5°	16,0°
Wind	SO 1—2	SO 1—2	SSO 2	SSO 2—3	OSO 2—3	OSO 2	OSO 2—1	OSO 2—1	OSO 0—1	still

Die fettgedruckten Werte zeigen, wie tags das Blattwerk die vom Boden aufsteigende Kohlensäure vermindert, bei Behinderung der Assimilation also nachts oder an einem Taumorgen oder großer Trockenheit aber unverbraucht in höhere Schichten aufsteigen läßt.

Kleeblättern durch den feinen Tau die Fiedern zum Teil zusammengeklebt und die Spaltöffnungen verschlossen sind. Dadurch ist die Assimilationstätigkeit vermindert. Die Bodenatmung dagegen liefert weiterhin Kohlensäure, ja, es mag sogar die geringe Befeuchtung der obersten Erdschicht die Bodenatmung verstärken. Auf jeden Fall wird das, was an Kohlensäure von unten dauernd zufließt, vom Grün nicht entsprechend schnell verarbeitet: Deshalb hält sich der Kohlensäuregehalt auf außerordentlicher Höhe. Die Zahlen in der unteren Hälfte der Tabelle zeigen, wie sich die meteorologischen Einflüsse verhältnis-

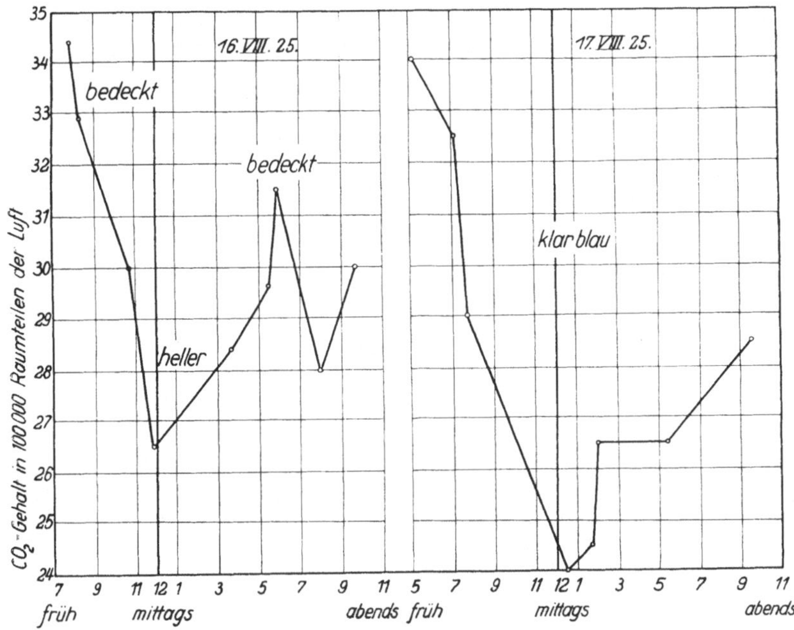

Abb. 17. Im Hochgebirgstale wird selbst die obere freie Luft (einer Liegehalle im 3. Stockwerke in Davos) von der Lichtstärke stark beeinflußt: Am bedeckten Tage (16. VIII.) liegen alle CO_2-Gehalte der gleichen Tagesstunden höher, wie am klarblauen strahlenden (17. VIII. 1926).

mäßig stark im Kohlensäuregehalt der Luft ausprägen. Bei anhaltender Tockenheit kommt es leicht vor, daß gerade Klee, sobald die Sonne etwas kräftiger zu scheinen beginnt, mit seinen oberen Blättern schlappt. Es ist zwar in solchen Zeiten die Bodenatmung im allgemeinen wegen der zu großen Trockenheit im Boden auch nicht gerade sehr groß, aber trotzdem, wenn die Blätter derart schlappen, ist es ein Zeichen, daß sie nicht assimilieren, sondern eher noch Kohlensäure veratmen. Und man findet deshalb in einem solchen Falle in der Höhe der Grüngrenze etwa dasselbe, ja sogar noch etwas mehr Kohlensäure wie in Bodennähe.

Daß bei Nebel der Kohlensäuregehalt allenthalben zunimmt, geht aus dem gesamten diesbezüglichen Schrifttum hervor: Es ist dies nicht verwunderlich, denn die Bodenatmung wird durch die Feuchte eher angeregt, während die Assimilation infolge der Lichtschwächung vermindert wird. Es muß also eine Zunahme in dem zu ermittelnden Kohlensäuregehalte stattfinden.

Wenn wir über den Einfluß des Nebels auf den Kohlensäuregehalt sprechen, streifen wir einen Gesichtspunkt, über den noch wenig Unterlagen vorliegen, der aber praktischer Bearbeitung wert wäre. Ich denke an die Beschaffenheit des Lichtes nach seiner Zusammensetzung aus verschiedenen Farbenstrahlen des Spektrums. Es ist gelegentlich[1]) die Theorie aufgestellt worden: Unsere grünen Pflanzen seien grün, d. h. sie nähmen aus dem weißen Lichte die roten Strahlen heraus und würfen nur die grünen — so daß sie also grün erscheinen — zurück, weil zur Zeit, als ihre ersten Urahnen entstanden sind und die Erde noch ziemlich wüst und leer war, es auch am Himmel noch verhältnismäßig trist und öde gewesen sei, indem dichter Nebel zwischen den Gestirnen und der Erde lag. Durch diesen Nebel, also Wasserdampf bzw. feinste Wassertröpfchen, gehen nun im allgemeinen, wie man sich bei jedem Nebel selbst überzeugen kann, die roten Strahlen des Lichtes am leichtesten hindurch. Die ersten Pflanzen hätten also die Gewohnheit angenommen, mittels der roten Strahlen das Geschäft der Assimilation der Kohlensäure durchzuführen. Trifft dies zu, dann sollte man annehmen, daß auch die heutigen grünen Nachkommen, also unsere sämtlichen Kulturpflanzen besonders günstig unter rötlichem Lichte arbeiten und auch die Ausnützung rötlicher Lichtstrahlen von geringerer Stärke verhältnismäßig gut ist. Da nun bekanntlich das früheste und späteste Licht am Tage rötlicher ist wie das gelbe Mittagslicht, so ist es nicht ausgeschlossen, daß morgens und abends Zeiten sind, die für die Assimilation als besonders geeignete in Frage kommen. Soweit Beobachtungen an den Blättern selbst vorliegen, spricht manches dafür, daß zum mindesten die Morgenstunden eine gute Assimilation ergeben. Bezüglich der Abendstunden kann ich heute nur das sagen, daß ich recht häufig bei meinen langjährigen Beobachtungen über den Kohlensäuregehalt der Luft in den Stunden kurz vor Sonnenuntergang verhältnismäßig starke Erniedrigung des Kohlensäuregehaltes in der Nähe von Pflanzenbeständen beobachtet habe. Es sind gewissermaßen etwas drastisch herausgestellte Gegensätze, wenn man die Morgen- und Abendstunden gegen die des vollen Mittag setzt. Es sollte dadurch mehr beispielsweise vor Augen geführt werden, daß merkliche Unterschiede in der Farbenbeschaffenheit des natürlichen Lichtes im Laufe eines Tages vorkommen. Wenn man tiefer in die Verhältnisse eindringt, etwa auf Grund der Forschungsergebnisse von Prof. Dorno, über die Zusammensetzung des Lichtes zu den verschiedenen Tagesstunden, dann könnte sich wohl mit der Zeit herausstellen, daß es besonders günstige Stunden gibt, wo das Licht so beschaffen ist, daß man einen Höchstwert und eine Höchstleistung an Kohlensäureassimilation bekommt. Eine weitere Aufklärung dieser Verhältnisse wäre besonders erwünscht für alle die Bestrebungen, welche eine Begasung mit Kohlensäure im Freien durch mehr künstliche Mittel, wie z. B. unter Benutzung von Schornsteinabgasen usw., im Auge haben. Denn es kann naturgemäß viel aussichtsreicher sein, eine kräftige Begasung, die wirklich voll aus-

---

[1]) E. R. Liesegang.

genützt wird, täglich nur 1—2 Stunden vorzunehmen, als unterschiedslos 16 Stunden lang Kohlensäure irgendwo hinzuleiten, die unter Umständen nur ganz wenig zur Wirkung kommt.

d) Praktisch Wirtschaftliches.

In diesem Abschnitt soll nicht die Rentabilität einer Kohlensäuredüngung behandelt werden, darauf kommen wir zum Schluß erst zu sprechen, wenn wir das übersehen, was tatsächlich getan werden kann (S. 191 f.). Hier handelt es sich mehr um die allgemeinen praktisch-wirtschaftlichen Gesichtspunkte, von denen aus Kohlensäuredüngung begründbar und wünschbar wäre.

In der Einleitung war bereits betont worden, daß man mehr und mehr Pflanzenerzeugungen aus dem älteren Zustande, da man von Landwirtschaft sprach, in einen anderen übergehen sieht, wobei höchste Flächennützung alles ist: Wo man Pflanzen hinstellt, nützt man die Energie der Sonne und des Lichtes, die beide nichts kosten, aus. Vergleicht man indessen, was Sonne und Himmel an Energie bringen, also was man von 1 qm Landfläche gewinnen könnte, mit dem, was man als Brennwertenergie von dieser Fläche im Laufe des Jahres wegträgt, so sind es im Durchschnitt heute höchstens $1/_2$—2%, in den meisten Fällen allerdings nur $1/_2$%! Deswegen soll man aber nicht glauben, daß man in Zukunft einmal 50—200 mal soviel wird ernten können. — Denn solange wir grüne Blattgewächse zur Umformung von Sonnenenergie in Nährstoffe verwenden, verbrauchen diese einen großen Teil der zugestrahlten Energie, um das Wachstumswasser, das ihre Wurzeln aus dem Boden ansaugen, zu verdampfen. Immerhin ist es nicht unmöglich, daß — und dafür sprechen Kulturergebnisse mit allerhand Pflanzensorten — wesentlich mehr erzeugt werden kann, als bisher. Will man nun aber im Laufe der Jahre dahin kommen, daß man von größeren Flächen und ganzen Landstrichen 2- und 3 mal soviel ernten kann wie heute, dann muß man sich darüber klar sein, daß man dann auch 2—3 mal soviel Kohlensäure im Jahre binden muß. Wir wollen an dieser Stelle gar nicht die strittige Frage aufwerfen, wieviel von dieser Kohlensäure jetzt oder in Zukunft die Pflanzen ohne unser Zutun aus der freien oberen Luft, also ohne besonderen Aufwand von uns, heranziehen, wir wollen deswegen auch gar nicht sagen: Wenn du 2—3 mal soviel ernten willst, dann mußt du mit der 2—3 fachen Kohlensäuremenge düngen. Denn schließlich liegt die Ursache unserer heutigen geringen Durchschnittsernten sehr häufig und nachweislich nicht nur an einem Kohlensäuremangel. Die Sonnenfangmaschine steht bei der derzeitigen Wirtschaftsweise oft Wochen und Monate lang klein und unscheinbar auf der großen Fläche und deckt mit ihren Blättern manchmal nicht mehr wie 1—5% des Bodens ab. In solchen Wochen kann sie schlechterdings überhaupt nur ganz wenige Prozente des Lichtes für sich ausnützen. Ähnlich ist es bei großer Dürre, wenn alle Blätter schlapp herniederhängen: Die Maschine hat den Betrieb eingestellt. Kohlensäure kann praktisch hier nichts helfen. Um es kurz zu sagen: Das Geschäft ergiebigster Flächennützung durch Pflanzenerzeugung besteht darin, im Laufe derjenigen Zeit des Jahres, wo Pflanzen überhaupt wachsen können, unzählige, aber möglichst viele Augenblicke aneinanderzureihen, in denen die zustrahlende Lichtenergie von Sonne und Himmel durch grüne Pflanzenmasse, die die Fläche so dicht als möglich abdeckt, umzusetzen. Daß man dem heute Üblichen eine große Zahl solcher Augenblicke zusetzen kann, indem man mit Kohlensäure düngt, ist nach allem Bisherigen nicht mehr bezweifelbar:

1. Das Kohlensäure-Licht-Produktgesetz gestattet, Augenblicke schwächeren Lichtes in der Assimilation hinzuzufügen, indem man den Kohlensäuregehalt steigert. Ketten solcher Augenblicke sind die Tage des Früh- und Spätjahres und die Stunden morgens und abends an jedem Tage.

2. Das Licht fällt auf die Fläche, und es kann nur genützt werden, wenn sie möglichst vollständig mit einer grünen Pflanzendecke überzogen ist. Jedes Loch in dieser Fläche, durch das man noch Boden von obenher sehen kann, läßt für Augenblicke Licht unbenützt verloren gehen. Ja noch mehr. Wenn Licht ein einziges Blatt durchdringt, dann ist seine Kraft zur Assimilation höchstens zu $^1/_4 - {}^1/_3$ erschöpft. Man muß ihm also Gelegenheit geben, so viele Blätter zu durchsetzen, daß der Strahl völlig erloschen zu Boden kommt oder mindestens nahezu erschöpft. Was lehrt aber da wieder das Kohlensäure-Licht-Produktgesetz? Der fast erloschene Lichtstrahl kann noch zur Assimilation genützt werden, wenn reichlich Kohlensäure vorhanden ist. Also müßte dicht bei der Erde viel Kohlensäure sein: Dem Chemiker ist es völlig geläufig, was hier zu geschehen hätte, wenn man ganz sachgemäß arbeiten will, und was, nebenbei bemerkt, die Natur in dieser Angelegenheit auch schon selbst längst besorgt, nämlich: Man muß in einem vollendeten Gegenstrom arbeiten, d. h. wenn also das Licht von oben kommt, und oben am stärksten ist, in der Nähe des Bodens aber am schwächsten, dann muß umgekehrt die Kohlensäure am Boden am stärksten sein, und sie kann nach oben zu schwächer und schwächer werden. Von beiden Strömen wird das Blattgrün also in entgegengesetzter Richtung so durchflossen, daß in jeder seiner Schichten möglichst große Leistungen herauskommen.

Haben wir weiter oben an Stelle des Ausdruckes Landwirtschaft Flächennützung gesetzt, so wollten wir damit etwas ablenken von einer einseitigen Überwertung des Bodens, namentlich in seiner stofflichen Beziehung. Wir wollen aber doch den Ausdruck Landwirtschaft wegen des Bestandteiles „Wirtschaft" im Sinne von guter Wirtschaft, sparsamer Wirtschaft: Ökonomie, noch etwas aufnehmen. Der Gärtner z. B. gilt nicht als Ökonom im alten Sinne des Wortes. Er ist in der Tat reiner Pflanzenerzeuger. Der Landwirt aber benützt nicht nur die Pflanzenerzeugung, sei es als Hilfsmittel, sei es zur Gewinnung von Rohstoffen, teilweise auch als Endzweck, alles aber innerhalb eines größeren Betriebes, in dem vielerlei vor sich geht. Und die Kunst des wahren Ökonomen (Landwirts) bestand eben darin, die einzelnen Abteilungen seines gesamten Betriebes so ins Zusammenspiel zu bringen, daß er mit einem möglichst geringen Aufwand an Rohstoffen, die von außen kommen, möglichst viel und Wertvolles nach außen abgeben (veräußern) kann. Dabei ist es ein grundlegendes Erfordernis für die Lebensdauer eines solchen Betriebes, daß genau wie in einer großen und wirklich gut geleiteten Fabrik nicht nur das Endergebnis tadellos herauskommt, sondern daß auch alle in den verschiedenen Abteilungen anfallenden Nebenprodukte weitgehend und höchstwertig und möglichst sinngemäß ausgenützt werden. Ist z. B. nach Lage der Wirtschaft der Verkauf von Butter empfehlenswert, so wird es naheliegen, aus der Magermilch Quark und Käse herzustellen oder sie zur Schweinemast zu benützen. Oder, um mehr zu unserer Frage zurückzukehren, wenn der Getreidebau infolge guter Getreidepreise lohnend erscheint, hat man ziemliche Strohmengen als Abfall. Das Zeug ist sperrig und, obgleich ganz wertvoll für die Papierfabrikation, lohnt es sich doch nur, das Stroh in Papier zu verwandeln, wenn der Acker sehr nahe bei der Papierfabrik liegt. Andererseits entnehmen wir aus der Tab. 8 (S. 38), daß z. B. unter den gegenwärtigen Verhältnissen der Kohlenstoff im Stroh der billigste ist, abgesehen von dem im Humus oder Torf. Wenn es gelingt, mit vollem Umsatze 1 kg Stroh-Kohlenstoff zu 4 Pfennigen in 1 kg Kartoffel-Kohlenstoff zu 60 Pfennigen überzuführen, dann hat man damit eine Wertsteigerung um das etwa 15fache durchgeführt. Es wäre also gar nicht so schlimm und immer noch ökonomisch vertretbar, wenn man vielleicht auch nur eine 5fache Wertsteigerung erzielt, d. h. aus 1 kg Stroh-Kohlenstoff nur etwa 150 g Kartoffel-Kohlenstoff. Tatsächlich weiß man, daß es nichts richtiges wird, wenn man das Stroh, so wie es anfällt, einfach unterpflügt und mit der Erde vermischt. Dies wirkt nicht ertragssteigernd, sondern ertragsmindernd. Praktisch hat es sich auf jeden Fall erwiesen, daß es zweckmäßig ist, das Stroh noch mindestens zwei Zwischenbetriebe durchlaufen zu lassen, ehe man es auf den Acker bringt. Seine Elastizität und Saugfähigkeit machen es geeignet als Lagermittel und Einstreu für Tiere und seine Saugfähigkeit gestattet, die wertvollen Bestandteile der tierischen Ausscheidungen so festzuhalten, daß man auch diese des Weiteren leichter handhaben kann. Jetzt hat man schon zwei Abfallstoffe aus zwei völlig verschiedenen Abteilungen der Ökonomie zusammengebracht und zwar, wenn man diese Kunst versteht, in einem geschickten chemischen und Strukturverhältnis.

Wenn frisches Stroh, unmittelbar untergepflügt, ungünstig auf die Ernte wirkt, so wird als Grund häufig angeführt, es sei ein ungünstiges Mischungsverhältnis zwischen Stickstoff und Kohlenstoff. Von letzterem viel zu viel, so daß, wenn sich Bodenbakterien darüber hermachen wollten, sie im Stroh selbst nicht genug Stickstoff vorfänden, ihn aus dem Boden heraussaugten, in sich schwer zugänglich festlegten und dadurch den Wurzeln der Kulturpflanzen ihr Dasein erschweren. An richtigem Mischen allein wird es kaum liegen. Denn auch der frische Stallmist, so, wie er unter den Tieren hervorgezogen wird, ist auch noch nicht das beste Düngemittel. Das Zwischenerzeugnis muß noch eine Fabrikationsabteilung hinter sich bekommen, nämlich den Misthaufen, erst dann hat man ein sinngemäßes und vollendetes Erzeugnis aus dem Stroh. Dieses muß nämlich verrottet sein; d. h. die Stoffe, welche die einzelnen Pflanzenzellen des Strohs, also besonders die Zellstoffasern, miteinander verkitten und verleimen, müssen gelöst werden. Es ist sicherlich der Gehalt an freiem Ammoniak, welcher auf den Misthaufen aus dem Stroh die lignienartigen Stoffe herauslöst und so zur Düngerrotte wesentlich beiträgt.

So nützt tatsächlich der scharf beobachtende und immer tätige Ökonom die merkwürdigsten und verschiedensten Umstände und Eigenschaften seines Betriebes und seiner Abfallstoffe an sich oder in Einwirkung aufeinander fortwährend aus, so daß eines in das andere greift, nichts umkommt, sondern immer wieder veredelte Werte die einzelnen Stationen verlassen. Die Befriedigung menschlicher Bedürfnisse ist zwar das Ziel der Landwirtschaft sowie der Pflanzenerzeugung, indessen, wie auf Abb. 2 (S. 8) zu sehen ist, bekommt der Mensch nur sehr wenig, 5—7 mal mehr ist an irgendeiner Stelle Abfall oder Zwischenprodukt, und soweit es Kohlenstoff enthält, immer ein billiger Rohstoff, der über den Mist oder Komposthaufen geleitet, zu sinngemäßer Kohlensäuredüngung, mit Aussicht auf höchste Wertsteigerung benutzt werden kann.

Wenn man berücksichtigt, daß heute über die Hälfte der Bevölkerung Deutschlands in Städten wohnt, so wird natürlich mancher der pflanzlichen Abfallstoffe, die im Dorfe ohne weiteres zweckmäßigst verwertet oder auf kürzestem Wege dem Komposthaufen zugeführt werden, also z. B. Kartoffelschalen, Gemüseabfall, unverwertbare Speisereste u. dgl., verloren gehen. All dies sammelt sich in den Städten zusammen mit Resten von Kleidungsstücken, von Papier, Kehricht, Asche und wertlosen alten eisernen Gegenständen im Müll an. Es war sicherlich ein äußerst glücklicher Gedanke Zanders[1]), dieses, sagen wir einmal Stroh der Großstadt, mit der Jauche und den Exkrementen des Stalles nämlich mit den Kanalisationsflüssigkeiten zusammenzubringen: Er erreicht dadurch eine ausgezeichnete Verrottung des Mülls, aus dem sich nun durch einfachste mechanische Siebung die Stoffe leicht abscheiden lassen, welche bisher immer die Klippe bildeten, wenn man den Müll mit seinen beträchtlichen Werten an Nährstoffen für die Pflanzenerzeugung in Land- und Gartenwirtschaft heranziehen wollte — also die Abscheidung von Scherben, Emailleeimern u. dgl. durch einfache Siebung. Das Erzeugnis ist eine vollendete Gartenerde, humusreich, nährstoffreich und von guter Triebkraft für die Pflanzen. So können vielleicht auch mit der Zeit die Städte wieder das Glied aus dem Ringe landwirtschaftlicher Ökonomik zurückliefern, welches sie bei ihrer raschen Vergrößerung in den letzten 50 Jahren herausgebrochen haben. Die Häufung der Menschen in großen Städten erfordert gebieterisch Müll und Abwässer raschestens zu entfernen, Inhaltsstoffe und Beförderungskosten spielen in Wert und Höhe für die Städte an sich gar keine Rolle: Das Zeug muß fort. Kommt es aber draußen in einer Form an, daß seine Verwendung für den Pflanzenerzeuger möglich ist, dann wird er schon so viel dafür anlegen, daß er einen billigen Rohstoff hat, die Städte aber eine Nebeneinnahme zur Verbilligung der Wegschaffungskosten. Wer je auf alten Müllbergen Gründüngerpflanzen oder Kohl hat wachsen sehen, wird nicht bezweifeln, daß unter solchen

---

[1]) D. R. P. a.

Umständen eine ganz ansehentliche und beträchtliche Veredelung von fast wertlosem Kohlenstoff in hochwertige Gemüseerzeugnisse geschieht.

Schon 1914 habe ich Fäden aufgenommen, um etwas ganz Ähnliches auf naheliegendem Gebiete in die Wege zu leiten. In den Städten qualmten eine Menge Schornsteine. Erst der Krieg hat uns stärker daraufgestoßen, daß es wohl richtiger wäre, die rohe Kohle zuerst etwas zu veredeln und mehr Koks zu verbrennen anstatt wertvolle Dinge wie die Kohlenwasserstoffe (Benzol u. dgl.), die in der rohen Kohle gewissermaßen enthalten sind. Vor dem Krieg waren also Bestrebungen im Gange, eine zentralisierte Rauchgasbeseitigung der Städte einzurichten; also eine Kanalisation der Kamine. Ich war deshalb der Ansicht, wenn man diese Gase schon durch gemeinsame Leitungen abführt und so die Luft der Städte verbessert, daß es sich dann auch lohnen könnte, das eine oder andere, was die Rauchgase mit sich führen, wie Teer und Ruß usw., gewinnbringend abzuscheiden, die schweflige Säure herauszunehmen und dann diese Abgase zur Kohlensäuredüngung der Felder außerhalb der Städte zu benützen. Inzwischen hat nun Dr. Riedel den Beweis erbracht, daß man in der Tat durch Zuführung gereinigter Schornstein- und Hochofengase auch im landwirtschaftlichen Betriebe draußen im Freien beträchtliche Mehrerträge erzielen kann. Kamingase mit $5-15\%$ Kohlensäure haben wir wirklich genug in Deutschland, um fast zweimal so viel landwirtschaftliche Pflanzen wachsen zu lassen wie heute (Abb. 1, Tab. 1, S. 5 u. 6). Also der Rohstoff ist billig, ja wertlos. Alle Kosten, die für die etwaige Ertragssteigerung tragbar sind, um eine erstrebbare Rente zu lassen, könnten deshalb auf den immer noch problematischen Weg zwischen Schornstein und Acker und Pflanze verwendet werden. Daß man solche Schornsteingase zur Ertragssteigerung bei Feldgewächsen heranziehen kann, hat Dr. Riedel bewiesen (S. 164 b). Aber es muß noch der Weg gezeigt werden, wie man dies so ausführen kann, daß das Gewerbe der Pflanzenerzeugung unbehindert in seinem Betriebe und mit besserer Rente als durch andere Maßnahmen davon wirklich Gebrauch macht.

An wohlfeilen Rohstoffen — landwirtschaftlicher Abfall und Kaminabgase — zur Kohlensäuredüngung fehlt es also nicht. Wenn man sie, überlegt und zielbewußt, zur Pflanzenerzeugung benützt, dann wird man eine neue und gewinnreiche Veredlungsindustrie schaffen.

Es ist gelegentlich die Äußerung gefallen, daß man die Wirkung der Düngesalze auf den Ertrag am ehesten mit der eines Katalysators oder Beschleunigers bei chemischen Vorgängen vergleichen könnte. Dabei berührt es merkwürdig, daß man sich seit etwa 100 Jahren eigentlich nur noch um diese Beschleuniger, also die Düngesalze, kümmert, aber kaum mehr um das, was eigentlich beschleunigt werden soll bzw. um den Rohstoff, den diese Katalysatoren bewältigen, nämlich die Kohlensäure. Zwar liegt und fliegt dieser Rohstoff allenthalben herum, aber man überläßt es 100 Jahre dem reinen Zufall, ob und daß er gerade dorthin kommt, wo man diese Katalysatoren — also die Düngesalze — angewandt hat. Es kommt mir dies gerade so vor, wie wenn ein Besitzer einer Schwefelsäurefabrik sein ganzes Augenmerk nur noch auf den

Platinkontakt richtet und sich weder darum kümmert, daß Schiffe mit Schwefelerzen herankommen, die Erze richtig abgeröstet und die Röstgase richtig gemischt und gereinigt zu dem Platinkatalysator kommen. Ich glaube, die Pflanzenerzeugung hat nächst dem Wasser keinen wichtigeren Rohstoff als die Kohlensäure. Wenn sie sich um deren Beschaffung und Nutzung so kümmert, wie irgendein anderer Fabrikant für seine Rohstoffe sorgt, dann wird man zugeben, daß die praktisch-wirtschaftlichen Grundlagen jeglicher Kohlensäuredüngung darin liegen, billigsten Rohstoff höchstwertig zu veredeln.

II. Geschichte und Kuriosa der Kohlensäuredüngung.

Ich beabsichtige nicht, im folgenden eine geschlossene und vollständige geschichtliche Darstellung alles dessen zu geben, was hinsichtlich Kohlensäure und Pflanze im Laufe von etwa 150 Jahren beobachtet und ermittelt worden ist, sondern mehr das herauszustellen, worin man eine Bemühung sieht, Kohlenstofferernährung und Kohlenstoffdüngung der Pflanzen vorzunehmen.

a) Zur Geschichte der Erkenntnisse über Kohlensäuredüngung.

Nicht nur die Geschichte der Praxis der Kohlensäuredüngung ist voll von den merkwürdigsten Widersinnigkeiten, auch die Geschichte der Erkenntnisse, welche schließlich die Notwendigkeit einer praktischen Kohlensäuredüngung begründen, ist oft ebenso paradox.

Die volle Erkenntnis, was es damit auf sich hat, daß grüne Pflanzen mit ihren Blättern Kohlensäure aufnehmen, sie im Lichte verarbeiten, dadurch zunehmen und Sauerstoff abgeben, hat zum ersten Male der Genfer Naturforscher Theod. de Saussure im Jahre 1804 dargelegt. Hier beginnt auf jeden Fall eine neue Epoche in den Ansichten darüber, woraus überhaupt die Pflanzen ihren Zuwachs an Trockengehalt und Masse erhalten. Mögen die einzelnen Teile dieser Erkenntnis auch von andern herrühren, so z. B. von Ingenhouzs die Notwendigkeit des Lichtes, von Sennebier „Der Übergang von Kohlensäure zu Sauerstoff und die Notwendigkeit grüner Pflanzenzellen", Saussure hat gezeigt, daß es nicht die Wurzeln sind, durch welche die Pflanzen ihren zweitwichtigsten Aufbaustoff zu sich nehmen, sondern die Blätter, oder besser noch, daß nicht die in der Erde befindlichen Organe, sondern die oberirdischen aus der Luft der Pflanze den Kohlenstoff zuführen. Ein Grundversuch von ihm war also der, daß es ihm gelang, Pflanzen wachsen und zunehmen zu lassen, ohne daß die Wurzeln Gelegenheit hatten, von unten her irgendwelchen Humusstoff o. dgl. zu sich zu nehmen, wenn nur in der Luft Kohlensäure enthalten war. Sein zweiter grundlegender Versuch war, einige Pflanzen, die in ausgeglühtem Sand wuchsen und auf einem Fensterbrett im Freien standen, zur völligen Reife und Größe zu bringen. Er hatte sich also hierbei weiter gar nicht darum gesorgt, woher die Kohlensäure kam: Die Luft, welche an diesem Fensterbrett von allen Seiten an die Pflanzen heranstrich, hatte den paar Pflanzen so viel Kohlensäure gebracht, daß sie zunahmen und wohl beschaffen aussahen. Eine spätere Zeit hat aus diesen beiden Grundbeobachtungen den Schluß gezogen, jegliche Pflanze, wo sie auch sei und wie sie auch stehe, könne mittels der Kohlensäure, wie sie — ob mehr oder weniger, ganz gleichgültig — in der Luft enthalten ist, aufs beste wachsen und zunehmen. Es macht unbedingt den Eindruck, daß Saussure, der seine Schlüsse nicht so weitgehend zog, sich einem Paradox gegenübersah. Er konnte sich nämlich nicht von der Anschauung trennen, daß der Humus für die praktische Landwirtschaft von größter Bedeutung sei. Er wußte auch, daß gute Pflanzenerde dauernd Kohlensäure erzeugt. Aber sollte diese Kohlensäure von irgendeiner Bedeutung sein, nachdem er selbst gesehen, wie auf seinem Fensterbrett vollkommene Pflanzen ohne solche Bodenkohlensäure wuchsen? In den ersten Jahrzehnten des 19. Jahrhunderts haben dies noch manche beobachtet, als durch Salm-Horstmar und Wiegmann und Polstorf die Verfahren ausgearbeitet wurden, einzelne Pflanzen in reinem ausgeglühten Sand bzw. in kohlenstofffreien Nährlösungen zu ziehen. Tausende solcher Versuche, allerwärts angestellt, schienen zu beweisen, daß das bißchen Kohlensäure, welches in der Luft enthalten ist, überall genügt, um vollkommene Pflanzen zu erzielen. Daran änderte sich auch nichts, als Stöckhardt und Peters[1] Hafer- und Erbsenpflanzen in oben offenen, hohen Glaszylindern zogen, in die sie von unten teils gewöhnliche Luft, teils solche, der bis zu 25 und 33% Kohlensäure zugefügt war, ja als sie sogar reine Kohlensäure zuleiteten. Sie erhielten dadurch 1,8 bzw. 2,1 bzw. 1,5mal so starke Pflanzen. Ebensowenig änderten die Beobachtungen Kreuslers[2], daß durch eine verhältnismäßig starke Erhöhung des Kohlensäuregehaltes der Luft eine beträchtliche Steigerung in der Verarbeitung dieser Kohlensäure durch die Blätter um 25—260% möglich ist. Auch die etwas größeren Versuche der Engländer Brown und Escombe in einem kleinen Gewächshäuschen des Londoner Botanischen Gartens in Kew konnten keine Aufklärung bringen, weil sich auch hier ein merkwürdiges Paradox ergab. Diese Gelehrten hatten zunächst ermittelt, daß die reine Leistung eines grünen Blattes im Lichte hinsichtlich Kohlensäureaufnahme und -verarbeitung ziemlich gleichmäßig, zum Teil etwas besser zunimmt, als der Gehalt der dargebotenen Luft an Kohlensäure steigt. Sie hatten ferner bei einer genaueren Untersuchung über den Kohlensäuregehalt der Luft im Freien etwas bestätigt gefunden, was dem entsprach, was Saussure schon genau gewußt hatte, daß nämlich ein guter Boden immer Kohlensäure abgibt. Also die Engländer fanden, daß in der Nähe der Erde die Luft 3—4mal mehr Kohlensäure enthält als im Freien. Alles sprach deshalb dafür, daß man doch eigentlich im Gewächs-

---

[1] Etwa 1860.
[2] Landwirtschaftl. Vers. Stat. 1888.

haus sollte mit Kohlensäure düngen können. Als man dies aber 1900 tat, stellte sich die erwartete Wirkung nicht ein. Die Pflanzen waren andauernd unter etwa $3^1/_2$fachem Kohlensäuregehalte, aber die Gurken verkürzten die Abstände zwischen den Blättern nahezu auf die Hälfte, bildeten viele Seitentriebe, so daß die Pflanzen buschiger aussahen (vgl. Abb. 26 S. 131), und das Blühen wurde verhindert! An Fuchsien rollten sich die Blätter und es ging noch so manches andere teils mehr im Innern der Zellen, teils im ganzen Äußern der Pflanzen vor sich, was die Versuchsansteller gar nicht von einer Kohlensäuredüngung erwartet hatten. Auch eine Wiederholung des Versuches im Jahre 1901, wobei der Kohlensäuregehalt sogar auf etwa 5,5% gehalten wurde, brachte kein besseres Ergebnis. Man bedenke wohl: der erste Versuch einer wirklichen, an praktische Verhältnisse sich anschließenden Kohlensäuredüngung im Gewächshause war fehlgeschlagen! Und zwar berichtete diesen Mißerfolg eine der ersten Forschungsstellen auf diesem Arbeitsgebiete, deren sämtliche früheren Veröffentlichungen zu dieser Frage einen günstigen Erfolg fast zwingend hätten erwarten lassen. Ich glaube, es ist wichtig, sich dieses Umstandes wohl bewußt zu bleiben, wenn gelegentlich beklagt wird, daß die Frage der Kohlensäuredüngung nur schleppend und mühselig sich Bahn brach. Brown und Escombe, in dem Bewußtsein, auf das sorgfältigste ihre Versuche angestellt zu haben, zogen aus dem Ergebnis den Schluß: Unsere heutigen Kulturpflanzen sind auf den geringen Kohlensäuregehalt in der Luft durch Generationen eingewöhnt. Schon der geringsten Erhöhung dieses Gehaltes arbeiten die Pflanzen durch vermehrte Assimilationstätigkeit entgegen, und wenn sie plötzlich beträchtlich erhöhten Kohlensäuregehalten ausgesetzt werden, und zwar während einer Anzahl von Tagen und Wochen, dann wirkt dies wie eine Schädigung bzw. die Pflanzen schreiten zu Abwehrmaßregeln.

Mit dieser Erklärung konnte sich nun ein Pariser Gelehrter, Demoussy, aus einem ganz einfachen Grunde nicht abfinden. Er hatte nämlich 1904 beobachtet, daß in den Frühbeetkästen die Luft etwa 0,200 Vol.-% Kohlensäure enthält[1]). Daß in solchen Frühbeetkästen, die also fast doppelt so viel Kohlensäure enthalten wie die Gewächshäuser beim ersten Versuch der Engländer in Kew, allerhand Pflanzen völlig normal und gut wachsen, weiß jedermann. Demoussy vertrat deshalb den Standpunkt, daß in Kew unerkannt gebliebene Unreinheiten des zur Düngung benützten Kohlensäuregases die Ursachen für die Wachstumsstörungen gewesen sein müßten. Er erbrachte dafür auch einen gewissen Wahrscheinlichkeitsbeweis, indem er nun verschiedene Kohlensäuredüngungsversuche im kleineren Maßstabe anstellte.

Er machte eine Reihe von Versuchen, von denen man zum Teil wünschen sollte, daß sie gerade 100 Jahre früher, also 1804 von Saussure angestellt worden wären. Zunächst hatte wohl Demoussy lediglich im Auge, zu zeigen, daß natürliche, aus Boden und Mist hervorgehende Kohlensäure geregeltes Wachstum fördere. Und daß chemisch völlig reine Kohlensäure genau das gleiche tue, unvollkommen gereinigte Kohlensäure aber, z. B. wenn sie auch nur Spuren von Salzsäure enthielte, schädlich wirke. Als er deshalb z. B. in Glasglocken, welche

---

[1]) Cpt. rend. hebdom. des séances de l'acad. des sciences, Paris 1904.

oben eine kleine Öffnung hatten, so daß die Luft von oben etwas zutreten konnte, Pflanzen zog, so wurden diese nur ungefähr halb so kräftig, wie wenn er in eine andere Glocke langsam Luft zuführte, die durch 1 kg Erde durchgeleitet war und dadurch CO_2 mitnahm. Fügte er Kohlensäure zu, die aus Marmor mittels Salzsäure entwickelt und in einer Lösung von Natriumbikarbonat gewaschen war, so hatte er keinen Erfolg. Wenn er aber verflüssigte Kohlensäure aus Bomben benützte und sie im Wasser gelöst verwandte, war es vorteilhaft. Der Ausgang dieser Versuche sprach also sehr dafür, daß die Reinheit der verwendeten Kohlensäure von großer Bedeutung ist.

Und Demoussy hielt sich deshalb schon im Februar 1904 berechtigt, folgendes zu schreiben: „Neben der Wärmeentwicklung verdanken die Mistbeete ihre günstige Wirkung der entbundenen Kohlensäure!" Den weiteren Versuch, den er nun noch anstellte, machte er weniger, um einen Kohlensäuredüngungsversuch durchzuführen, als um einer Meinung eines anderen Forschers, Laurent, zu begegnen, die eine gewisse Rückkehr zur ältesten Humustheorie bildete, und die einen Teil der guten Wirkung der Mistbeeterde, dem Umstande zuschrieb, daß die Bakterientätigkeit in der Erde gewisse organische, kohlenstoffhaltige Stoffe erzeuge, die die Pflanzen mit ihren Wurzeln als wesentliche Nährstoffe aufnehmen. Demoussy dagegen war der Ansicht, daß die Unterschiede, welche man beim Wachstum von Pflanzen über und in bakterienhaltiger und von Bakterien weitgehend befreiter (steriler) Erde hat, lediglich daher rühren, daß die Luft über dieser Erde im ersteren Fall stetig Kohlensäure zugeführt bekommt, über steriler Erde dagegen nicht.

Er benützte deshalb zu einem Versuche sterilen Sand, gute Gartenerde und sterilisierte Gartenerde, und setzte jeweils einige Pflanzen von Lattich in diese verschiedenen Erdarten mittels kleiner Gefäße ein. Des ferneren breitete er Lagen von diesen Erdarten aus und stellte mittels Porzellanuntersatz die verschiedenen Töpfchen mit Lattich über die eine oder die andere Erde, stülpte über diese insgesamt zehn verschiedenen Anordnungen (wie man aus der umseitigen Tabelle entnimmt) Glasglocken, die oben eine Öffnung hatten, welche zu $2/3$ mit Glaswolle überdeckt war, und beobachtete das Wachstum. Es ergibt sich deutlich, daß unter den Glocken, wo nur sterilisierte Erdarten vorhanden waren — ganz gleichgültig, ob die Wurzeln in sterilisiertem Sande oder in sterilisierter Gartenerde sich befanden — wo also vom Boden her keine Kohlensäure nachkam und die Pflanzen nur vermittels der Kohlensäure wachsen mußten, welche die freie Luft durch die obere Öffnung der Glocken hereinbrachte, nur ganz spärlich wuchsen (0,8—1,5 g). Überall dort dagegen, wo von der Unterlage aus guter Gartenerde Kohlensäure reichlich aufstieg, betrugen die Ernten zwischen 7,5 und 12,7 g, und schließlich dazwischen lag der Ertrag der Pflanzen mit 6,6 bis 7,2 g, welche aus der Bodenunterlage keine, jedoch aus der Erde ihres Topfes etwas zusätzliche Kohlensäure bekamen (Tab. 13).

Demoussy schloß daher: Bei gleicher Luftzusammensetzung in der Atmosphäre, welche die Pflanzen umgibt, auch gleiche Ernte! Ich erwähnte schon oben, daß dieser Versuch aus dem Jahre 1904 eigentlich derjenige war, den 1804 Saussure hätte machen sollen: Denn die Pflanzen in den Glocken Demoussys haben in ihren Lebensbedingungen etwas von dem an sich, was Bestandspflanzen und einzeln wachsende Pflanzen unterscheidet:

1. Der Wechsel der freien Luft ist behindert. Und Gegner von Demoussy, welche sich an den ganz beträchtlichen Unterschieden der Ertragsergebnisse von 1 zu nahezu 13 beim Wachsen vermittels

freier Luftkohlensäure bzw. Bodenkohlensäure gestoßen, hatten gerade diesen Umstand hervorgehoben, indem sie derart wohl die alte Saussuresche Formel glaubten verteidigen zu können, daß der niedrige Kohlensäuregehalt der freien Luft für bestes Wachstum ausreiche.

Der Vollständigkeit halber sei erwähnt, daß Demoussy[1]) auch diesen Einwand noch durch weitere Versuche ausräumte, indem er in zwei Glaskästen von je 1 cbm Größe je 4 Pflänzchen aller möglichen Sorten in Gartenerde eingewurzelt und in

Tabelle 13.

Nr.	Die Wurzeln stehen in	Unterhalb d. Glasglocke ist eine Lage von	Deshalb hatten die Pflanzen welche Luft um sich?	Ertrag in g
1	sterilem Sand	feuchtem Sand	ca. 0,030 Vol.-% CO_2: gewöhnliche Luft	0,8
2				1,0
3		guter Gartenerde	mittelbar bodenbürtige CO_2 0,050—0,100 Vol.-%	7,5
4				10,5
5	guter Gartenerde		unmittelbar bodenbürtige CO_2 0,050—0,100 Vol.-%	6,6
6				7,2
7	bei 120° 4 St. lang sterilisierter Gartenerde	feuchtem Sand	gew. Luft u. wenig unmittelbare bodenbürtige CO_2 aus steril. Erde ca. 0,030 Vol.-%	1,1
8				3,5
9		guter Gartenerde	mittelbar bodenbürtige nebst wenig unmittelbar bodenbürtige 0,050—0,100 Vol.-	8,6
10				12,7

gewöhnliche Blumentöpfe hereinbrachte. Der eine Kasten war so undicht gehalten, daß sich die freie Luft immerwährend erneuern konnte, und nahezu immer 0,030 Vol.-% CO_2 enthielt. Im andern Kasten wurde künstliche Kohlensäure durch Erwärmen von Natriumbikarbonat derart jeden Morgen verabfolgt, daß der Gehalt im Laufe des Tages zwischen 0,180 und 0,120 Vol.-% schwankte. Die folgende Tabelle sei ebenfalls lediglich der Vollständigkeit halber aufgeführt. Man sieht, daß die Erntesteigerungen bis 260% im höchsten Falle, und im Durchschnitt etwa 60% betrugen:

Tabelle 14.

	ohne	mit CO_2 g	% Mehrertrag		ohne	mit CO_2 g	% Mehrertrag
Reseden	27	41	155	Kapuziner.	56	86	153
Coleus	34	50	147	Rizinus	26	45	173
Lattich	21	36	171	Pfefferminz	28	36	129
Geranium	45	118	262	Roter Tabak . . .	30	54	180
Musas	24	37	154	Weißer Tabak . .	51	101	198
Begonie	98	135	138	Balsamine.	36	65	180
Coqulico	21	30	143	Centaurea	32	39	122
Acherantes	33	56	170	Fuchsien	30	29	97

Der Einwand der Gegner bezüglich des Luftwechsels war also doch nicht ganz unberechtigt, denn die Unterschiede sind ja unter den Glaskästen nicht mehr so groß wie unter den Glocken. Aber immerhin, die Pflanzen waren doch besser gewachsen, und die Ansicht der Engländer von der Anpassung der Pflanzen an den üblichen Kohlensäuregehalt von 0,030 war nochmals widerlegt.

Nun ist aber gerade der Luftwechsel um die Pflanzen etwas, das bei einem geschlossenen Bestande sehr fragwürdig wird. Wenn deshalb

---

1) C. r. 139 (1904) 883.

ein stärkerer Luftwechsel im Versuche den großen Vorsprung einer künstlichen Kohlensäuredüngung beträchtlich einholt, so darf man nicht vergessen, daß man dadurch sich Verhältnissen nähert, die der praktische Pflanzenbau, die höchste Flächennutzung anstrebt, nicht gewähren kann: Die Bestandspflanze hat einen sehr verminderten Luftwechsel um sich!

2. Die vom Boden aufsteigende Kohlensäure kann von der Bestandspflanze weitgehend ausgenützt werden. Es ist ohne weiteres einleuchtend, daß, wenn Wind und Luft im Bestande weniger leicht hinzukönnen, das Kohlensäuregas, welches vom Boden aufsteigt, mehr an Ort und Stelle bleibt und ausgenützt wird: Also fast dasselbe ist im Bestande der Fall wie in den Glocken Demoussys. Für die einzelstehenden Pflanzen dagegen muß die Kohlensäure vom Boden fast belanglos sein; denn sie wird ja nahezu in jedem Augenblicke durch den Wind schon seitwärts abgetrieben, ehe sie überhaupt das darüber befindliche Grün erreichen kann.

3. Pflanzen unter Glas haben auf jeden Fall geschwächtes Licht und sind deshalb unter ähnlichen Lichtverhältnissen wie die unteren Teile von Pflanzen, die im geschlossenen Bestande stehen. Nach dem Kohlensäure-Licht-Produktgesetz müssen Pflanzen unter diesen Umständen besonders dankbar für eine Steigerung des Kohlensäuregehaltes in der Umluft sein, also eine Überlegenheit ergeben, wie aus dem Versuche Demoussys in den Glaskästen hervorgeht, wo der reichliche Luftwechsel gewöhnlicher Luft lange nicht das leistete, was eine künstliche Kohlensäuredüngung! Nichts von Unregelmäßigkeit in der Wuchsform, im Gegenteil, trotz Verminderung des Lichtes, wo man doch allgemein immer hörte, Licht ist die Hauptsache für Blütenbildung, schreibt Demoussy 1914 wörtlich: „Die Blüte war bei den Kohlensäurepflanzen schneller und reichlicher wie bei den Kontrollen."

Es ist merkwürdig, daß Demoussy aus allen diesen Versuchen weder eine Befruchtung der praktischen Tätigkeit noch der Erkenntnis und Zusammenhänge auf diesem Gebiete durchsetzte. Er hat gewissermaßen alle Einzelteile zur Inangriffnahme und Begründung einer richtigen Kohlensäureernährung landwirtschaftlicher Bestände in Händen gehabt, aber es scheint fast so, als ob er über dem zunächst erzielten — vielleicht ganz nebensächlichen — Ergebnis wegen der Bedeutung von Unreinheiten im Kohlensäuregas, wovon er anscheinend, wie man mir in Kew sagte, auch die englischen Forscher etwas zu überzeugen vermochte[1]), das größere praktische Ziel übersah und nicht zu dem eben entwickelten, grundlegenden Unterschiede zwischen Saussures und seinen Versuchen durchdrang.

---

[1]) Der Liebenswürdigkeit des Herrn L. A. Boodle vom Jodrell Laboratorium des Kgl. Botanischen Gartens in Kew verdanke ich folgende Mitteilung vom 28. VII. 1925. Herr Escombe schreibt: „Horace Brown, das glaube ich ziemlich sicher, war geneigt, den unregelmäßigen Wuchs der Pflanzen, zum Teil wenigstens, Unreinheiten in der Kohlensäure zuzuschreiben. Ich erinnere mich seines Ausspruches, es möchte besser gewesen sein, wenn wir Gärungskohlensäure verwendet hätten."

In Gärtnerei und Landwirtschaft merkt man auf jeden Fall in den nächsten Jahren nichts von irgendeiner Kohlensäuredüngung. Den Fortschritt der wissenschaftlichen Forschung aber beeinträchtigten die Unregelmäßigkeiten der Wuchsformen, wie sie in Kew durch Kohlensäuredüngung erzielt waren, zumal die Engländer ja nirgends in ihren Mitteilungen einen stichhaltigen Anhaltspunkt für die Anwesenheit von irgendeiner Verunreinigung der von ihnen benützten Kohlensäure boten, noch auch bis zum Tode Browns 1925 irgend etwas Diesbezügliches veröffentlichten. Obgleich ich selbst sehr davon überzeugt bin — wir werden darüber später noch einige praktische Beobachtungen sehen, Abb. 23 u. 24 — daß die Reinheit der Kohlensäure sehr wesentlich ist — der eine Versuch Demoussys beweist es ja ebenfalls — so möchte ich doch glauben, daß ein wesentlicher Unterschied in der Anordnung der Versuche in Kew bzw. Paris bestand, worauf ich schon gelegentlich aufmerksam gemacht habe.

Ich muß an dieser Stelle, weil dies für die praktische Kohlensäuredüngung in Gewächshäusern gelegentlich bedeutungsvoll sein kann, auch etwas darauf eingehen. In Kew ist während der ganzen Versuchszeit durch ein entsprechendes andauerndes Zuleiten von Kohlensäure die für das Experiment gewünschte erhöhte Gehalt an Kohlensäure fortwährend aufrecht erhalten worden. Demoussy dagegen arbeitete entweder in Glocken, die oben eine Öffnung hatten, oder bei den Kästen gab er einmal täglich etwas Kohlensäure zu und überließ es den Pflanzen durch ihre eigene Tätigkeit den CO_2-Gehalt im Raume zu verändern. Ich war früher der Ansicht und möchte sie auch heute noch nicht aufgeben, daß dieser Unterschied der Versuchsanordnung hinsichtlich des Wasserdampf- und Kohlensäureaustausches durch die Spaltöffnungen verschiedene Verhältnisse schafft und im Falle von Kew eine gewisse Zwangslage herbeiführt. Bei verstärkter Assimilation wird im allgemeinen auch die Wasserverdunstung entsprechend steigen. Die Versuchsanordnungen Demoussys waren immer so, daß das mehr verdunstende Wasser abziehen oder an den verhältnismäßig zahlreichen Glasflächen sich niederschlagen konnte. Im Frühbeetkasten ist es sicherlich ganz ähnlich: Die kühlen, im Verhältnis zu den Pflanzen, die darin sind, beträchtlichen und im übrigen bei den Blättern ganz nahen Glasflächen kondensieren fortwährend das verdunstende Wasser sei es derart, daß die Luft für die Blätter nie zu dumpfig wird, oder ein genügender Sättigungsunterschied an Wasserdampf im Innern der Blätter gegenüber der Außenluft herrscht, um rasch große Wassermengen durch die Pflanzen durchzusetzen.

Daß man auf die Erleichterung der Wasserverdunstung Rücksicht nehmen muß, wenn man in geschlossenen Gefäßen über die Wirkung von Kohlensäure auf Pflanzen Versuche macht, geht ferner aus Mitteilungen von Theodoresco[1]) hervor. Ich gehe kurz darauf ein, weil hier zum erstenmal etwas von Gestaltänderung der Pflanzen unter dem Einflusse von Kohlensäure genau beobachtet worden ist. Theodoresco berichtet u. a.: Schon 1894[2]) hat Montmartini beobachtet, daß die ersten Blätter von Pisum sativum (Wicke) in 4proz. Kohlensäure größer geworden seien, wie beim Wachsen in gewöhnlicher Luft. Ferner hätte Vöchting[3]) bemerkt, daß die Lebensfähigkeit der Blätter sehr von ihrer Assimilationstätigkeit abhängig sei. Bringe man einzelne Blätter, die selbst noch mit der Pflanze in Verbindung seien, in Glocken,

<hr>

[1]) Rev. gen. de Bot. XI, 1899, S. 445.
[2]) Atti d. R. Inst. Bot. di Pavia.
[3]) Bot. Ztg. 1891.

die mit kohlensäurefreier Luft gespeist werden, so wüchsen diese nicht weiter, veränderten sich und stürben in mehr oder minder kurzer Zeit ab! Nur ganz junge Sprossen könnten sich unter diesen Umständen etwas weiter entwickeln.

Was Theodorescos eigene Versuche anbelangt, so hat er ganze Pflanzen unter Glasglocken gebracht. Die Pflanzen befanden sich entweder in Knopscher Nährlösung oder in Erde oder in feuchtem Moos. Der Feuchtigkeitszustand unter den Glocken wurde durch Aufstellen von Schälchen mit trocknender, starker Schwefelsäure auf 60—70% voller Sättigung unter allen Glocken gleich gehalten. Was die Kohlensäure anlangt, so hat er ganz extreme Fälle hergestellt, indem er den einen Teil der Glocken ganz kohlensäurefrei ließ. Es befanden sich nämlich innerhalb der Glocken einige Schälchen mit festem Ätzkali (Seifenstein), um auch diejenige Kohlensäure aus der Luft herauszunehmen, welche von den Pflanzen — bei geringerer Helligkeit — ausgeatmet würde. Die Luft, welche zugeleitet wurde, war völlig von Kohlensäure befreit. Die anderen Glocken, unter denen die Kohlensäurepflanzen wachsen sollten, hatten keine Kalischälchen und es wurde der zugeleiteten Luft 1—2% reine Kohlensäure zugesetzt.

Die Versuche Theodorescos ergaben:

1. Die Wirkung der Kohlensäure, besonders auf höhere Pflanzen, äußert sich verschieden je nach dem Stadium des Wachsens, in dem die betreffende Pflanze gerade beobachtet wird.

2. Solange die Pflanzen noch ohne Blattgrün, also gewissermaßen auf eigene Kosten leben, und auf das Ausatmen von Kohlensäure angewiesen sind, wirkt das Fehlen von Kohlensäure auf das Wachstum belebend und streckend, dagegen deren Vorhandensein deutlich verzögernd. (Ich habe gelegentlich schon den Ausdruck gebraucht: Die Pflanzen wachsen aus dem Boden heraus, weil dem Keimling dort die Luft gewissermaßen zu kohlensäuredick ist und er in der freien Atmosphäre sich immermehr aus dem Bereiche der bodenbürtigen Kohlensäure entfernen kann.)

3. Sobald Blattgrün vorhanden ist, verlängern sich die Stengel in der mit Kohlensäure angereicherten Luft besser. Die Knoten der Pflanzen werden größer im Durchmesser. Es bilden sich mehr Gefäße, der sog. Holzteil ist mehr entwickelt, die Palisadenzellen werden größer und ebenso die ganzen Blätter.

4. Im kohlensäurefreien Luftraume bleiben die Blätter kleiner, ja, sie fallen sogar bei Datura völlig ab.

Wenn man es genau nimmt, so lassen sich alle diese Beobachtungen auch schon in den Schriften Saussures 100 Jahre früher, manche vielleicht nicht ganz so scharf ausgedrückt, finden. Aber im Stadium der Kohlensäurefrage um 1900 war vielleicht das Hervorheben der Gestaltsänderung — weil man in damaliger Zeit überhaupt ziemlich viel von Gestaltsforschung hielt — eine unglückliche Mode, welche den praktischen Gärtner und Landwirt kaum für diese Sache begeistern konnte.

Trotz aller Schätzung des Wertes neuer geistiger Erkenntnisse bekommt man doch, wenn man die nun folgenden 20 Jahre in der Geschichte der Kohlensäuredüngung überschaut, einen kleinen Begriff vom Werte materieller Geschichtsauffassung! Gestaltsänderung hin oder her, es hätte doch eine Anzahl von praktischen Gärtnern hinter dem Ofen hervorlocken müssen, daß Demoussys Pflanzen 1904 schon früher und reichlicher blühten. Unzeitiges Blühen und Mehrblühen, das ist doch das Wesen des gärtnerischen Treibhausgeschäftes! Als dann etwa seit 1911 Dr. Hugo Fischer, wohl aus einer ganz anderen Gedankenrichtung heraus — wie wir das ja schon weiter oben entwickelt haben — gewissermaßen rein theoretisch ableitete, daß Kohlensäuredüngung frühere Blüte bringen müßte, und als er dies seit 1912 auch durch öffentliche Schaustellungen kohlensäurebegaster, blühender Pflanzen durch die Tat bewies, rührte sich kaum etwas! Da sowohl der wissenschaftliche Forscher Klebs als auch der in der Obstbaumzucht tatsächlich beobachtende Poenicke, jeder vielleicht mit etwas anderen Ausdrücken, sowohl unter sich als auch von den Ausdrücken Fischers verschieden, gegenständliche Beobachtungen inhaltlich und gedanklich nahezu gleich erklärten, so kann man wirklich nicht annehmen, daß etwa um 1914 die Entwicklung der Kohlensäuredüngung an einem Widerspruch zwischen den Lehren der Wissenschaft und den Beobachtungen im ausgeübten Pflanzenbau aufgehalten worden sei. Man hört in der Folge zwar einiges davon, daß da und dort in mehr oder minder gewerblichem Ausmaße von Kohlensäuredüngung berichtet wird, so von Klein und Reinau, Winther, Kisselew. Klein und Reinau zeigen, daß die Pflanzen in einem Gewächshause eine erstmalige nicht zu große Gabe von Kohlensäure verhältnismäßig rasch, eine zweite und dritte zunehmend langsamer verarbeiten und ziehen daraus den Schluß für die tatsächliche Anwendung von Kohlensäuredüngung, daß es wohl nicht zweckmäßig sei, während der ganzen Wachstumszeit einen erhöhten Kohlensäuregehalt in der Umgebung der Pflanzen aufrecht zu erhalten, sondern daß es genüge, dies zeitweilig zu tun, vielleicht entsprechend der Leistungsfähigkeit der Pflanzen. Sie gaben außer diesem nicht zu unterschätzenden Gesichtspunkte für die wirtschaftliche Durchführung einer Kohlensäuredüngung auch schon Belege für die Möglichkeit einer Rente im üblichen gärtnerischen Gewächshausbetrieb unter Benützung flüssiger Kohlensäure aus Bomben. Man darf folgendes nicht vergessen: Um die damalige Zeit, wie ja auch meistenteils heute noch, glaubte alle Welt, die Wirkung irgendeines Düngemittels oder sonst irgendeiner stofflichen Wachstumbedingenden gehe ungefähr gleichlaufend mit der Aufrechterhaltung oder der Verabfolgung zunehmender Stärken oder Gaben dieser Stoffe. Etwas derartiges mag richtig sein und mit tatsächlichen Beobachtungen übereinstimmen und auch bei der gewerblichen Ausführung keine Schwierigkeiten machen, wenn man die bis dahin bekannten Düngemittel in den Boden hinein verabfolgt. Aber die Kohlensäure ist doch ein zu flüchtiges Ding, als daß man selbst den gutwilligsten, erwerbstätigen Menschen dazu bringen kann, wenn er für die Kohlensäure Aufwendungen machen muß, sein Gewächshaus den ganzen Tag über zu begasen, andererseits aber aus allen möglichen Gründen das Gewächshaus nicht den ganzen Tag über geschlossen halten kann. Die gewerbsmäßige Ausführung der Kohlensäuredüngung wird erleichtert durch den Nachweis, daß eine kräftige Stillung des Kohlensäureappetites von

Gewächshauspflanzen — und auch anderen — während täglich 1 bis 2 Stunden gerade so viel leistet, wie eine ununterbrochene schwache Begasung bzw. ein- bis zweifach erhöhte Assimilationstätigkeit. Die folgerichtige Weiterentwicklung dieser Gedankengänge in meinen Bestrebungen zur Einführung der Kohlensäuredüngung in die Erwerbsgärtnerei vermittels des OCO-Dunggasverfahrens (Abb. 15) hat es dahin gebracht, daß heute nahe an zweitausend Erwerbsgärtner täglich Kohlensäuredüngung anwenden. Dies scheint mir ein Beweis dafür, daß es ungerecht ist, dem Manne der Tat und des Erwerbens den Vorwurf der Stumpfheit oder mangelnder Wertschätzung geistiger Erkenntnisse und Anregungen zu machen: Wie soll ich das Erkannte tun und wie kann ich bestehen, wenn ich es auf einem gezeigten Wege tue? Auf diese beiden Fragen muß der Erwerbstätige Antwort haben, ehe eine Erkenntnis ihm nützt. Diese Brücke zu schlagen ist genau so wichtig wie das Erkennen! Ja, es scheint mir in landwirtschaftlichen Dingen, wenn man die Geschichte der künstlichen Düngemittel überfliegt, noch etwas Weiteres von gerade so großer grundsätzlicher Bedeutung zu sein. Man pflegt die Landwirtschaft im Gegensatz zu anderen Erwerbszweigen als eine Urerzeugung zu bezeichnen. In früheren Zeiten und in dünn besiedelten Gegenden mag sie das noch sein. Bei uns ist sie schon längst eine Industrie geworden. Aber die Eierschalen ihres Werdens aus dem Urzustande hängen ihr noch allenthalben an. Sie ist gewohnt, rohe Stoffe und Kräfte und rohe Verhältnisse auszunützen. Alle drei meist von großer Wohlfeilheit! Ehe sie sich entschließt Sonderaufwendungen zu machen für Kraft oder Stoff oder Umstände, müssen diese entweder billig sein, also notgedrungen irgendwo als lästige Nebenerscheinung fortwährend auftreten. Oder der Landwirt muß den Glauben haben oder bekommen, daß das, wofür er besonders etwas aufwendet, namentlich, wenn es sich um einige Pfennige handelt, mindestens Markwerte ergibt.

In Kürze nur einige Beispiele. Als man mehr und mehr Zink brauchte und an sich hochwertige Eisen- und Kupfererze zu Eisen und Kupfer verarbeiten wollte, wurden zeitweise die Märkte Europas mit Schwefelsäure überschwemmt, weil es Schwefelerze waren, in denen jene wichtigen Metalle natürlich schlummerten. Da kam eine Zeit, wo es fast nichts kostete, rohes Phosphatgestein in wirksamen Phosphorsäuredünger überzuführen. Ja, man konnte sich den Spaß erlauben, das flüchtige und deshalb im Landwirtschaftsbetriebe nicht verwendbare Gaswasser der beginnenden Steinkohlenverkokung und Leuchtgaserzeugung seines Salmiakgeistes zu berauben und schwefelsaures Ammon als billiges und einheimisches Düngemittel dem Landwirt anzubieten. Der Salpeter war ein in großen Mengen und verhältnismäßig leicht zugängliches mineralisches Erzeugnis, welches nach Europa zu bringen sich nur lohnte, wenn man es als Schiffsballast sonst leerer Segler aus Südamerika brachte. Über die Kalisalze braucht nur gesagt zu werden, daß sie jahrzehntelang Abraumsalze — von der Steinsalzgewinnung — hießen, ehe der ältere Grüneberg bzw. Frank der Landwirtschaft und sich den Dienst erwiesen, das Zeug von ihren Halten befruchtend auf die Erde zu streuen. War es mit dem Kalkstickstoff etwa anders? Eigentlich wollten seine Erfinder das für eine fortgeschrittene Goldgewinnung so wichtige Zyan herstellen. Ein unglücklicher Zufall wollte es, daß ein anderes technisches Verfahren überholend einsetzte, als gerade die ersten umfangreichen Anlagen zur Herstellung von Kalkstickstoff fertig waren. Auch der Kalkstickstoff hat sich gut in der Landwirtschaft bewährt! Indessen, man kann heute wohl behaupten, die Verwendung der Düngesalze, an sich schon lange vor Liebig, vor Saussure, ja schon zu Ende des 17. Jahrhunderts bekannt und geübt, hätte nie so breiten Umfang wie heute angenommen, wenn sie nicht irgendwo Abfallstoff höchstwichtiger mehr industrieller Gewerbszweige gewesen wären und zwar solcher Industrien, die der sog. Siegeslauf der Technik im 19. Jahrhundert unaufhaltsam vorwärts trieb: Jeder Pfennig Nebeneinnahme für die Abfallstoffe verbilligte den Erzeugungsvorgang der wesentlichen Waren: Eisen, Leuchtgas, Steinsalz! Selbst die Thomasschlacke war nur ein Abfall, als man die hochwertigen lothringischen Erze auf Eisen zu verarbeiten begann. Um den Abfall los zu werden, um an den Bauer ihn los zu werden, war es nötig, ihm stündlich und täglich wieder und immer wieder zu predigen, du brauchst das Zeug, es erhöht die Rente deines Betriebes und steigert den Grundwert deines Gutes.

Um auf unser engeres Gebiet zurückzukommen und die materielle Geschichtsauffassung, so glaube ich nicht, daß die hochbedeutsamen Untersuchungen von Willstätter und Stoll zur Aufklärung des gesamten Assimilationsvorganges und über die besondere Rolle des Blattgrüns als unveränderlicher Vermittler dieses Vorganges für die Frage der Kohlensäuredüngung viel Bedeutung gehabt hat. Ich glaube auch nicht, daß die nunmehr einsetzenden ersten Arbeiten, das gesamte Gebiet Kohlensäure und Pflanzen unter einheitlichem Gesichtspunkte zu betrachten, etwa vermittels meiner Kohlensäureresttheorie und des Kohlensäure-Licht-Produktgesetzes, die 1919 begannen und sich in entsprechenden Arbeiten von Prof. Bornemann, Dr. Hugo Fischer, Major Krantz und Lundegårdh fortsetzten, ausschlaggebend diese Frage in Fluß brachten.

In der Hungerzeit des dritten und vierten Kriegsjahres vermochte es Dr. Friedr. Riedel, die Aufmerksamkeit gewichtiger Stellen auf jenen Abfallstoff zu lenken, der Kohlensäure zu einer etwaigen Begasung landwirtschaftlicher Pflanzungen in Mengen enthält, die um ein Mehrfaches größer sind als die Kohlensäure, welche diese Pflanzungen überhaupt verarbeiten können:

Die Schwerindustrie um Steinkohle und Eisen pafft aus den Schloten von Hochöfen, Kokereien und Kraftwerken und allen möglichen Fabriken fortwährend Rauchgase aus (vgl. Tab. 1 u. Abb. 1, S. 5 u. 6), die zwischen 5 und 15 Raumteilen Kohlensäuregas enthalten. Als es immer weniger zu essen gab, begann sowohl Industrie als geistiges Städtertum wieder zu merken, was eigentlich der Sinn einer bodenständigen Landwirtschaft ist. Nach einigem Sträuben gewährte das Deutsche Patentamt Dr. Riedel ein ausschließliches Recht, gereinigte Verbrennungsabgase industrieller Betriebe zur Düngung landwirtschaftlicher Pflanzungen zu benützen. Damit war der Weg geöffnet, die Schwerindustrie selbst mit Aussicht auf Gewinn an der Ausbeutung dieses Verfahrens und an der Wertsteigerung der lästigen Rauchgase Anteil nehmen zu lassen und vielleicht zur Besserung der Ernährungslage der Allgemeinheit beizutragen. Dr. Voegler, Generaldirektor des großen Unternehmens Deutsch-Luxemburg. Bergwerks- und Hütten A.-G. stellte beträchtliche Mittel zur Verfügung, so daß ein großzügiger Versuch nicht nur von Gewächshausbegasung sondern auch von Kohlensäuredüngung landwirtschaftlich bearbeiteter Freiland-Flächen seit 1917 durchgeführt werden konnte. Über die Erfolge dieses Versuches berichten wir später (S. 164).

An dieser Stelle ist nur folgendes wichtig: Dr. Riedel hat die zum unerschütterlichen Glaubenssatz gewordene, auf Saussure zurückgehende Ansicht gestürzt, daß heutigen Tages die Pflanzen in der besten aller Kohlensäurewelten — im geeignetsten Kohlensäuregehalt der Luft — wachsen! Es mag sein, daß im Sinne wissenschaftlichen Erkennens das, was Riedel unternahm, und auch der technische Schritt, den er tat, die Rauchgase zu reinigen ehe man damit düngt, nichts Außerordentliches an sich hat. Aber das tatsächliche Aneinanderreihen seiner Überlegungen und Handlungen hat zu dem großzügigen Beweise geführt, daß das Begasen mit kohlensäurehaltigen Rauchgasen auch im Freien deutlich ertragssteigernd wirkt: Damit ist aber weiterhin bewiesen, daß der Kohlensäuregehalt, wie er sich um die wachsenden Pflanzen, sei es unter dem Einflusse der Luftströmungen von oben, sei es unter der Wirkung der vom Boden ausströmenden Kohlensäure, mehr oder weniger zufällig ergibt, nicht der bestmöglichste ist, um höchste Erträge von Landflächen zu erzielen, die landwirtschaftlich und gärtnerisch mit Pflanzen bebaut sind. Die geistige Welt neigt leicht dazu, sich zu überschätzen! In der wirklichen Welt hat öfter der recht, welcher durch eine kräftige Ohrfeige oder einem gutgezielten Boxerstoß den Gegner erledigt: Dr. Riedel hat zwar nicht Saussure, aber die Glaubenssätze der Apostel Saussures zu Boden gestreckt!

Riedels Schritt hat also, mag er auch noch so rein praktisch aussehen, doch einen ersten Platz in der Geschichte der Erkenntnisse über Kohlensäuredüngung, und zwar nicht nur, weil er einen Glaubenssatz beseitigte, sondern weil er auch eine ganz andere Art zur Durchführung der Kohlensäuredüngung stützte.

Von nun an erst beginnt die Beschäftigung mit der bodenbürtigen Kohlensäure erfolgversprechend und aussichtsreich zu werden. Denn, wenn man tatsächlich im Freien mit Kohlensäure düngen kann, dann besteht immerhin die Wahrscheinlichkeit, daß solche Kohlensäure, welche am Standorte der Pflanzen selbst sich ganz allmählich und langsam aus dem Boden heraus in die Luft hebt, von den grünen Pflanzen mit Vorteil für sie aufgezehrt wird. Es hat also Sinn, im Boden Stoffe unterzubringen, die aus kohlenstoffhaltigen Körpern bestehen und Bedingungen aufrecht zu erhalten, daß diese durch die Tätigkeit von Bakterien in Kohlensäure verwandelt werden. Diese selbsttätige Kohlensäuredüngung, wir haben darüber schon weiter oben (S. 6) uns auseinandergesetzt, ist ein scharfer Wettbewerber der durch Dr. Riedel angeregten künstlichen Begasung. Unter geschichtlichem Glase betrachtet, wie es mit den Düngemitteln zuging, hat die selbsttätige Kohlensäuredüngung in gewissem Sinne einen schlechteren Stand wie die künstliche. Zwar nützt sie auch Abfallstoffe, die in beträchtlichen Mengen vorkommen, die auch lästig sind, aber dieselben fallen im einzelnen, manchmal ganz unbeachtet (Wurzelrückstände, Ernterückstände), in täglich verhältnismäßig kleinen Posten (Mist) an, nirgends plötzlich in solchen Massen, wie die künstlichen Düngesalze, und deshalb hat sich das Kapital oder die Industrie nie dieser angenommen. Jeder macht unbewußt oder bewußt selbsttätige Kohlensäuredüngung auf eigene Faust, nur schwer kommen Mittel zusammen, um die Erkenntnisse darüber zu fördern, weil niemand unmittelbar für einen etwaigen Geldaufwand Nutzen für sich hat.

Daß Saussure wußte, vom Boden her kämen beträchtliche Menge Kohlensäure, erwähnte ich schon. Aus begreiflichen Gründen war er unklar darüber, ob diese Kohlensäure für den landwirtschaftlichen Pflanzenbau wichtig sei. Liebig in seinen ersten Zeiten maß der Kohlensäure, welche bei der „Mineralisierung" der Pflanzenreste und tierischen Auswurfstoffe entsteht, und vom Boden aufsteigt, einige Wichtigkeit für die Pflanzen des Standortes bei. Es gehört zu den Widersinnigkeiten in der Geschichte auch der bodenbürtigen Kohlensäure, daß z. B. 1866 E. Heiden in seiner Düngerlehre fein säuberlich ausrechnete, daß von aller auf der Erde entwickelten Kohlensäure 82/86 Verwesungskohlensäure sei, also bodenbürtige Kohlensäure und, daß alle auf der Erde wachsenden Pflanzen nur 81,5/86 im Jahre verbrauchen. Was wäre näher gelegen als hier zu schließen, das nächste kommt zusammen: Bodenbürtige Kohlensäure und grüne Pflanze über demselben Boden! Statt dessen schreibt er, der Kohlensäuregehalt der Luft reicht vollkommen für den Bedarf der Pflanzen aus. Die Bodenkohlensäure wirke mehr Nährstoffe lösend und diene vielleicht solchen Pflanzen, die wegen ihres Blattbaues nicht so leicht aus der Luft Kohlensäure aufnehmen können, sondern deshalb mit ihren Wurzeln im Nährstoffwasser aufgelöste Kohlensäure zu sich nehmen. Immerhin lehrt er schon mit Rücksicht auf die Ernterückstände und die Erhaltung des Humus eine entsprechende Fruchtfolge und sorgfältige Pflege des Stallmistes. Merkwürdigerweise haben wir auch bei dem nächsten Male, wo über die bodenbürtige Kohlensäure als Wachstumsbedingende Untersuchungen angestellt wurden, nämlich bei Stoklasa und Ernest, einen der auffälligen Gegensätze zwischen Erkenntnis und Streben, welche dieses ganze Gebiet so merkwürdig durchziehen. Die beiden Genannten waren die ersten (1904), welche hinsichtlich der bodenbürtigen Kohlensäure genaue Erzeugungsgrößen je Flächen- und Zeiteinheit angegeben haben. Sie waren die ersten, welche für den bebauten Boden scharf auseinanderhielten, Bodenatmung durch Bakterientätigkeit, und solche durch lebende Wurzeln. Indessen im weiteren sahen sie die Wichtigkeit dieser Kohlensäure eher in folgendem: einmal als Anzeichen eines reichen Bakterienlebens, dann als Mittel für den Aufschluß mineralischer Bodensubstanzen und schließlich, ähnlich wie Heiden, als Nahrung von der Wurzel aus, sei es in Form von doppeltkohlensauren Salzen oder in Wasser gelöster Kohlensäure. Für Stoklasa selbst mag dies insofern folgerichtiger gewesen sein, als er bei seinen Arbeiten zur Aufklärung des Assimilationsvorganges der grünen Pflanzen dem Vorhandensein und der Mitwirkung von Bikarbonaten besonderes Gewicht beimaß. Es ist aber doch merkwürdig: Hier versucht ein Forscher den Vorgang der Verarbeitung der Kohlensäure in den grünen Blättern zu klären. Er hat früher über die Herkunft solcher Kohlensäure und ihren Übergang in die freie Luft so aufklärend gewirkt und doch — wenigstens damals — noch kein Wort über die Bedeutung der bodenbürtigen Kohlensäure zur Anreicherung der Luft um die grünen Blätter!

Es scheint so, als ob der Forscher Hesselink van Süchtellen[1]) in dem Kochschen Institut in Göttingen zum ersten Male wieder in neuerer Zeit der bodenbürtigen Kohlensäure, außer dem Einflusse auf die Bodenmineralien, einen solchen auf die Assimilation der grünen Blätter zuschrieb. Indessen es geschieht alles noch mehr akademisch und mit wenig Rücksicht auf die Praxis. Doch ist folgender Satz sehr beachtenswert; denn er bringt zugleich den ersten Beitrag zu Standort, Wuchsform und Kohlensäure: „Der Rosettenwuchs ist wohl als eine Anpassung für das Auffangen der kohlensäurereichen Bodenluft anzusehen und der besonders häufige rosettenförmige und der sonst niedrige Wuchs der Alpenpflanzen ist, wenngleich von noch anderen Faktoren mit bedingt, doch auch eine Folge der in den dünneren Luftschichten der hohen Gebirge herrschenden Schwierigkeit der Kohlensäuregewinnung für den Assimilationsvorgang." In dieser Veröffentlichung ist merkwürdigerweise auch ein Zusammenhang berichtet, dessen Nichtbeachtung in der weiteren Geschichte der selbsttätigen Kohlensäuredüngung verschiedentlich verhängnisvoll geworden ist: Hesselink bestätigt nämlich nicht nur den großen Einfluß, den der Feuchtigkeitsgehalt eines Bodens und seine Temperatur, wie dies schon Wollny erkannt hatte, auf die Bodenatmung haben, oder die Wirkung von Kalk auf die Kohlensäureabgabe, was Petersen[2]) schon berichtet hatte, sondern er hebt auch hervor, wie sehr Zerteilung und Lüftung des Bodens die Kohlensäureabgabe steigert, und namentlich gibt er bereits Zahlen dafür, daß z. B. ein Zusatz der üblichen Düngesalze, wie Ammonsulfat die Kohlensäureabgabe von 0,145 auf 0,864, also etwa um das $4^1/_2$fache steigert, während etwas Superphosphat die Bodenatmung etwa verdoppelt. Ausdrücklicher auf den ganzen Zusammenhang eingehend behandelt H. Fischer[3]) das Wesen der selbsttätigen Kohlensäuredüngung vom Boden her durch Pflege des Stallmistes, Anbau von Gründüngerpflanzen, und zwar nicht nur Stickstoffsammlern, sondern auch einfach solchen, die kohlenstoffhaltige Massen liefern, wie z. B. Senf. Merkwürdig bleibt auch hier folgender Satz: „Dabei wird den Nutzpflanzen selbstredend am meisten geholfen sein, wenn die Zersetzung möglichst in die Zeit ihrer Vegetation fällt." Nicht mit Unrecht ist das Unterpflügen besonders langsam zersetzbarer Pflanzen: Robinien (sog. Akazie), mehrjährige Kiefern oder dergl. empfohlen worden. Daß in der Natur, sehr zugunsten der selbsttätigen Kohlensäuredüngung vom Boden her vermittels der Bodenatmung die Zersetzung der organischen Reste bzw. die Tätigkeit der Bakterien mit großer Wahrscheinlichkeit so vor sich geht, wie die grünen Gewächse dies bedürfen, habe ich in meinem Buche „Kohlensäure und Pflanzen" (1919) durch Verbindung der Ergebnisse verschiedener früheren Arbeiten von Wollny bzw. Fleitz zuerst abgeleitet und dann später 1924 an Hand eigener Beobachtungen über den Gang der Bodenatmung in den einzelnen Monaten des Jahres be-

---

[1]) Zentralbl. f. Bakteriol., Parasitenk. u. Infektionskrankh., Abt. 2, Bd. 28, S. 45. 1910.

[2]) Vers.-Stat. 165. 1871.

[3]) Ill. landwirtschaftl. Ztg. 64. 1913.

wiesen[1]). Abb. 30. Die Unsicherheit und das Tasten bezüglich der selbsttätigen Kohlensäuredüngung in früheren Jahren ergibt sich nicht nur aus der Empfehlung höchst merkwürdiger Gründüngerpflanzen durch Fischer (Robinie und Fichte), sondern auch aus den ersten Veröffentlichungen des Hauptmann Krantz, dessen Bestrebungen seit etwa 1909 in engeren Kreisen der Landwirtschaft bekannt wurden. Er schlug vor, allenthalben Stechginster auf schwer zugänglichen und Ödflächen anzusiedeln, damit er dort Kohlensäure einfinge, kohlige Pflanzenstoffe erzeugte, die man durch entsprechende Mistbehandlung der üblichen Landwirtschaft zuführen soll. Derart wollte er eine Bereicherung der Böden mit Humus anstreben und die vergeudete Kohlensäure eines Zeitalters, das an den Steinkohlenschätzen vergangener Jahrtausende Raubbau treibt, nutzbringend einfangen. Merkwürdigerweise ist auch diesen von ideellen Gesichtspunkten ausgehenden Bestrebungen erst ein gewisser Erfolg beschieden gewesen, als es H. Krantz gelang, ein ausschließliches Recht zur Herstellung und besonderen Behandlung von Mist zu erlangen, und so für seine Gedanken Kapital zur gewerblichen Ausnützung heranzuziehen. In dem Maße, wie die Bestrebungen zur automatischen und künstlichen Kohlensäuredüngung sich im wahren Sinne des Wortes materialisierten oder erwerbsfähige Gestalt annahmen, begann die Beschäftigung damit in breiteren Kreisen. Es blieb natürlich nicht aus, daß im Schrifttume Versuche und Überlegungen mitgeteilt wurden, die sich mit den Veränderungen der Anschauung über die Kohlensäureernährung der Pflanzen nicht so ohne weiteres einverstanden erklärten. Soweit man es aber heute übersieht, kann man im allgemeinen zu allen diesen Arbeiten sagen, daß sie, sei es in der Versuchsanstellung oder in der Überlegung, nicht scharf und tief genug auf die Eigenart der vorliegenden Frage eingegangen sind. Namentlich hat es sehr viel Verwirrung angerichtet, daß man gelegentlich bei Teilstückversuchen im Freien die Parzellen, zu klein wählte, Wege dazwischen ließ, deren Boden selbstredend ebenfalls Kohlensäure liefert, daß man die eine Parzelle begaste und nicht so stark mit Düngesalzen versah wie die Nichtbegasten, ohne zu bedenken oder zu wissen, daß man dann in Wirklichkeit doch mehr Kohlensäure zuführte (selbsttätig), wie dies aus den obigen Mitteilungen von Hesselink hervorgeht. In den folgenden Jahren ist dann überhaupt die Beobachtungstätigkeit mehr hinaus auf die Felder und Äcker selbst getragen worden, Arbeiten, an denen sich besonders Prof. Bornemann Reinau, Lundegårdh beteiligten. Namentlich die Bodenatmung der bebauten und beackerten Böden ist so eingehender bekanntgeworden. Es schälte sich auch immer deutlicher heraus, daß als Folge der Bodenatmung in der Tat der höchste Kohlensäuregehalt in der Luft bei wachsenden Pflanzen unten an der Erde ist, daß er abnimmt bis zu den obersten Blättern, wo er am Tage und bei hellem Wetter häufig einen Mindestwert erreicht (Reinau, Resttheorie), bei Nacht und trüberem Himmel jedoch noch etwas höher liegt als in der freien Luft. All dies zeigt an und festigt die Erkenntnis, daß die bodenbürtige Kohlensäure von größter Bedeutung ist und weitgehend ausgenützt wird, daß aber auch

------

[1]) Die Technik in der Landwirtschaft. 1924.

die durch die freie Luft herangetragene Kohlensäure nicht außer acht
gelassen werden kann. Mit einer gewissen Einseitigkeit hat Lundegårdh wohl etwas zu stark die selbsttätige Kohlensäuredüngung vermittels der üblichen Düngesalze hervorgehoben und geglaubt, an den
Anschauungen einiger deutscher Forscher auf diesem Gebiete hinsichtlich der Bedeutung und Anwendung des Mistes bzw. bezüglich der Auffassung über dessen Wirksamkeit, sei es als kohlenstoffhaltiges Roh-
material, sei es als Bakterienträger, sei es als Stickstoffdünger, Kritik
üben zu müssen. Demgegenüber ist besonders von Reinau der wunde
Punkt dieses ganzen Gebietes, nämlich der Haushalt mit dem Humusvorrat des Bodens schärfer betont worden: Wenn nämlich Düngen mit
Salzen auch Kohlensäuredüngung ist, so heißt dies raschere Zersetzung
der kohligen Anteile des Bodens, also rascherer Verbrauch solcher Teile,
die den Humus ausmachen, und dann ist der Frage des Ersatzes von
Humus durch Fruchtfolge (Zwischenfruchtbau), Schutzes gegen Verlust
von Kohlensäure des Bodens, der Pflege des Stallmistes, der Art und Weise
seiner Anwendung jede Aufmerksamkeit und jeder Versuch nur dien-
lich. Wie im Falle Dr. Riedels sollte man das rein Experimentell-
wissenschaftliche nicht überschätzen gegenüber dem anderen Wege der
Erkenntnis durch gewerbliches und handwerkliches Handeln.

Es kann heute nach dem Stande unserer Erkenntnis über die Kohlenstoffernährung gewerblich angebauter Pflanzen kein Zweifel mehr sein,
daß selbsttätige und unbewußt betriebene Kohlensäuredüngung schon
seit Jahrhunderten vor sich geht, daß sie ganz beträchtlich gesteigert
worden ist mit der ausgedehnteren Anwendung von Düngesalzen seit
etwa 60 Jahren, es kann auch kaum mehr ein Zweifel darüber sein, daß
die bodenbürtige Kohlensäure im allgemeinen weitgehend ausgenützt
wird, daß man sie besser ausnützen kann, und daß es Mittel und Wege
gibt, um den Boden an Humus anzureichern. Daß einseitige Wirtschaftsweise eine verhältnismäßig rasche Verarmung der Böden an Humus
nach sich zieht, beweisen diesbezügliche Forschungen in Nordamerika
von Latham, Swansson und Löhnis. In den mitteltrockenem Gebiete von Kansas ist bei einseitigem Luzernenbau der Humusgehalt in
50 Jahren teilweise auf die Hälfte zurückgegangen, und mancherorts
in den Gebieten der großen Getreidefarmen ist die Notlage da, welche
daraus erwuchs, daß man jahrzehntelang ununterbrochen Körner erntete, das Stroh verbrannte oder verkaufte, sicherlich aber keinen Mist
erzeugte, und jetzt nahezu unfruchtbare Äcker in humusärmstem Zustande hat. Die Geschichte der Erkenntnisse über praktische Kohlensäuredüngung wird immer ein wesentlicher Teil der Geschichte der
Kenntnisse vom Humus sein; denn es ist nun einmal Kohlenstoff der
Inhalt des Humus, Kohlensäure sein Wesen, und wo er ist und natür-
liches Geschehen waltet, geht Kohlensäuredüngung vor sich.

Da die selbsttätige Kohlensäuredüngung eng mit der der Lebenstätigkeit der Bodenbakterien zusammenhängt, konnte es nicht aus-
bleiben, daß man auch aus dem besonderen Gebiete der Bodenbearbeitung, Beiträge zur Kohlensäuredüngung bekommt. Nur ein garer
Boden, in dem feste Bodensubstanz, Wasser und Luft zu möglichst

gleichen Raumteilen und gleichmäßig vermischt vorhanden sind, ist
ein geeignetstes Betätigungsfeld für Bakterien.[1]) Jeder Kulturboden, von
dem man höchste Flächenerträge erzielen will, muß jährlich ein oder
mehrere Male gründlich bearbeitet und aufgelockert werden, weil die
natürliche Schwere der festen Bodenstoffe fortwährend trachtet, sowohl
Wasser als auch Luft wegzupressen, so daß ein verdichteter, ungarer
und unfruchtbarer Bodenzustand eintritt. Als nun seit einer Reihe von
Jahren ein neues motorisch betriebenes Gerät zur Bodenbearbeitung,
die Bodenfräsmaschinen, in Landwirtschaft und Gärtnerei eingeführt
werden sollte, zeigte es sich, daß es in einem einzigen Arbeitsgange
eine ganz ausgezeichnete Krümelung und Durchmischung des Bodens
lieferte. Das Aussehen der Böden nach Fräsbearbeitung war ein so ausgezeichnetes, daß niemand daran zweifelte, daß man dadurch vorzüg-
lich gare Böden erhält. Auch hier ist nun wieder ein Treppenwitz in
der Geschichte vorgekommen, als man begann, diese Verhältnisse durch
die Kohlensäurebrille zu betrachten und demgemäß zu erforschen. Während seiner Zusammenarbeit mit der bekannten Maschinenbaufirma
Heinrich Lanz, deren Landbaumotor mit Fräsvorrichtung versehen war,
hatte Prof. Bornemann ganz beträchtliche Steigerungen der Bodenatmung nach Befräsen festgestellt. Auch entsprechende Erntesteigerungen sind berichtet worden. Zur gleichen Zeit hatten die Siemens-
Schuckertwerke G. m. b. H., eine Bodenfräsmaschine mit elastischen
Krallen nach den Patenten des Ingenieurs K. v. Meyenburg entwickelt, und erprobten sie in maschineller, landwirtschaftlicher und
betriebstechnischer Richtung auf dem Versuchsgute für Fräskultur
in Gieshof im Oderbruch unter der Oberleitung von Prof. Holldack.
Bald nachdem nun etwa gegen Kriegsende bzw. 1920 es bekannter wurde,
daß befräste Böden eine namhaft größere Bodenatmung hätten und
bessere Erträge brächten, erhoben sich auch schon aus den Kreisen
der Landwirtschaft die ganz naturnotwendigen Bedenken: wenn ein
befräster Boden um ein Mehrfaches stärker Kohlensäure abgibt, so kann
dies doch nur mit einem rascheren Humusabbau gleichbedeutend sein.
Holldack erkannte früh die Berechtigung eines solchen Einwandes
gegen das Fräsen zumindestens, soweit es landschaftschaftliche Böden
anbelangt. In der Gärtnerei wäre es ja gleichgültig, im Gegenteil
sogar sehr erwünscht, wenn man in rascherem Ablaufe Humus zum
Umsatze bringen könnte, denn die Gärtnerei ist eben der Teil der
Pflanzenerzeugung gewesen, welcher am raschesten und stärksten
Humus, Kohlenstoff und Kohlensäure umsetzt. Ihre hochwertigen
Erzeugnisse gestatten es, für Humusersatz beträchtliche Aufwendungen
zu machen. Für die breite Fläche der Landwirtschaft ist dies unrentabel.
Es war Ende 1922, daß mich Prof. Holldack bat, doch diese Verhältnisse
genauer draußen beim tatsächlichen landwirtschaftlichen Betriebe zu beobachten und zu erforschen. Nur so bin ich in die Lage versetzt worden,
einen Hauptteil des Arbeitsprogrammes endlich durchzuführen, welchen
ich im Jahre 1913 dem Kuratorium der Jagor-Stiftung in Berlin gemeinsam mit meinem verstorbenen Freunde Dr. Roland Klein unter-

---

[1]) Reinau „Die Bodengare" (Fortschr. d. Landw. 1926).

breitet hatte. Die nun einsetzenden Arbeiten auf Gieshof boten mir, wie bereits weiter oben an verschiedenen Stellen ausgeführt, Gelegenheit, noch manche andere Frage aus dem Gebiete der gesamten Kohlensäuredüngung klären zu helfen, und haben auch bezüglich des Befräsens im allgemeinen ergeben, daß es keinen übertrieben raschen Humusabbau befördert: Die Unterschiede zugunsten des Befräsens betragen nicht Mehrfache, sondern nur Bruchteile der Bodenatmung gegenüber anders bearbeiteten Böden.

b) Zur Geschichte der Praxis der Kohlensäuredüngung.

Die letzten Sätze des vorigen Abschnittes sind eigentlich fast schon ein Beitrag zur Geschichte der praktischen Kohlensäuredünung. Es schien mir aber doch richtiger, sie nicht hier, sondern dort unterzubringen, weil sie gleichzeitig ein weiteres Beispiel für die Widersprüche in der Geschichte der Kohlensäuredüngung bildeten und zugleich nochmals vor Augen führten, wie sehr das Materielle auch die Entwickelung der reinen Erkenntnisse vortreibt.

Die Geschichte der praktischen Kohlensäuredüngung beginnt eigentlich mit dem schon früher geschilderten Versuche der englischen Botaniker in Kew, denn da ist zum erstenmal in der ausgesprochenen Absicht, mehr und bessere Erträge zu erzielen, mit Kohlensäure begast worden. Die Absicht, mit Kohlensäure tatsächlich zu düngen, ist merkwürdigerweise schon 25 Jahre früher in dem deutschen Reichspatente 32 194 vom 19. November 1884 niedergelegt: C. Braune in Biendorf in Anhalt meldete ein Verfahren an zum Züchten von Samen für große, zuckerreiche Rüben. Er glaubte dies dadurch erzwingen zu können, daß er die Pflanzen in jeder Beziehung unter beste Lebensbedingungen brachte. Dazu gehörte auch „gleichzeitige Zuführung von Kohlensäure zu den Pflanzen während eines gewissen Stadiums ihres Wachstums". Die Ausführungen dachte er sich folgendermaßen: „Endlich müssen zwischen den Reihen der Rübenpflanzen Röhren angebracht werden, welche perforiert sind und zur Zuleitung von gasförmiger Kohlensäure zu den Pflanzen dienen. Am besten verwendet man für diesen Zweck die im Handel käufliche, in starken Metallflaschen aufbewahrte flüssige Kohlensäure, welche, nachdem sie unter Benutzung von Druckreduzierventilen in einen Expansionskessel geleitet wird, aus letzterem durch diese Röhren ausströmt. Man kann jedoch, wenn auch mit weniger Vorteil, die nötige Kohlensäure dadurch entwickeln, daß man die betreffenden Beete mit einem kohlen- oder doppelkohlensauren Salz überstreut und dann dieselben mit einer organischen oder mineralischen Säure besprengt, welche eine größere Affinität zu diesem Salz als die Kohlensäure besitzt. Nur muß man darauf achten, daß sich das bei dieser Operation bildende Salz neutral zum Wachstum der Pflanzen verhält, was wohl durch Kali- und Natronsalze am besten erzielt wird." Der letztere Vorschlag scheint etwas sehr fragwürdig. Der erstere ist derjenige, dem sich wohl, ohne es zu wissen, fast alle angeschlossen haben, die später wirklich Kohlensäuredüngung durchführten. Hinsichtlich der Zeit des

Begasens schreibt Braune noch: „Wobei man nach Bildung der Blätter den Pflanzen noch Kohlensäure zuführt, um das Wachstum und die Ausbildung derselben zu beschleunigen." Ob dieses Patent jemals zur Ausführung kam, konnte ich bisher nicht in Erfahrung bringen. Im Jahre 1902 bzw. 1904 sind dann die in kleinerem Maßstabe durchgeführten Versuche Demoussys in Frankreich bekanntgeworden, etwa seit 1912 hat Dr. H. Fischer seine ersten Versuche zur Begasung durchgeführt und sie zwischen 1912 und 1914 veröffentlicht. Seine Ergebnisse sind kurze Zeit darauf von Gartendirektor Loebner und von einem pfälzischen Gärtner Winther, bestätigt worden, der vermutlich der erste war, welcher in einem Gewächshause Orchideen begast hat. Etwa gleichzeitig haben Klein und Reinau, wie schon oben erwähnt, den Nachweis geliefert, daß man eine praktische Kohlensäuredüngung mittels flüssiger Kohlensäure im Gewächshause einer Handelsgärtnerei mit wirtschaftlichem Nutzen durchführen kann, ohne den üblichen Betrieb solcher Häuser zu stören, indem man täglich 1—2mal kräftig begast und diese Behandlungsweise etwa 2—4 Stunden am Tage wirken läßt. Das Dunggas wurde rasch verbraucht und führte zu Ertragsmehrung innerhalb 4 Wochen um 50—80%. Hierbei handelt es sich hauptsächlich um Blattpflanzen. Die Versuche von Kisselew 1913 bzw. 1914 haben weniger praktische Gesichtspunkte im Auge gehabt als vielmehr die Klärung, ob die Herkunft und Beschaffenheit der Kohlensäure im Sinne des weiter oben auseinandergesetzten Zwiespaltes zwischen den Versuchen in Kew bzw. von Demoussy in Paris von Bedeutung seien. Auch diese Versuche bestätigten den günstigen Einfluß des Begasens auf frühzeitigeren Eintritt der Blüte, deren dunklere Färbung und Vergrößerung. Die Pflanzen selbst wurden kräftiger, buschiger im Aussehen und ergaben mehr Trockengewicht. Besonders bedeutungsvoll ist ferner die Angabe, daß der Wasserverbrauch, gerechnet auf 1 g geerntete Trockensubstanz, bei den begasten Pflanzen etwas geringer als bei den unbegasten war. In der Folgezeit beginnen nun die Bemühungen, die Kohlensäuredüngung im Gewächshaus und auch in der Landwirtschaft einzuführen. Zu den mehr kuriosen als praktisch bedeutungsvollen Vorschlägen möchte ich diejenigen rechnen, welche sich in Gewächshäusern der von Tieren ausgeatmeten Kohlensäure bedienen wollen. So soll schon zu Beginn des Jahrhunderts in England vorgeschlagen worden sein, im Gewächshause gleichzeitig eine Kuh unterzubringen. Etwas weniger gefährlich für die Pflanzen war schon das Verfahren von Eichler. Er stellte lediglich zwischen einem Gewächshause und einem Kuhstall eine zweckmäßige Rohrverbindung her, durch welche ein selbsttätiger Luftaustausch zwischen den ganz verschiedenartigen Räumen erfolgt.

Das Gewächshaus lag nämlich etwas höher als der Stall, so daß dessen warme Luft angereichert mit der Atmungskohlensäure der Kühe stetig nach dem Gewächshaus strömte, dieses etwas erwärmte und mit Kohlensäure düngte. Eichler selbst hat die günstige Wirkung auf das Wachstum der Pflanzen der Wärme und dem Ammoniakgehalt der Luft zugeschrieben, während später Neger, allerdings ohne dafür weitere Beweise angeben zu können, die Kohlensäure verantwortlich machte.

Etwa 1923 sind aus Proskau Versuche berichtet worden über den Einfluß von Kaninchen oder Meerschweinchen in einem Gewächshaus auf dessen Temperatur und Kohlensäuregehalt. Beide wurden in dem verhältnismäßig kleinem Hause etwas erhöht, so daß die Besserung des Ertrages in dem Häuschen mit den Tieren beiden Umständen zu verdanken sein wird. Es gibt sogar einen Fall, bei dem allen Ernstes die Verbindung von Schweinestall und Gewächshaus innerhalb eines einzigen Raumes vorgeschlagen und ausgeführt worden ist. Auch hier war wieder der Gedanke, Wärme und Kohlensäure gleichzeitig auszunützen.

Nach der Südseite zu war der Raum mit einem halben Satteldach aus Glas versehen, unter dem sich etwa $1^{1}/_{2}$ m breite Tabletten für die Pflanzen befanden. Nach der Nordseite zu, durch einen Laufgang getrennt, befanden sich Buchten für 8—10 Schweine. Der ganze Raum war in der üblichen Höhe der Gewächshäuser gehalten und nicht mit Heizung versehen. Es sollte eigentlich die Erwärmung des Hauses und die Kohlensäurebegasung gewissermaßen durch die Anzahl der zu haltenden Schweine geregelt werden. Tatsächlich gelang es aber nicht, zur Zeit der Frühtreiberei die Temperatur hoch genug zu halten, daß die von den Tieren ausgeatmete Kohlensäure vorteilhaft von den wachsenden Pflanzen ausgenutzt werden konnte. Ein Erfolg ist infolgedessen bei dieser Maßnahme ausgeblieben.

Es ist meiner Meinung nach nie besonders günstig, im gewerblichen Betriebe Vorgänge oder Anordnungen miteinander zu verbinden, die an sich wesensfremd sind, und deren jede zum wirtschaftsgünstigen Ablauf die Einhaltung bester Umstände und Bedingungen erfordert. Vernünftige Tierzucht und -haltung spielt sich nun einmal anders ab wie wirklich gewinnbringende Gewächshaustreiberei. Vom Standpunkte praktischer Kohlensäuredüngung sind deshalb alle eben genannten Vorschläge höchstens als Kuriosa und Spielereien zu betrachten. Als Dr. Riedel etwa seit 1917 die Verbindung von Beheizung der Gewächshäuser mit deren Kohlensäuredüngung durch Verwendung der Schornsteingase aus den Heizanlagen vorschlug, schien dies zunächst als eine Maßnahme, durch welche ein bisher wertloser Abfallstoff ausgenutzt wird. Aber es zeigte sich auch hier auf die Dauer, daß die Verbindung ganz verschiedener Vorgänge doch nicht die gewerblich zweckmäßigste Lösung gibt. Zum Beheizen eines mittleren Gewächshauses benötigt man täglich 40—50 kg guten Koks. Die Kohlensäuremenge, mit der man aber eine geregelte Kohlensäuredüngung durchführen kann, entspricht höchstens 1—2 kg Kohle für dasselbe Haus. Die Kohlensäure der Schornsteingase von Gewächshausheizungen läßt sich infolgedessen nur zu einem geringen Bruchteil für Kohlensäuredüngung ausnützen. Deshalb hat es sich schon herausgestellt, daß es für diese Zwecke im allgemeinen billiger und einfacher ist, für die Gewächshausbegasung gesondert Kohlen zu verbrennen. Und zwar haben sich zwei Wege herausgebildet: Entweder werden die Kohlen bereits so gereinigt und zurechtgemacht, daß sie beim Verbrennen selbst nur ganz reine Kohlensäure liefern, die man dann am allereinfachsten selbst im Gewächshause zur Entwicklung bringt (OCO-Verfahren nach Dr. Reinau). Oder man benützt mehr oder minder zubereitete technische Kohlen, wie Holzkohle und Koks, die nach der Verbrennung in geeigneten Ofenanlagen nur noch einer möglichst einfachen Wasserbehandlung bedürfen, um schweflige Säure ganz auszuschalten (Dr. Riedel, Hörning). Die Benützung von Heizungsabgasen oder sonstigen Schornsteingasen bricht sich nur ganz allmählich Bahn. Wenn man nur genügend Land zur Verfügung hat, so kann man im Freien selbstverständlich während aller Lichtstunden solche Verbrennungskohlensäure weitgehend anwenden. Über den Nutzeffekt im Freien liegen noch wenige Beobachtungen vor. Es wird natürlich auch sehr davon abhängen, wie die Gasverteilung auf dem Felde geschieht und welche Größe die Pflanzen haben und wie dicht ihr Stand ist (vgl. S. 164).

Wir kommen damit zu dem kurzen Abriß der Geschichte einer Kohlensäuredüngung im Freien. Dabei hätte man zu unterscheiden zwischen den Grundversuchen, welche weniger den Zweck hatten, einen gewerblich begehbaren Weg zu zeigen, wie man eine solche Kohlensäuredüngung bewerkstelligt, als den zu beweisen, daß man auch im Freien durch Zuführen von mehr Kohlensäure überhaupt Mehrerträge bekommt. Es ist auch wieder sehr merkwürdig, daß nahezu um dieselbe Zeit, und vielleicht nicht weiter als 1 km voneinander entfernt, die diesbezüglich ersten Versuche im Freien angestellt wurden, wobei allerdings die Ausführung ganz verschieden war. Dr. Hugo Fischer im Einvernehmen mit Prof. Bornemann, machte einen regelrechten Begasungsversuch durch Zuleiten von Kohlensäuregas durch eine Anordnung von Glasröhrchen, die flach unter der Erde verlegt waren und eine Fläche von 2 auf 3 m mit Kohlensäuremengen versah, die nicht bestimmt wurden. Von begasten Spinatpflanzen wurden 10,2% mehr Frischgewicht erzielt. Diese Versuche gingen im Botanischen Garten zu Dahlem vor sich, während gleichzeitig Klein und Reinau in der Gärtnerei von Richard W. Köhler in Steglitz junge Primelpflanzen innerhalb flacher, stets offen gehaltener Frühbeetkästen dadurch zu begasen versuchten, daß sie diese mit kohlensäurehaltigem Wasser täglich 1—2mal begossen. Sie bedienten sich dazu der Vorrichtungen und Verfahren, die in den deutschen Gebrauchsmustern von November und Dezember 1913 Nr. 582648, 583383, 583384, 583396 niedergelegt sind. Die Kohlensäure wurde 100proz. in Wasser gelöst und dieses kohlensäuregesättigte Wasser zum Gießen benützt. Der einzige Erfolg, welcher sich feststellen ließ, war der, daß die Blüten der begasten Pflanzen einige Tage früher kamen. Zwischen 1914 und 1917 hat Dr. H. Fischer einmal mit Gärungskohlensäure im Freien begast, die sich aus einer gärenden Zuckerlösung, welche inmitten der Parzellen aufgestellt war, entwickelte. Es war sicherlich nicht sehr zweckmäßig, Parzellen von 1 qm Größe zu verwenden und die begasten Parzellen im Winde vor den unbegasten anzulegen. Infolgedessen ist das Versuchsergebnis nicht ganz klar. Unstreitig ist aber ein Unterschied zwischen sämtlichen begasten und sämtlichen unbegasten wie 740 zu 655 oder ein Zuwachs durch das Begasen von 31%. Die stetige Zuführung der Kohlensäure während des ganzen Tages durch die gärende Zuckerlösung hat sicherlich das bessere Ergebnis gegenüber dem früheren Versuche herbeigeführt. Dieselben sind erst 1921 bekannt geworden. Wesentlich schärfere und größere Unterschiede durch Freilandbegasung viel größerer Flächeneinheiten hat Dr. Riedel seit Spätsommer 1917 unter Verwendung von Hochofenabgasen erzielt. Die Größenordnungen dieser Unterschiede gegenüber den geringen Ausschlägen von Begasungsversuchen aus dem Jahre 1913 sind derart, daß man wohl diese großzügigen Freilandsbegasungsversuche Dr. Riedels als diejenige Tatsache bezeichnen kann, welche die Saussureschen Anschauungen von der Zulänglichkeit des Kohlensäuregehaltes in gewöhnlicher Luft für Höchsterträge endgültig widerlegt hat. Dr. Riedel hat von Rübenstiel 50% mehr, von Gerste 100%, von Spinat 150%, von Kartoffeln 180% und bei Lupinen sogar 174% mehr Frischgewicht bzw. 190% mehr lufttrockene Masse geerntet. Man bedenke, also durch die fortwährende Begasung während des ganzen Tages ist hier bis zu 3mal mehr geerntet worden wie ohne Kohlensäuredüngung. Es spricht nun noch mehr für die grundlegende Bedeutung dieser Versuche, daß sie auf gewissermaßen totem Boden durchgeführt worden sind. Denn dadurch hatte man wirklich auf den Kontrollflächen beiderseits eine ganz geringe Bodenatmung (man war damals noch allseits viel zu unklar über die zahlenmäßige Bedeutung der Bodenatmung, so daß diesbezügliche Bestimmungen nicht vorliegen). Dies war also wirklich der richtige Gegenversuch gegenüber der Einzelpflanze auf dem Fensterbrett: Wenn viele solcher Einzelpflanzen dicht beieinander stehen und keine bodenbürtige Kohlensäure bekommen oder zumindestens sehr wenig, dann müssen Kontrollpflanzen, die von unten her künstlich Kohlensäure zugeführt erhalten, dagegen sehr stark abstechen. Wenn sich damals bei Besichtigung der Felder von Deutsch-Luxemburg landwirtschaftliche Sachverständige dahin ausdrückten, daß sie in ihren alten Wirtschaften einen ebenso guten Stand von Feldpflanzen hätten, wie er auf den Parzellen Dr. Riedels zu sehen war, so spricht dies keineswegs gegen die grundlegende Bedeutung dieses großen Versuches zum Umsturze Saussures. Es zeigt dies nur, daß damals noch keiner der Beteiligten von dem Wesen der selbsttätigen Kohlensäuredüngung durch Bodenatmung, wie sie auf jedem Boden alter Kultur gewissermaßen von selbst vor sich geht, eine Vorstellung hatte. Was man auf einem Boden alter Kultur durch Begasen im Freien erreichen kann, darüber hat erst viel später 1924 Lundegårdh berichtet. Es ist hierbei nur zeitweise am Tage und nur während der Hälfte der ganzen Wachstumszeit begast worden, und doch ist bei Hafer 30%, bei Kartoffeln 42% mehr geerntet worden.

Aus dieser geschichtlichen Gegenüberstellung sollten alle die, welche immer noch glauben, Versuche zur praktischen Kohlensäuredüngung mit Quadratmeterparzellen anstellen zu können, oder welche immer und immer wieder darauf hinweisen, daß ein einzelnes Vegetationsgefäß in Sandkultur oder ein einzelner Quadratmeter reiner Sand — nur richtig mit Mineralsalzen gedüngt — ohne Kohlensäuredüngung große Erträge bringen, also alle die sollten endlich merken und lernen, welche Bedeutung die selbsttätige Kohlensäureversorgung vom Boden her hat, und es endlich unterlassen, mit halben Mitteln und Maßregeln über diese

Fragen arbeiten zu wollen und das Schrifttum unnötig zu belasten. Was das weitere Schicksal der technischen Feldbegasung sein wird, hängt davon ab, daß die Frage der Zuleitung und Verteilung der Kohlensäure auf den Feldern so gelöst wird, daß entweder stetig oder zumindesten zu den geeignetsten Zeiten kräftig begast werden kann, der Landwirt aber nicht durch Rohre und dergleichen bei der Bestellung behindert ist, und daß trotz aller dieser Forderungen, die natürlich Aufwendungen bedingen, am Ende eine Rente bleibt.

Was die Geschichte des großen Wettbewerbers zur technischen Feldbegasung, nämlich die selbsttätige Kohlensäuredüngung durch Bakterientätigkeit und Humusabbau, anbelangt, so verweise ich auf das, was ich oben (S. 78) von Liebig anführte, ferner auf die Abhandlung Dr. H. Fischers „Bodenbakterien und ihr Einfluß auf die landwirtschaftlichen Nutzpflanzen" (1913), ferner auf gewisse Hinweise von Löhnis in seinen „Vorlesungen über landwirtschaftliche Bakteriologie", die klar erkennen lassen, daß auch er schon die vom Boden aufsteigende Kohlensäure in ihrer Bedeutung für die Versorgung der über diesen Boden arbeitenden Blätter nicht unterschätzte. Die Genannten verschwinden jedoch hinter den Männern der Tat: Hauptmann Krantz und Prof. Bornemann, die wirkliche Vorschläge dafür machten, was der Bauer tun sollte, um selbsttätige Kohlensäuredüngung vom Boden her zu betreiben. Die Kranzschen Bestrebungen, seit etwa 1910 einsetzend, sind schon weiter oben (S. 80) gekennzeichnet. Tatsächlich zielen sie darauf, den Mist pfleglicher zu behandeln, alle landwirtschaftlichen Abfälle zur Mistbereitung heranzuziehen, und wo es nur geht, durch Pflanzen Grünmassen zu erzeugen, namentlich auf Ödflächen, um so den Humusvorrat der regelmäßig bewirtschafteten Flächen zu steigern. Hieran schloß sich etwa seit 1920 das Bemühen von Krantz, eine bestimmte Art der Stallmistaufarbeitung, die sog. Heißvergärung, den Edelmist, in die Landwirtschaft einzuführen. In der breiteren Landwirtschaft ist besonders der Vorschlag von Prof. Bornemann aufgefallen, den Stallmist möglichst spät und möglichst flach auf den Feldern unterzubringen, weil er dann die beste und geeignetste Kohlensäuredüngung bewirke. Es ist ganz sicher, daß dieser Vorschlag, dem auch v. Richthofen-Boguslawitz beipflichtete, auch aus der praktischen Erfahrung heraus etwas für sich hat. Es gibt eine ganze Anzahl von Landschaften im Reiche, wo es noch jetzt oder zumindestens bis vor kurzem üblich war, zu Kartoffeln den Mist erst zur Zeit des Häufelns aufzubringen. Die Kartoffel und Rübe gehören zu den stärksten Kohlensäureverarbeitern, die es unter den Pflanzen gibt (vgl. S. 189). Sie kommen allenthalben in erster Tracht zum Mist, was ebenfalls für die Erfahrung spricht, daß sie das von ihm ausnützen, was am schnellsten von ihm weggeht. Dies ist die Kohlensäure in den ersten Monaten nach dem Unterbringen, wenn richtige Feuchte und Temperatur herrschen. Wenn man den Mist auf seinen geringsten Wirkungswert bringen will, sowohl als Stickstoff- als auch als Kohlenstoffdünger, dann muß man nur den Bauer veranlassen, ihn mehr oder weniger tief zu vergraben und von Luft abzuschließen — am besten für diesen Zweck wäre es schon, ihn in 25—30 cm Tiefe vertorfen zu lassen — und dem auslaugenden Zuflusse des gesamten Winterregens auszusetzen, damit möglichst viel Wertvolles durch die Drains abfließt. Wenn es sich betriebstechnisch irgend machen läßt und man wirklich einen gut verrotteten, kurzstrohigen Mist zur Verfügung hat, sei es der heißvergorene nach Krantz oder einen durch Schneiden gut zerkleinerten, dann spricht nichts dagegen, den Vorschlag Bornemanns durchzuführen auch zum Getreide — soweit es überhaupt üblicherweise Mist bekommt — diesen erst kurz vor der Bestockung leicht einzueggen, um so der Beobachtung Bornemanns Rechnung zu tragen, daß durch bessere Kohlensäureversorgung die Bestockung (generatives Wachstum) verstärkt wird.

An dieser Stelle ist die Entstehung und das kurze Geschick des ersten fabrikmäßigen Erzeugnisses zur Kohlensäuredüngung einzuflechten, welches im Laufe des Krieges und in den ersten Jahren danach hergestellt und verwendet wurde: Das Guanol. Es ist hier nicht von Belang, daß ursprünglich nur beabsichtigt war, die als Dünger wertvollen Stoffe der Melasseschlempe in einer streubaren Form der Landwirtschaft zuzuführen. Es gelang dies schließlich dadurch, daß nach dem Verfahren von ·Wilkening Melasseschlempe mit Torf zusammengemischt einer mehrwöchentlichen Gärung unterworfen wurde. Wie A. Gehring nachwies, hatte das entstehende Erzeugnis eine Düngerwirkung, die beträchtlich über derjenigen der sog. mineralischen Inhaltsstoffe (K.P.N.) hinausgeht und als Kohlensäurewirkung auf die Blätter nachgewiesen wurde[1]). Dieses Erzeugnis, welches Torf in gewissermaßen vorverdauter Form, also Kohlenstoff, dem Boden künstlich zuführen wollte, ist das erste in der Reihe noch verschiedener späterer Erzeugnisse aus Torf zu ähnlichem Zwecke (Humit, Bayerischer Kohlensäuredünger, Humuskohle usw.) gewesen. Es war sicherlich nicht der schlechteste seiner späteren Kameraden, jedoch, abgesehen von den hohen Frachtkosten des voluminösen Erzeugnisses, konnte es in einem Zeitalter, in welchem Behörden Höchstpreise für Düngemittel nur entsprechend deren Gehalte an den sog. Kernnährstoffen, K.P.N. festlegten, gutes Bakterienfutter und leicht zu Kohlensäure übergehenden Kohlenstoff aber als wertlos bezeichneten, den Kampf mit den sog. Düngesalzen nicht durchhalten und ist nach kurzer Zeit vom Markte verschwunden.

Das Guanol war also gewissermaßen ein geschichtlicher Vorläufer dessen, was mit der Zeit erst Wirklichkeit werden kann und werden wird: ein technisches Erzeugnis zur Humuspflege und Kohlensäuredüngung so wie der Stallmist und dergl. schon seit Vorzeiten, sei es als Abfallstoff der Wirtschaft, sei es unter bewußter Betonung seiner Wichtigkeit als ausdrückliches und wichtiges Erzeugnis der Wirtschaft (Thaer) zur Erhaltung der Fruchtbarkeit. Der Wettbewerb mit diesen billigen Wirtschaftsdüngern wird den technischen Kohlenstoffdüngemitteln immer das Leben schwer machen, und zwar aus verschiedenen Gründen: 1. die Pflanze braucht etwa 10mal mehr Kohlenstoff wie Stickstoff; 2. diejenigen Rohstoffe, welche für solche Erzeugnisse in Frage kommen, also Torf oder Humuskohle bzw. Umwandlungsprodukte davon, binden

---

[1]) Fühlings Landwirtschaftl. Zg. Bd. 68, S. 259. 1919.

alle meist große Mengen Wasser, man erhält also verhältnismäßig große nutzlose Last und 3. wirken die beiden Gründe dahin, daß auf die Erzeugnisse verhältnismäßig große Frachtenbeträge fallen bzw. der Kreis ihrer wirtschaftlichen Verteilbarkeit verhältnismäßig klein bleibt.

Vorgeschichtlich betrachtet verdanken wir die zusätzliche, d. h. die bodenbürtige Kohlensäure, welche Höchsternten überhaupt erst möglich macht, dem Gehalte an Kohlenstoff in den Böden der Kulturstaaten, welche in Jahrtausenden wilder Wald- und Steppenwuchs allmählich aus der Luft zu sich heranzogen. Es ist deshalb nicht verwunderlich, daß gelegentlich auch die Forstleute der Frage nachgegangen sind, ob denn der übliche Waldbau der Jetztzeit sich nicht auch um die **Kohlensäureversorgung der Forsten** kümmern müsse. Die Schrift „Die Beschaffenheit der Waldluft und die Bedeutung der atmosphärischen Kohlensäure für die Waldvegetation" von Dr. Ernst Ebermeyer (1885) enthält an sich sehr wertvolle Untersuchungen über den Kohlensäuregehalt der Luft in Wäldern der bayrischen Mittel- und Hochgebirge. Dabei ergab sich im ganzen genommen im Walde wohl etwas höherer, etwa $^{32}/_{100\,000}$ Kohlensäuregehalt wie sonst im Freien, und daß er um so höher ist, je dichter und geschlossener der betreffende Pflanzenbestand ist. Innerhalb junger Buchengerten zwischen 12 und 20 Jahren betrug der Kohlensäuregehalt 1,5 m über dem Boden 53,6 bezw. $^{54,9}/_{100\,000}$ während in lichteren Beständen Gehalte bis zu $^{27}/_{100\,000}$ herab, also etwa die Hälfte, gefunden wurde. Ebermayer bringt diese Unterschiede lediglich in Zusammenhang mit dem mehr oder minder starken Einfallen von Wind in solche Bestände. Nur an einer Stelle glaubt er, „daß die Luft in Buchenwäldern wegen der reichlicheren Humusdecke oft etwas kohlensäurereicher ist als in Nadelholzwäldern mit starker Moosdecke". Im übrigen schreibt er: „Nirgends konnte bis jetzt ein merklicher Unterschied zwischen dem Kohlensäuregehalt der Waldluft in schönen und schlechten (krüppelhaften) Beständen konstatiert werden. Daraus geht hervor, daß die Holzproduktion jedenfalls in keiner Weise vom Kohlensäurereichtum der Waldluft beeinflußt wird. So wenig die außerordentliche Üppigkeit der tropischen Vegetation oder bei uns der üppige Stand eines Klee- oder Getreidefeldes oder einer Wiese durch einen größeren Kohlensäuregehalt der Luft bedingt wird, ebensowenig kann der größere Holzertrag auf mineralisch kräftigen Böden einem reichlicheren Kohlensäuregehalt der Waldluft zugeschrieben werden. Umgekehrt kann aber auch die kümmerliche Entwicklung und das schlechte Wachstum der Holzbestände auf armen Böden niemals durch Kohlensäurearmut der Luft veranlaßt werden." Es ist nun sehr bemerkenswert, daß Ebermayer doch dieses Ergebnis nicht ganz befriedigte und er versuchte, die Luft aus der Krone der Waldbäume zu untersuchen. Dabei fand er aber stets so wenig Kohlensäure, daß er diesen Wert für unwahrscheinlich hält und ihn folgendermaßen zu erklären versucht:

Er hatte nämlich die Luftproben durch eine 25 m lange Bleirohrleitung angesaugt und glaubt nun, das Blei zusammen mit der Feuchtigkeit der Luft hätte die Kohlensäure absorbiert, und er stellt weitere Untersuchungen darüber in Aussicht. Es hätte eigentlich nahe gelegen, mit derselben Bleirohrleitung einmal einen Gegenversuch durch Ansaugen einer Luftprobe zu machen, deren Gehalt ungefähr bekannt gewesen wäre, um diese Behauptungen verhältnismäßig leicht zu stützen. Daß Bleirohr unter Umständen aus Luft während längerer Zeit Kohlensäure bindet, berichtet auch Bornemann „Kohlensäure und Pflanzenwachstum" S. 70. Bei zwei verschiedenen Versuchen war dies das eine Mal etwa 6, das andere Mal etwa 20% der durchgehenden Kohlensäure. Bei einer solch langen Leitung von 25 m, namentlich wenn diese Leitung nicht sehr oft zu diesem Zwecke verwendet worden ist, könnten also schon ansehnliche Mengen Kohlensäure verschwinden.

Ich möchte aber doch nach dem Stande unserer heutigen Erkenntnisse und mit Rücksicht auf die anderen Analysen von Ebermayer, wie ich sie oben anführte, in geschlossenen bzw. offenen Waldbeständen glauben, daß gelegentlich innerhalb der Kronen von Bäumen eines großen Waldbezirkes die Luft ganz wesentlich niedrigere Gehalte an Kohlensäure haben kann, als damals Ebermayer für möglich hielt. Auch ich habe einige meiner früheren, allerdings auch mit nicht ganz einwandsfreier Arbeitsweise ermittelten Kohlensäuregehalte von Luft, und zwar aus der Blattgrenze eines Rübenfeldes, wobei ich nur $^3/_{100\,000}$ fand 1913 für höchst unwahrscheinlich gehalten, mich aber doch trotz meiner Kohlensäureresttheorie im Herbste 1925 davon überzeugen können, daß tatsächlich der Kohlensäuregehalt bis auf etwa $^{12}/_{100\,000}$ um die Mittagszeit in der Grüngrenze eines Zuckerrübenschlages herabgehen kann (vgl. Tab. 4 auf S. 22). Es ist nicht einzusehen, warum die Luft innerhalb von Waldbaumkronen in so weiter Entfernung von meist wenig tätigen Boden, der also nur geringe Bodenatmung besitzt, bei geeignetem Assimilationswetter nicht auf ähnlichen Betrag sollte herabsinken können. Absorbiert dann, wie im Falle Ebermayer, gar die Bleileitung 20 bis 30% davon, so erhält man Beobachtungswerte von etwa $^8/_{100\,000}$—$^{10}/_{100\,000}$. Man kann heute schon verstehen, daß ein solches Ergebnis damals aufs äußerste stutzig machen mußte.

Indessen ist doch seit etwa 1922 in der Zeitschrift für Forst- und Jagdwesen und in verschiedenen anderen Forstblättern die Frage der Kohlensäureversorgung der Waldbäume behandelt worden. Hierbei sind namentlich von Th. Meinecke Ansichten geltend gemacht worden, die gewisse neuere Bestrebungen bei der Verjüngung der Forsten unter interessanten Gesichtspunkten erscheinen lassen. Das Bestreben, die jungen Pflanzen sowie auch die älteren Bestände stärker wie bisher von grasartigem und unkrautigem Unterwuchse freizuhalten, den Boden hin und wieder etwas aufzulockern und dadurch die Humuszersetzung anzuregen, dies sind Maßnahmen, die zum mindesten auch hinsichtlich der Kohlensäure einiges leisten können; ebenso hat auch das Anpflanzen verschiedenartiger Bäume an Stelle einheitlicher Schläge zur Folge, daß das fallende Laub sich weniger luftdicht lagert, mit der Erde rascher durchmischt wird, so daß die Humusdecke sich leichter zersetzt und nicht unnötig anwächst. Daß der zersetzende Humus auch im Walde beträchtliche Mengen von Kohlensäure liefern kann, ergibt ja der hohe Gehalt von $^{58}/_{100\,000}$ Kohlensäure innerhalb des Buchengertenschlages.

Überblickt man die hier gegebene Geschichte der Kohlensäuredüngung, so hat man ein Bild voll unvermuteter Widersprüche, merkwürdigster Wechselfälle und Zufälligkeiten, dem Darsteller vielleicht nur deshalb so auffallend, weil er gerade in diesem Gebiet geschichtlichen Werdens von gewerblichem Handeln den Zusammenhängen tiefer nachgegangen ist: „. . . Greift nur hinein ins volle Menschenleben, wo ihr es packt, da ist es interessant." Und wenn man schließlich das ganze Gebiet angepackt hat und sieht, wie eigentlich von der Gärtnerei aus das Problem wirklich ins Rollen gekommen ist und in seinem Flusse nicht mehr aufzuhalten sein wird, dann erst die Landwirtschaft vorsichtig ergriff, und schließlich im Forstbau ganz zaghaft auftaucht, dann mag man an den tieferen Sinn des Titels des Lehrbuches von Molischs denken: „Pflanzenphysiologie als Theorie der Gärtnerei." Die Gärtnerei ist noch eine so reine Beschäftigung nur mit Pflanzen, daß gewissermaßen die eine Wissenschaft von der Pflanzenphysiologie genügt, um alles gärtnerische Tun theoretisch zu erfassen. Aber diese fast geistige Reinheit hat doch wieder einen ganz naheliegenden materiellen Untergrund darin, daß eben die Gärtnerei die höchstwertigsten Pflanzenerzeugnisse liefert und deshalb auch am ehesten in der Lage ist, neuen wissenschaftlichen Erkenntnissen der Pflanzenphysiologie den Weg in das Erwerbsleben zu bahnen.

III. Durchführung und Anwendung der Kohlensäuredüngung.

a) Praktische und technische Vorschläge zur Durchführung von Kohlensäuredüngung.

Bei der Darlegung der Grundtatsachen und des geschichtlichen Werdens der Erkenntnisse über und der tatsächlichen Vorschläge zur Kohlensäuredüngung hat sich genügend Gelegenheit geboten, die gesamte Frage so von allen Seiten zu besprechen, daß wir jetzt nur noch nötig haben, das zu schildern, was heute wirklich an tatsächlich befolgbaren Ratschlägen und Ausführungsweisen wissenschaftlich und wirtschaftlich vertretbar ist.

Da die Leser dieses Buches, soweit sie Gärtner, Landwirte und Forstleute sind, mehr Gewinn von der Darstellung haben, wenn das, was sie angeht, in einer geschlossenen Folge vorgebracht wird, mögen Techniker, Chemiker und wissenschaftlich Eingestellte verzeihen, wenn in dem einen oder anderen der folgenden Kapitel Wiederholungen nicht zu vermeiden sind. Und zwar werden sie daher rühren, daß das mehr oder weniger künstliche Zuführen von Kohlensäure zu Pflanzenkulturen zwecks Ertragssteigerung zwei grundverschiedene Handlungsmöglichkeiten zuläßt, für die wir im folgenden grundsätzlich zwei verschiedene Worte benützen wollen:

1. Begasen bezeichnet in folgendem immer das künstliche Zuführen von luftförmigen Stoffen oder Gemischen, die Kohlensäure ausschließlich oder in wesentlichen Mengen enthalten.

2. Als Düngen mit Kohlensäure ist in folgendem jede Maßnahme bezeichnet, die die Abgabe von Kohlensäure vom Boden her verstärkt: Sei es nun, daß diese Verstärkung in einem nährsalzarmen Boden da-

durch erreicht wird, daß Düngesalze die Bakterientätigkeit anregen, so daß die Humusstoffe des Bodens einen verstärkten Abbau erfahren oder dadurch, daß kohlenstoffhaltige Dinge, wie Stallmist, Grünpflanzen und dergleichen, dem Boden zugeführt, dessen Bodenatmung erhöhen.

Das Kohlensäuredüngen ist deshalb, wie jeder weiß, und heute niemand mehr bestreiten wird, eigentlich eine uralte Sache, denn schon seit Jahrtausenden brachten die Chinesen (S. 185) und andere alten Völker jeglichen Abfallstoff der Wirtschaft als Mist oder Kompost da in den Boden, wo sie Pflanzen in guter Beschaffenheit und Menge erzeugen wollten. Ich werde aber in der Darstellung, wie nun der Gärtner und der Landwirt oder der Förster die Kohlensäure anwenden soll, zunächst das Begasen behandeln: Wenn ich nämlich zeigen kann bzw. die zu schildernden Versuche und Maßnahmen dartun, daß das Begasen mit reiner Kohlensäure, also eine durchaus im wirklichen Sinne des Wortes „einfältige" Maßnahme irgendeinen bestimmten Erfolg hat, und ich hinterher bei der Darstellung des Kohlensäuredüngens denselben Erfolg aufzeigen kann, so wird allmählich auch derjenige, welcher bisher geglaubt hatte, im Mist wirke nur der Stickstoff oder seine bodenlockernde oder wasserhaltende Kraft — so wird auch der — infolge der Ähnlichkeit der Erscheinungen allmählich die Überzeugung gewinnen, daß auch die Mist-Kohlensäure wirksam ist.

Das Begasen ist deshalb eine durchaus „einfältige" Maßnahme, weil man dabei in der Tat als Düngestoff einen luftförmigen Körper CO_2, Kohlendioxyd, meist Kohlensäure genannt, zuführt, der von der Pflanze, unverändert und ohne einen Rückstand zu lassen, aufgenommen und verarbeitet wird. Dies ist mit den wenigsten sonstigen Düngemitteln der Fall:

Man sagt zwar, ich habe Stickstoff gegeben, obgleich der eine dabei Salpeter (meist Natronsalpeter), der andere dabei an Ammonsulfat denkt, oder wie er zu sagen beliebt Ammoniak. Es handelt sich hier aber immer um zweiteilige (binär) Salze, und wenn es im wesentlichen den Pflanzen vielleicht auch, wie wir heute wissen, ganz gleichgültig ist, ob sie ihren Stickstoffinhalt durch Aufnahme von NH_4 oder von NO_3 deckt, im ersteren Falle verbleibt im Boden SO_4 — und kann dort Unannehmlichkeiten bereiten, oder es wird teilweise mit aufgenommen und kann Gutes und Schädliches bewirken. Den wertvollen Tabak z. B., für Kali sehr dankbar, soll man keinesfalls mit Chlorkali düngen, sondern mit schwefelsaurem Kali. Dann bekommt die Asche der Zigarren eine reine, edle, weiße Farbe. Angeblich, weil die Schwefelsäure, welche nebenher aufgenommen wird, das vollständige Verbrennen der letzten Kohleteilchen der getrockneten zur Zigarre geformten Blätter sichert, während die Anwesenheit von Chlor beim Veraschungsprozeß des Rauchens durch Vorwiegen von Chloralkalien die letzten Kohleteilchen durch eine Schmelzschicht der leicht schmelzenden Chloralkalien vor völliger Verbrennung schützt, so daß eine graue Asche zurückbleibt. Daß das Natron von Natronsalpeter die Äcker leicht verschlämmt und verdichtet, ist bekannt. Und bei Rüben und Kartoffeln hat es sich schon immer gezeigt, daß es besser ist, das Kali als schwefelsaures Kali zu geben, weil das Chlor den Stärke- und Zuckergehalt etwas drückt.

Also in diesem Sinne schon ist das Düngen mit Salzen bereits im Augenblicke, wo man sie zu den Kulturen bzw. in den Boden bringt, mindestens eine zwiefältige Handlung. Was dann alles noch mit Boden und Pflanze weiter vor sich geht, wird selbstverständlich, wenn man es ganz genau nimmt, schon wieder sehr viel- und mannigfaltig: Bakterienanregung, Kohlensäureabscheidung, Bodenverdichtung oder -lockerung, Wurzelernährung, Stoffwechselvorgänge usw. In diesem weiteren Sinne und unter Berücksichtigung der zu Anfang (Teil I) auseinandergesetzten, verschiedenartigsten Wirkungen der Kohlensäure auf Wurzeltätigkeit, Bodenaufschluß, Wuchs, Geschlechtsablauf usw., ist allerdings das Begasen auch nicht mehr so ganz einfach in der Wirkung. Ich wollte dies hier nur erwähnen, weil häufig bei der Auswertung von Begasungsversuchen allerhand Bedenken geltend gemacht werden. Ob nun dieses oder jenes das wirklich Wirksame gewesen sei: der richtige Begasungsversuch gibt wenigstens immer den Beweis, daß eben die zugeführte CO_2 den Erfolg brachte.

Was das wirklich erwerbsmäßige Begasen anbelangt, so habe ich schon 1913 zusammen mit meinem gefallenen Freunde Dr. R. Klein festgestellt, daß selbst bei Verwendung der verhältnismäßig teueren, verflüssigten Kohlensäure aus Stahlflaschen im Sommer im Gewächshause allein die Mehrerzeugung von etwa der Hälfte der Pflanzen, welche im Hause waren, die Kosten für die Kohlensäure deckte. Wir schrieben damals[1]): „Sofern es sich um wertvollere Kulturen handelt (als um gewöhnliche Blattpflanzen), kann ein derartiger Versuch schon jetzt der Praxis empfohlen werden." Auch im Freien könnte unter Umständen solch reine verflüssigte Kohlensäure benützt werden. Weiter unten bei Kohlensäuredüngung in der Landwirtschaft bei einem großen Feldversuche Lundegårdhs haben 20 kg Kohlensäure auf 100 qm, also 5,4 kg C, welche im Laufe eines Monates, also ganz langsam, im Freien verabfolgt wurden, 2,3 kg mehr Kohlenstoff in der Trockensubstanz erbracht. Es ist dies eine über 42 proz. Ausnützung!

Ein solcher Erfolg gestattet es, flüssige Kohlensäure aus Bomben im Freien anzuwenden oder sagen wir zumindest den Aufwand für die Kosten der Kohlensäure zu machen, wenn der Kohlenstoff in der Ernte je Kilogramm $^5/_2$ von dem Preise des Kohlensäure-Kohlenstoffes beträgt. Also z. B. beim heutigen Preis von 75 Pf. je Kilogramm Kohlensäure bzw. 2,56 RM. je Kilogramm C müßte der Kohlenstoff mindestens 6,40 RM. je Kilogramm erbringen. Der Fall wäre gemäß Tab. 8 auf S. 38 z. B. gegeben bei der Herstellung von Obst und Blumenkohl. Es kommt ganz darauf an, was, wann und womit man erzeugt, um überhaupt von einer Maßnahme beurteilen zu können, ob sie praktisch in Frage kommt.

Das Begasen aus Bomben hat seine Schwierigkeiten bzw. ist noch unpraktisch. Die Ventile arbeiten nicht gleichmäßig während einiger oder längerer Zeit. Man weiß nie, welche Mengen von Kohlensäure man gibt bzw. wie man das Ablassen des Gases einrichten soll, es sei denn, daß man noch irgendeine Gasmeßuhr verwende. Das Zuleiten des Kohlensäuregases von der Bombe zu den Verbrauchsstellen geschieht vermittels Rohren. Der Austritt an der Verbrauchsstelle erfolgt durch eine Anzahl von kleinen Löchern, welche das Zuleitungsrohr zum Teil selbst bis zu seinem Ende hin enthalten kann. Weitere Einzelheiten hierüber, soweit sie für Gewächshäuser in Betracht kommen,

---

[1]) Die Gartenwelt Jahrg. 18, S. 217. 1914.

werden wir im Abschnitt B, und, soweit sie für das freie Land erprobt sind, im Abschnitt C besprechen.

In den Händen Ungeübter, die nie mit Gasflaschen zu tun hatten, ist es auch schon hin und wieder vorgekommen, daß eine Kohlensäureflasche, die einen Monat und länger hätte reichen sollen, in 2—3 Tagen entleert war, sei es, weil die Ventile unachtsamerweise zu weit geöffnet oder nicht richtig geschlossen wurden; ja, infolge von Kopflosigkeit kamen schon Flaschen innerhalb weniger Minuten zur Entleerung. In solchen Fällen, ganz abgesehen von Schadensmöglichkeiten an den Pflanzen, wird eine Begasung selbstredend keine Rente ergeben. Es ist deshalb leicht ersichtlich, daß unsere oben angeführte Empfehlung dieses Verfahrens im Jahre 1913 ohne nennenswerten Widerhall beim Pflanzenbau blieb.

Nun sind aber in einem Industriestaate wie Deutschland mit seinen vielen Städten, Elektrizitäts- und Gaswerken unzählige Stellen, an denen tagtäglich ungeheure Mengen von Kohlensäure (Tab. 1, S. 5) erzeugt werden. Man tut dies zwar nicht wegen der Kohlensäure, sondern, um aus Kohle durch Verbrennung Wärme und Kraft zu gewinnen. Aber die Verbrennungsgase, die aus den Schornsteinen herausgehen, enthalten zwischen 5 und 16% des Raumes Kohlensäure. Jedoch der Haken bei dieser Kohlensäure liegt schon in der Kohle, welche gefördert und verbrannt wird. Sie ist ja kein reiner Kohlenstoff, sondern das Überbleibsel ehemaliger Pflanzen, die im Sumpfe versunken, von Wasser und Erde überdeckt, in geologischen Zeitaltern verändert und gepreßt wurden, und deshalb mit allem Möglichen verunreinigt sind. Und diese Unreinigkeiten gehen zum Teile in die Schornsteingase über, sei es als Staub, schweflige Säure oder schwer verbrennliche, teerartige Stoffe, ja, selbst geringe Mengen an sich brennbarer, aber doch der Verbrennung gelegentlich entgehender, gasförmiger Stoffe, von denen z. B. besonders das Äthylen äußerst pflanzenschädlich wirkt. Trotzdem hat Dr. Riedel gemäß seinem D.R.P. 312793 vom Mai 1916 den Versuch gemacht, solche Schornsteingase von allem Pflanzenschädlichen zu reinigen und zur Kohlensäuredüngung zu verwenden, was ihm mit dem besten Erfolge geglückt ist. Wir werden dies ausführlicher bezüglich der Gewächshäuser in Abschnitt B, und bezüglich des freien Landes in Abschnitt C belegen. Wie vorsichtig man dabei zu Werke ging und gehen mußte, erhellt aus folgendem:

Das erste Industriegas, das Dr. Riedel zur Verfügung stand, war Gichtgas eines Eisenhochofens nachdem es in den Winderhitzern völlig verbrannt worden war. Nun lagen im Eisenhüttenwesen schon Erfahrungen vor, wie man Hochofengichtgase von verschiedenen schädlichen Stoffen zu reinigen hat. Denn bei modernen Anlagen hat man davon mehr als zum Betriebe der Winderhitzer erforderlich und verwendet sie als Treibgas für Großgasmaschinen zur Erzeugung von Kraft. Die Steuerventile und Zylinderflächen dieser Gasmotoren sind sehr empfindliche Metallteile, von denen man schweflige Säure und Staub fernhalten muß. Erstere — die schweflige Säure — kann man in den Gichtgasen dadurch vermeiden, daß man den betreffenden Hochofen mit verhältnismäßig mehr Kalk als eigentlich für richtige Schlackenbildung nötig, beschickt, d. h. den Ofen basisch führt. Das Entstauben erfolgt in großen Kammeranlagen, welche die Gase durchziehen müssen und durch Abspritzung mit Wasserregen. Diese beiden Reinigungsvorgänge, welche schon gebräuchlich waren, genügten auch zur Gewinnung hinreichend reiner kohlensäurehaltiger Abgase zur Feld- und Gewächshausbegasung. Das ganze Vorgehen war ziemlich einfach und erforderte kaum einen neuen Schritt. U. a. kam dies allerdings auch daher, daß man in den Hochöfen nicht gewöhnliche Kohle verbrennt, sondern gut ausgeglühten Zechenkoks, der keine pflanzenschädlichen Kohlenwasserstoffe mehr enthält und auch fast ohne Rauch verbrennt.

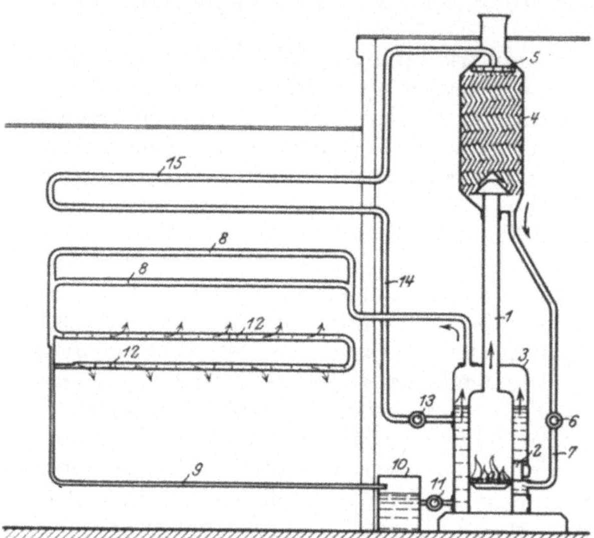

Abb. 18. Schema einer Anlage nach Dr. Riedel, um aus Verbrennungsabgasen reine Kohlensäure für Düngung zu gewinnen. D.R.P. 315 019.

Sobald man rohe Kohlen feuert und dann die Schornsteingase zur Begasung von Pflanzen benützen will, ist wesentlich mehr Vorsicht geboten, und es war sicherlich durchaus richtig, in wohlverstandenem eigenen Interesse und mit Rücksicht auf die Pflanzen, daß Dr. Riedel in seinem zweiten D.R.P. 315019 sich ein Verfahren schützen ließ, um die Kohlensäure von Verbrennungsabgasen zum Begasen von Pflanzenkulturen verwendbar zu machen, das wesentlich umständlicher aussieht. Dieses Verfahren ist allerdings schließlich nicht mehr ein Begasen mit Schornsteingasen, sondern ein Vorgang, durch welchen man auf chemischem und wärmetechnischem Wege aus Schornsteingasen, so wie sie anfallen, die Kohlensäure ganz alleine abtrennt, und sie rein zu den Pflanzen hinleitet. Der Vorgang sei kurz an Hand der der Patentschrift beigefügten schematischen Zeichnung (Abb. 18) erläutert. Aus der Feuerung bei (2) steigen die Schornsteingase in die Höhe nach einem Gasreiniger (4). Durch diesen rieselt von oben dem Schornsteingase aus der Öffnung bei (5) eine Pottasche-Lösung von etwa 20% entgegen. Diese nimmt aus den Verbrennungsgasen in der Hauptsache alle Kohlensäure und die schweflige Säure in sich auf. Sie bringt selbstredend auch etwas Teer und dergleichen zur Verflüssigung. Die Pottasche-Lösung selbst wird dabei zu doppelkohlensaurem Kali, welches in Lösung durch die Pumpe (6) und die Leitung (7) nach einem Kessel geleitet wird, welcher den Verbrennungsraum (*2*) umhüllt, so daß dort die Lauge des doppeltkohlensauren Salzes erhitzt wird. Sie gibt hierbei einen Teil Kohlensäure nebst etwas Wasserdampf nach dem Dampfraume bei (*3*) ab, während die schweflige Säure fest gebunden zurückbleibt. Nunmehr wird die mit Wasserdampf gesättigte Kohlensäure durch die Röhren (*8*) getrieben, kühlt sich dabei ab, das entstehende Wasser fließt durch Leitung (*9*) nach dem Vorratsbehälter (*10*), aus dem es je nach Bedarf wieder zu der Pottasche-Lösung vermittels der Pumpe (*11*) zugeführt werden kann. Die Pottasche-Lösung selbst kann im Gefäß (*10*) hergestellt und dem ganzen Vorgange vermittels der Pumpe (*11*) zugeführt werden. Sie kreist dann fortwährend zwischen dem Kessel bei (*2*) vermittels der Pumpe bei (*13*) durch die Rohrleitungen (*14*) und (*15*) — eine Kühlvorrichtung für die heiße Pottasche-Lösung — und dem Gaswäscher (*4*) usw., indem sie immer von Pottasche (einfach kohlensaures Kali) zu doppeltkohlensaurem Kali wird, und umgekehrt. Die Kohlensäure selbst in völlig reiner Form, höchstens noch etwas wasserdampfgeschwängert, gelangt durch das Rohr (*12*), das bei den Pflanzenkulturen ausgelegt ist, vermittels der feinen Öffnung zum Austritt und bewerkstelligt so die Begasung. Die so in großen Zügen geschilderte Anlage mit einigen technischen Notwendigkeiten und Selbstverständlichkeiten ausgestattet, arbeitet anstandslos und hat einem namhaften Erfinderchemiker, der das Verdienst hat, nächst Generaldirektor Vögler die Sache der Begasung so wie manche andere tatkräftig gefördert zu haben, nämlich Prof. Dr. H. Goldschmidt, dem Erfinder des Thermits, manche frohe Stunde bereitet. Er war ein großer Pflanzenfreund, besaß die schönste Orchideensammlung auf dem europäischen Festlande in Liebhaberhänden und hat als erster Privatmann eine Anlage zur Begasung seiner Gewächshäuser gekauft. Er selbst hat mir noch kurz vor seinem Tode erklärt, daß die Gurken, welche er in dem begasten Hause erntete, ein viel angenehmeres Aroma und besseren Geschmack hätten wie nichtbegaste Gurken. Und er sagte, daß der Erlös für die Topf-Erdbeeren, die er auf Weihnachten und die Ballzeit hin zum Verkaufe begast hätte, dadurch, daß sie so außergewöhnlich früh und reichlich kamen, ihm durch eine einzige Ernte die ganze Anlage bezahlt gemacht hätten.

Indessen, weder der Gärtner noch der Bauer sind geneigt, gleichzeitig zwei neue und etwas verwickelte Angelegenheiten aufzunehmen. Wenn er mit den eben geschilderten Anlagen begast, dann begibt er sich auf das Neugebiet der Kohlensäuredüngung, und er soll gleichzeitig Betriebsleiter einer kleinen chemischen Fabrik für Kohlensäure werden. Das ist zuviel auf einmal und auch gewisse zusätzliche Verbesserungen an dem geschilderten Verfahren, die hauptsächlich die Regulierbarkeit des Rostes betreffen (D.R.G.M. 910629), vermochten es nicht, dieser Art Anlagen einen breiteren Verwendungsbezirk zu erobern. Niemand sonst fing an zu begasen, keine Stelle gab Mittel, um mehr Aufklärung über das Wesen und den Einfluß der Begasung einwandfrei zu gewinnen. Schließlich war dies auch bei den bisher geschilderten Begasungsweisen schwierig, denn die Kohlensäure ist unsichtbar, und in denjenigen Mengen, wie sie für Pflanzen zuträglich ist, der sinnlichen Wahrnehmung durch den Menschen entzogen. So wußte man nicht, wieviel Kohlensäure hat man nun den einen oder anderen Tag oder bei der einen oder anderen Kultur während ihres Wachstumes zugeführt, wieviel Kohlensäure wäre nötig, wieviel am besten und dergleichen mehr? Es war deshalb jedesmal, wenn ich Prof. Goldschmidt traf, sein Gruß an mich: „Herr Doktor, was macht das Kohlensäurethermometer?" Solch ein Ding sollte ich nämlich für ihn erfinden, also irgendein Instrument, das man in das Gewächshaus hereinhängt und von dem man, wie an dem Thermometer die Wärme, den Kohlensäuregehalt der betreffenden Luft ablesen könnte. Zusammen mit Dr. W. Gerhardt versuchte ich, diese Aufgabe seit 1921 zu lösen, und diese Lösung gelang zur einen Hälfte. Zum näheren Verständnis sei eingeschaltet, daß mein früherer Mitarbeiter Dr. R. Klein und ich schon 1912 zusammen besprachen, daß die Kohlensäuredüngung wohl erst dann verbreitet würde, wenn man präparierte Kohle unmittelbar bei den Kulturpflanzen verbrennen würde. Nach Kriegsende habe ich, sobald bekannt geworden war, daß Dr. Riedel die oben genannten Patente beim Reichspatentamt durchgebracht hätte, mit einem bekannten Pflanzenphysiologen Fühlung dahin aufgenommen, ob es nicht möglich sein könnte, die Schützengrabenöfchen, die doch vielleicht da und dort noch zu Tausenden vorhanden sein müßten, in den Dienst der Sache zu stellen, indem man darin Holzkohle bzw. entsprechend zubereitete verbrennt. Diesbezügliche Versuche von anderer Seite[1]) verliefen zunächst ergebnislos. Schließlich verbanden sich bei mir die Gedanken an den Kohlensäurethermometer, der an das Schützengrabenöfchen mit dem Unbehagen, daß es mit der Kohlensäuredüngung nicht vorwärts ginge, zu einer Einheit, nämlich zu dem OCO-Verfahren zum Begasen hauptsächlich von geschlossenen Kulturräumen. Dieses Begasungsverfahren besteht im wesentlichen darin, daß man die Kohlensäure an Ort und Stelle selbst, wo sie verbraucht werden soll, erzeugt, und zwar in ganz genau bestimmten Mengen, die eine Handhabung des Kohlensäuregases in einfachster Weise gestattet; alle möglichen Kohlearten verändert man, sei es durch chemische oder sonstige Verfahren und Zusätze, so daß bestimmte Mengen davon verbrannt, bestimmte Mengen reiner Kohlensäure ergeben. Das Verbrennen selbst geschieht in möglichst einfachen, billigen, tragbaren Apparätchen (Abb. 19), die eine Gewähr bieten, daß Kohlenoxyd vermieden wird, weniger, weil dies — und zwar nicht sehr beträchtlich — pflanzenschädlich sein könnte, sondern, um nicht Gesundheitsschädigungen bei Menschen zu veranlassen.

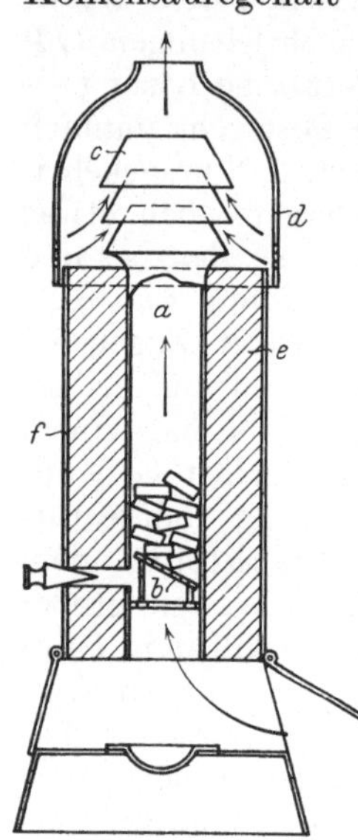

Abb. 19. Einer der ersten OCO-Dunggasspender nach Dr. Reinau.

____
[1]) Angew. Botanik Bd. 4, S. 78. 1922.

Gemäß der englischen Patentbeschreibung 199716 ist die nebenstehende Abb. 19 eines solchen Apparates angefertigt, die sich mit wenigen Worten erläutern läßt: Der Apparat ist eine Art kleines Öfchen, nur so groß, daß er leicht getragen werden kann. Von unten her, bei dem großen Pfeil, tritt die Luft des zu begasenden Raumes ein, durchstreicht eine schräge Rostvorrichtung (b), zu der gegebenenfalls von links seitwärts durch einen Kanal, der durch das Isoliermaterial (e) hindurchgestoßen ist, welches den ganzen Verbrennungsschacht umgibt, noch Zusatzluft gegeben werden kann. Im übrigen dient dieser Kanal zum gelegentlichen Säubern des Rostes. In dem Schachte (a), auf dem Roste aufliegend, befinden sich die Bruchstücke der präparierten Kohleneinheiten. Sie werden dadurch zur Entzündung gebracht, daß man in der genau unterhalb des Schachtes befindlichen Mulde einige Kubikzentimeter Spiritus entflammt. In dem Maße, wie die Kohlenstücke dann verbrennen, wird in dem Schachte (a) Luftzug erzeugt, die warme, kohlensäuregeschwängerte Verbrennungsluft steigt auf und saugt vermittels des Aufsatzes (c), der konisch oder injektorartig ausgebildet ist, nochmals Luft an. Diese tritt durch die Kappe (d), die ringsum mit Löchern versehen ist, ein. Dadurch wird erreicht, daß bei voller Beschickung des Schachtes (a) darin etwa entstehendes oder verbleibendes Kohlenoxyd völlig verbrannt wird, ehe es bei dem oberen, aufwärts gerichteten Pfeile mit

Abb. 20. OCO-Dunggasspender nach Dr. Reinau für Gewächshäuser.
Links Modell „N" für ca. 1500 l CO₂ stündlich, rechts „ „G" „ „ 600 „ „ „ .

der kohlensäuregeschwängerten Verbrennungsluft austreten kann. Überdies kühlt sich dadurch das Gasgemisch so weit herunter, daß bei den kleineren Apparaten etwa 1¹/₂ m über der Austrittsöffnung höchstens eine 15—20° höhere Temperatur wie im Raume herrscht. Immerhin bewirkt aber der warme aufsteigende Luftstrom doch, daß sich die Kohlensäure, welche mit ihm geht, gleichförmig über den ganzen Raum verbreitet. Dieser Apparat ist unter dem Namen OCO-Dunggasspender nach Dr. Reinau seit etwa 4 Jahren der gewerblichen Benützung übergeben und findet besonders in den Gärtnereien weitgehende Anwendung (Abb. 15). Die nach besonderem Verfahren zubereiteten Kohlen: die OCO-Dunggaskohlen nach Dr. Reinau, werden zusammen mit den Apparaten von der Firma „Verein für chemische Industrie, Aktiengesellschaft, Frankfurt a. M." vertrieben. Die in Deutschland üblichen Formen der Apparate zeigt die obenstehende Abb. 20. Es sei dabei noch bemerkt, daß der Apparat auch mit einem Wasseraufsatze benützt wird. Der Zweck desselben ist, die austretende Wärme etwas zu mildern und gleichzeitig den aufsteigenden warmen Luftstrom so mit Wasserdampf zu sättigen, daß etwa davon unmittelbar betroffene Pflanzenteile nicht zu sehr vertrocknen. Überdies ist naheliegend, daß infolge des höheren Feuchtigkeitsgehaltes in der Luft um die Pflanzen diese ihre Spaltöffnungen erweitern, also die Kohlensäure leichter aufnehmen, wodurch die Wirksamkeit der ganzen Begasung noch gefördert wird.

Um auch in den niedrigeren, flachen Glaskästen, namentlich in den kalten Frühbeetkästen die Begasung durchzuführen, wird ein ähnlicher, schmälerer und kleinerer Apparat OCO-La (Abb. 21), verwandt. Seine Anwendung geschieht so, daß in die Erde des Frühbeetkastens ein Blumentopf etwa zur Hälfte eingegraben wird, daß man den kleinen Apparat, mit ein oder zwei angeglimmten Kohlen versehen, vermittels des Stechdornes an seinem unteren Ende durch das Ablaufloch des eingegrabenen Blumentopfes hindurchstößt, und so aufrecht in Stellung bringt. Der obere Deckel wird so umgeklappt, daß er das darüber befindliche Glas vor unmittelbarer Wärmestrahlung schützt.

Eine der Hauptsachen beim OCO-Verfahren ist die folgende: Vermittels der präparierten Kohlenstücke (Dunggaskohlen) hat man nun buchstäblich das Begasen mit Kohlensäure in der Hand. Denn jede dieser Dunggaskohlen ist so hergestellt, daß sie mit Schwankungen von 5% genau 100 l Kohlensäure bei völliger Verbrennung liefert. Man kann also durch Verwendung von einer oder mehreren solcher Kohlen, je nach der herrschenden Witterung, der Beleuchtung und der Temperatur, je nach dem Umfange der zu begasenden Kultur und je nach dem Stande der Pflanzen ganz bestimmte Mengen Kohlensäure verabfolgen. Auf Grund der wissenschaftlichen Beobachtungen und Erfahrungen von Klein und Reinau[1]) im gärtnerischen Gewächshausbetriebe und der sonstigen wissenschaftlichen Erkenntnisse über die Abhängigkeit der Kohlensäureverarbeitung durch die Pflanzen von Wärme und Helligkeit ist eine zugehörige Begasungstabelle ausgearbeitet. Aus dieser kann jeder, der mit dem Begasen beginnt, in einfachster Weise ablesen, mit wieviel OCO-Tabletten er ohne irgendeinen Schaden für die Pflanzen erfolgreich und sachgemäß begasen kann. Bei dem gesamten Ausbau des Verfahrens und seiner Anwendung ist außerdem, um den Beginn der Kohlensäuredüngung möglichst zu erleichtern, auch noch folgendes berücksichtigt worden: Rein sachlich betrachtet ist heute die Frage (vgl. S. 17 und 28) noch unentschieden, in welchem Maße das Massenwachstum und die Entwicklungszeit von Pflanzen mit zunehmender Kohlensäuredichte in ihrer Umluft ansteigt. Diese Frage hat aber tatsächlich für den ausübenden Gewächshausgärtner wenig Bedeutung, denn er kann doch nicht während des ganzen Tages seine Häuser geschlossen lassen, also darin einen gleichförmigen Gehalt an Kohlensäure aufrechterhalten. Aus allen möglichen Grün-

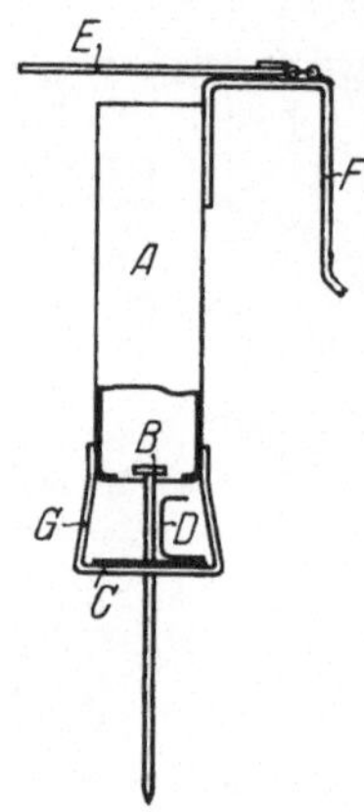

Abb. 21. OCO-La zur Begasung von Frühbeeten und dgl. ca. 200 Liter CO_2 pro Stunde.

---

[1]) Chem.-Ztg. 1914.

den, die hier nicht aufgeführt zu werden brauchen, muß er die eine oder andere Pflanze mehr oder weniger lange täglich lüften. Es bleiben deshalb gar nicht so sehr viele Stunden am Tage, die ihm zum wirtschaftlichen Begasen der Häuser zur Verfügung stehen. Das OCO-Verfahren wird deshalb mit verhältnismäßig großer Intensität 2 mal täglich während einiger Tagesstunden durchgeführt. Die Gehältigkeit der Häuser an Kohlensäure wird hierbei vorübergehend bis auf 0,300—0,500 Vol.-% getrieben.

b) Die Kohlensäuredüngung in der Gärtnerei, im Gewächshause und Frühbeet.

Seit der Einführung des OCO-Verfahrens zum Begasen von Gewächshäusern gibt es eine Kohlensäuredüngung als bewußte Maßnahme in der gewerblichen Gärtnerei. Damit soll keineswegs gesagt sein, daß alles das, was über das geschichtliche Werden der Praxis der Kohlensäuredüngung (S. 83—92) geschildert ist, nicht gelegentlich auch schon Kohlensäuredüngung war. Aber dem allen ermangelte der Widerhall in der Praxis! Ich werde im folgenden zeigen, daß dieser Widerhall jetzt vorhanden ist, und daß er das schafft, was einer der Gründe war, die mich veranlaßten, das OCO-Verfahren auszuarbeiten und einzuführen: nämlich Mitarbeit aller gewerblichen und sonstigen Pflanzenfreunde an der praktischen Aufklärung aller Fragen der Kohlensäuredüngung. Es begasen heute einige tausend Gärtnereien täglich, und manche davon schon im dritten und vierten Jahre ihre Gewächshauskulturen und Frühbeete mit Kohlensäure. Von 156, welche das Begasen schon über ein Jahr lang[1] ausführten, liegen zur Zeit 29 druckschriftliche und öffentliche Äußerung vor, und ferner 176 völlig freiwillige, briefliche Mitteilungen, sei es an mich, sei es an die das Verfahren vertreibende Firma. In diesen 216 Äußerungen aus dem Erwerbsleben steckt bereits eine solche Fülle neuer Erkenntnisse, Anregungen und Erfahrungen über das Wesen, den Wert und die Bedeutung der Fütterung von Pflanzen mit Kohlensäure durch Begasen, daß ich mich sowohl berechtigt als auch verpflichtet halte, dieses Material in bearbeiteter Form zugänglich zu machen.

Ich schreibe berechtigt, weniger mit Rücksicht auf meine gärtnerischen Freunde, die es mir alle erlaubt haben, ihre Erfahrungen zu benützen und zu verarbeiten, als mit Rücksicht auf einen Einwand, der gegen die Stichhaltigkeit des Materials vorgebracht werden könnte. Von manchen der Mitteilungen, welche ich benütze, wird man sagen können, ihre Urteilsbildung beruht nicht auf einem exakt wissenschaftlichen Vergleiche zwischen begasten und unbegasten, gleichartigen Pflanzen. — Es werden vorjährige Kulturerfolge oder solche von Kollegen mit den eigenen gelegentlich in Vergleich gestellt, das eigene Empfinden, Fühlen spielen eine zu große Rolle[2]. Dem halte ich die scharfe Beob-

---

[1] Februar 1925.

[2] Wie in dem gewissermaßen viel einfältigeren Gebiete der Enzymforschung trotz aller hohen Wissenschaftlichkeit schließlich doch das persönliche Empfinden selbst bei erstklassigsten Forschern wie Neuberg und vielen anderen die Ergebnisse und Schlüsse verfärbt, hat S. Kostytschew (Physiol. Chem. Bd. 154. 1926) sehr launig dargestellt.

achtungsgabe, die große Erfahrung und den wirtschaftlichen Erfolg meiner vielen Mitarbeiter entgegen. Wenn von zahlreichen Äußerungen zu irgendeinem Gesichtspunkte durchgehends die größte Mehrzahl nach derselben Richtung geht, dann kann nach statistischen Erwägungen auch eine zutreffende Urteilsbildung erfolgen. Verpflichtet fühle ich mich zu der folgenden Darstellung, weil ein großer Teil meiner gärtnerischen Freunde, meist zwar nicht mit großen Opfern, aber doch im ersten Augenblicke mit dem Gedanken: Nun, du wagst einmal diese paar Mark Verlust, wenn schließlich auch nichts bei dem Begasen herauskommt, — zu einem Versuche mit dem Begasen schritt! Wem das Opfer durch Erfolg gezinst hat, wird es Freude machen, daß er etwas zu dem Fortschritt seines Gewerbes beigetragen hat. Wer weniger erfolgreich war, ja, am Ende keine Wirkung sah, wird aus den zusammengestellten Erfahrungen vielleicht erkennen, ob und wo er gefehlt hat, und mit neuem Mute das neue Kulturmittel anwenden.

Von den 216 Äußerungen lauten 9 dahin, daß noch nicht genügend Beobachtungen hätten gemacht werden können, obgleich das zur Begasung Nötige schon über ein Jahr vorhanden ist. Es sind deshalb 207 Äußerungen zu bewerten.

Wer äußert sich? 18 Gärtnereibetriebe von Behörden, Gärtnerlehranstalten, Landwirtschaftskammern, Städten, 20 Privatgärtnereien und schließlich 129 Erwerbsgärtnereien.

Als empfehlenswert bezeichnen 89 das Verfahren, und als rentabel 27 ausdrücklich. Zur rein geldlichen Rentabilität tritt der Zeitgewinn durch Verschnellerung der Kulturen durch Begasen hinzu.

Daß bei Gurken das Früchteschneiden 14 Tage früher eintritt, wird zweimal angegeben (5, 6)[1]. Daß man beim Stecklingeziehen 11 Tage Zeit gewinnt, gibt eine Äußerung an (d). Die übrigen, die sich über den Zeitgewinn auslassen, sprechen davon in allgemeinen Wendungen wie:

... Treibperiode abgekürzt (A).

... Blüte tritt einige Tage früher ein (B). Kamen 14 Tage früher (118) (Rosen). Steckling, schnellere Wurzelbildung (H); 102). Dahlien 4—6 Tage früher (65).

... Die Bewurzelung von Dahlien, Stecklingen war doppelt so schnell (40).

... Ein freudigeres und schnelleres Wachstum (146).

... Das Wachstum wird sehr gefördert (158).

... Das Entwickeln und Durchbringen der jungen Triebe geht im wesentlichen in kürzerer Zeit vonstatten (117).

... Sehr gute Dienste leistet das Begasen, wenn man etwas zur bestimmten Zeit zur Blüte bringen will (113).

... Überhaupt die Pflanzen sind schneller verkaufsfähig (109).

... Bei Hortensien wurde die Blütezeit im Frühjahr um 14 Tage vorgeschoben (97, 85). 1 Monat (33).

... Der Blumenkohl konnte 14 Tage früher geerntet werden (87a).

... Bei Cyklamen war der Flor 4 Wochen früher beendet als sonst (185).

... Die Begonienaussaaten kamen etwa 8 Wochen später in die Erde als die mehrerer Fachkollegen. Hatten aber zur Zeit des Auspflanzens völlig eingeholt (84).

... Nephrolepis und Poinsetia besonders auffallende schnelle Entwicklung zu Beginn der Wachstumsperiode (68).

... Am 3. September 1925 ausgesäte Cinerarien. Stehen am 4. Februar schon am Beginn der Blüte (58).

---

[1] Die im folgenden in Klammern angeführten Zahlen und Buchstaben beziehen sich auf das am Schlusse des Buches befindliche Namenverzeichnis der urteilenden Fachleute.

... Daß die Ernte (Gurken) um die Hälfte früher war, das Haus für eine Folgekultur 6 Wochen früher frei wird (19). Die Gurken haben sehr schnell getragen in den beiden begasten Häusern, während im dritten nicht begasten Haus heute noch keine geschnitten werden konnten (12a).

... Es kann wohl gesagt werden, daß wenigstens 2—3 Wochen früher mit der Ernte im begasten Hause begonnen werden konnte (Tomaten und Gurken) (a).

Rechnerisch belegt ist folgendes zur Rentabilität:

... Die raschere Entwicklung der kohlensäurebegasten Abteilungen, die in den ersten 14 Tagen der Ernte den doppelten Ertrag brachte, als nicht begaste und damit den wirtschaftlichen Nutzen einer Kohlensäuredüngung (Gurken) (6).

... Sonderaufwendungen für Begasung eines 20 m-Gurkenhauses in $2^1/_2$ Monaten 90,25 M. Mehrertrag 650 Stück = 415 M. Reingewinn 325 M. in 3 Monaten. Bei völliger Amortisation der Apparate in den 3 Monaten 100% Rente (2).

... Im Frühjahr bei Gurken Rente 9mal so hoch wie der Aufwand, im Sommer $2^1/_2$mal bei nur 1 Monat Aufwandszeit (e).

Die rascheren Erträge und wesentlich besseren Preise für die ersten Früchte haben allein vollauf genügt, um sowohl Beschaffungs- als Betriebskosten zu bestreiten, so daß überdies noch ein etwa gerade so großer Überschuß geblieben ist.

... Von begasten Asparagus Plumosus schnitt ich von 300 Pflanzen in 11,5er Töpfen in einer Schnittperiode 3000 Wedel. Die unbegasten bleiben weit zurück und brachten nur annähernd die Hälfte (1800) an Ertrag[1].

Infolge der mit den Jahreszeiten schwankenden Preise ändert sich die Rentabilität, wofür folgendes angeführt sei:

... Das Verfahren ist nur im Winter und Frühjahr rentabel (118). ... nicht benutzt, da bei der schlechten Geschäftslage ein schnelleres Antreiben der Pflanzen keinen finanziellen Erfolg verspricht.

... Bei dem heutigen Lirekurs kommen ihre Kohlen sehr teuer ... daher auch hier in Italien nur für Treibhäuser und Mistbeete für Frühgemüse zu empfehlen (50).

Andere Äußerungen über die Rentabilität lauten:

... Ist nutzbringend bei Schnittgrün (29).

... von höchstem Wert für die Gärtnerei (C).

... Das Verfahren ist rentabel (B).

... Denn auch er (OCO) ist ein Mittel, das dienen kann, die ausländische Konkurrenz bekämpfen zu helfen (113).

... im Gegenteil hat er (OCO) jeden Tag seiner Pflicht nachzukommen. Wirtschaftlich nutzbringend für mich (116).

Haben dadurch den Vorteil, die Vermehrungsbeete mehr ausnützen zu können (102).

... Es konnten in der kleineren begasten Abteilung, die nur ein Drittel so groß war wie die andere, mehr Früchte geschnitten werden als in der unbegasten Abteilung. Dem Verein für chemische Industrie, Aktiengesellschaft, Frankfurt a. M. (und Herrn Dr. Reinau) wurde hierfür eine für Industrie ausgesetzte silberne Medaille zuerkannt (Gartenbauausstellung Hamburg-Bergedorf 1925)[2].

... Was eine große Kohlenersparnis bedeutet (85).

Außer der eben erwähnten Stelle hinsichtlich der Kohlenersparnis (85) schreibt Browarsky in der Gartenwelt (d): „Im Sommer kommt es auf 6 Tage mehr oder weniger Kulturzeit nicht an. Anders ist es im Frühjahr, wenn jeder Tag so und soviel Heizung kostet, es muß um diese Zeit sowieso geheizt werden, die Voraussetzung der nötigen Temperatur zum beschleunigten Stoffwechsel ist also erfüllt."

Das Kohlensparen für Heizungszwecke ist selbstredend nicht in dem Sinne zu verstehen, daß man gewissermaßen ein begastes Haus während der Zeit, in der man kultiviert, kälter halten darf wie ein Ver-

---

[1]) G. Clamann, Gärtner-Rundsch. 1926, H. 12.
[2]) Schönemann, K.: Möll. dtsch. Gärt.-Zg. 1926, S. 158.

gleichshaus. Die Angabe bezüglich Kohlenersparnis durch Begasung besagt vielmehr im Sinne der vorstehenden Ausführungen, man kann an der Kulturzeit einige Tage einsparen, und kann infolgedessen einige Tage später mit Kultivieren bzw. Anwärmen der Häuser beginnen. Dies belegt sehr schön die folgende Äußerung:

... begast Gurken. Aufs genaueste habe ich zwei Kontrollhäuser gepflegt, und verglichen und mußte feststellen, daß das unbegaste, das immer 2—3° wärmer war, denn es hat zwei Heizrohre mehr, immer im Vorteil blieb. Ich wäre schon zufrieden gewesen, wenn sie gleich gewesen wären, dann hätte man sagen können, es ist gleich den Wärmegraden. Es wurden tagsüber bis zu 9 und 12 Briketts begast, also reichlich genug nach Ihrer Tabelle. Im gleichen Zeitraum geerntet: unbegast 800 Gurken, begast 600 Gurken. Es war schon das zweite Jahr, daß wir es probierten. Ich glaube ja, daß es wirksam ist, und ich werde auch immer begasen, aber ob es wirtschaftlich ist, das glaube ich noch nicht, bis zum guten Erfolge wird es noch eine gute Zeit haben (134).

Es muß also wohl doch irgend etwas vorgelegen haben, was das Begasen vorteilhaft erscheinen ließ.

Selbstredend sind nicht alle Praktiker bei einer Neuerung von derselben Zähigkeit, weshalb wir auch sehen wollen, was diejenigen äußern, welche, ohne einen besonderen Vorteil zuzugeben, doch noch weiter begasen. Es sind im ganzen 12. Zunächst fällt es besonders auf, daß darunter sich einer findet, der bei Asparagus gar keinen Erfolg hat feststellen können (104), während tatsächlich von 42 vorliegenden Mitteilungen über Beobachtungen bei Schnittgrün und Farn außer dieser nur noch 2 Äußerungen über keinen Erfolg berichten können.

In einem Falle (86) liegt die Erfolglosigkeit wohl daran, daß mit nur einem kleinen OCO 200 qm begast wurden.

Daß jemand schreiben kann,

„die Kosten des OCO-Verfahrens wiegen die Vorteile auf: Im begasten Hause brachte im Durchschnitt jede Gurkenpflanze 8225 g, im unbegasten Hause brachte im Durchschnitt jede Gurkenpflanze 6000 g (Q),

ist auf mangelhaftes Rechnen zurückzuführen, denn bei 33% Mehrertrag rentiert sich das Verfahren sicher.

... Im Frühjahr zu spät mit den Gurken zu begasen begonnen, im Herbste stoßweise Ernte statt laufend gleichmäßig (52).

... Der Erfolg des Verfahrens ist kein außerordentlicher (L) und doch gibt derselbe an, daß die begasten Stecklinge in 2—3 Wochen Wurzel hatten, wozu die unbegasten 4 Wochen brauchten.

... Eine sonst gute Kultur liefert dasselbe wie Begasung (S).

... Bei Jungpflanzen und Sämlingen wirkt das Verfahren gut. Bei anderen Pflanzen wirken andere Düngemittel besser.

... Auch bei Gurken steht der Erfolg in keinem Verhältnis zu den Spesen. Bodenbelag mit Mist und dergleichen leistet das Gleiche. Bei Blumentopfpflanzen könne die Sache interessant werden (41).

Ganz aufgegeben ist das Verfahren von 8 Stellen:

1. Ein Privatmann konnte nach $1^1/_2$ jährlichem Gebrauche bei seinen Orchideen keinen Erfolg sehen (57).

2. Ein großer holländischer Gemüsezüchter hat schon nach 14 tägigem Gebrauch die Sache aufgesteckt (87).

3., 4. In 2 Fällen (107, 61) wurde wegen Mißerfolg bzw. zu geringem Erfolge bei Nelken aufgehört. Allerdings werden im letzteren Falle die Kohlen anscheinend noch für Frostschutz benutzt.

5., 6. In 2 Fällen ist das Verfahren aufgegeben, weil bei Gurken sich kein Erfolg zeigte. „Die Luft wird beim Begasen zu heiß und trocken" (R). — Keinen Erfolg bei Gurken und Tomaten (K).

Demgegenüber liegen bei Gurkenkulturen von 49 Äußerungen nur 6 ungünstige vor. Bei Tomaten von 16, 2.

7. ... Bei den Häusern, in denen nicht begast wurde, waren die Pflanzen (Gurken bzw. Hortensien) genau so zeitig und üppig als die, in denen begast wurde (135).

Über die sonstigen Erfolge bei Gurken machte ich eben Angaben, bei Hortensien ist von anderer Seite 27 mal und nur günstig berichtet worden.

8. ... Im Jahre 1924 habe ich unter Zurücklassung eines Kontrollhauses 4 Häuser gleicher Größe mit Gurken und Schnittgrün begast. Es war in den begasten Häusern wohl ein kleiner Unterschied bemerkbar, doch nicht in dem Maße, daß sich die Sache bei genauester Rechnung rentierte. Ich habe deswegen im Jahre 1925 das Begasen eingestellt (148).

Es ist nur merkwürdig, daß derselbe Beobachter im Laufe des Sommers 1925 sich dahin geäußert hat, daß das Verfahren einfach und geeignet sei für alle Topfpflanzen, daß die Gurken 14 Tage früher kämen, besseren Ansatz hätten, 25% mehr Ertrag brächten und durchaus gesund seien. Schnittgrün bekäme gutes Laub. Bezüglich der rechnerischen Seite seiner Angaben sei auf S. 103 bzw. auf Teil IV verwiesen.

Wir werden bald sehen, in wie mancherlei Weise das Begasen den Wuchs und die Erzeugung von Pflanzen beeinflußt. Ist es schon geschehen, daß durch unrichtiges Gießen mit Wasser Mißerfolge bei Gewächshauskulturen vorkamen, so dürfte es weiter nicht wunder nehmen, daß auch beim Begasen, das ja ebenfalls tagtäglich gemacht werden muß, Fälle vorkommen, in denen das ausbleibt, was der Betriebsleiter durch Anordnung des Begasens beabsichtigte. Daß nur 5% aller der, die diese Neuerung aufgegriffen haben, davon abgegangen sind, scheint für die Zweckmäßigkeit des Begasens zu sprechen.

Was sagen die Gewächshauspflanzen zum Begasen?

Betrachten wir das vorliegende Material nunmehr von der Pflanze aus, so läßt es sich, wie es in der Botanik üblich, nach Gesichtspunkten der allgemeinen Lebenserscheinungen (Physiologie) der Pflanzen, und in einem besonderen Teil, der die Erfahrungen bei jeder einzelnen Pflanzenart behandelt, ordnen.

Allgemeine Lebenserscheinungen der Pflanzen.

Es ist sehr bezeichnend für den Stand des bewußten Wissens und Handelns im Gewächshausbetriebe und für die geringe Bekanntschaft mit den Erscheinungen der bodenbürtigen Kohlensäure, daß von den sämtlichen Antworten nur in zweien zu lesen ist, daß sich das OCO-Verfahren eignet für Bodenpflanzen (124) und besonders für Topfpflanzen (116). Erst die neuere Veröffentlichung Löbners (6b) weist schärfer darauf hin, daß durch Zusatz von Mist zur Erde auch eine praktische Kohlensäuredüngung möglich ist. Es wird in Zukunft nötig sein, bei einer Umfrage schärfer die Frage zu stellen, ob es sich um Topfkulturen oder in der Erde ausgepflanzte handelt. Die weiter unten zu besprechenden unterschiedlichen Ergebnisse bei Tomaten sind vielleicht darauf zurückzuführen. Soweit über den Kohlensäuregehalt der Luft in Häusern Analysen vorliegen, ist er in solchen, die mit Töpfen bestanden sind, geringer als wie dort, wo die Kulturen in Erde ausgepflanzt sind. Es könnte deshalb wohl so sein, daß gemäß den Klebs-Poenickeschen Theorien das Treiben in Töpfen darauf beruht, daß die Bodenernährung sehr stark gegenüber der Lufternährung ins Übergewicht gebracht wird. Wenn wir nun durch Begasen plötzlich in dem Treibbetriebe in Töpfen die Lufternährung ins Übergewicht setzen, dann können selbstverständlich dem Praktiker Ungewöhnlichkeiten vorkommen, z. B.: die bisher geübte, gute Stickstoff- und Bodenernährung führt im allgemeinen zu einem geilen, langschössigen Wachstum. Die einzelnen Zellen haben verhältnismäßig viel Baustoff für stickstoffhaltigen Zelleninhalt (Protoplasma) und verhältnismäßig wenig Baustoff für Zellwände. Die Zahl der entstehenden Zellen ändert sich nicht, und es entstehen Gebilde mit inhaltsreichen, dünnwandigen Zellen.

Wird nun zusätzlich zu der besseren Bodenernährung auch noch mit Kohlensäure gefüttert, dann wird aller Voraussicht nach zunächst

Abb. 22. Asparagus plumosus nanus: links begast, buschig und üppig, rechts unbegast lange splittrige Ranken.

die Zellwand verstärkt. Und wenn die Wand kräftiger ist, dann ist auch das ganze Gebäude standfester, so daß die Pflanze einen haltkräftigeren und weniger vergeilten Eindruck macht (Abb. 22).

Wird die Begasung nun noch weiter getrieben, so wird die Pflanze so viel Baustoff für Zellwände haben, daß diese immer dicker werden, neue Zellen aus Mangel an Stickstoff und anderem sich nicht bilden, ja, die Pflanze sogar unerwartet rasch sich Organe schafft, in denen sie den Überschuß an Stärke unterbringen kann: eine gedrungene Wuchsform (vgl. Abb. 26) und Neigung zum Blüten-, Frucht- und Knollenansatz wird sich zeigen. Bei vorschriftsmäßiger Verwendung des OCO-Verfahrens sind solche Fälle noch nicht vorgekommen, denn es enthält in seiner Art der Anwendung von selbst eine Schutzvorrichtung gegen das Zuviel des Begasens, weil ja die notwendige Kohlensäure jeweils durch Nachlegen von neuen OCO-Tabletten geschieht: also, ehe er zuviel gibt, muß der Betreffende erst ein gewisses Trägheits- und Sparsamkeitsgefühl überwinden. Wo man nur einen Hahn aufzudrehen braucht, um Kohlensäure hereinzulassen, die man gar nicht sieht oder riecht, kann eine Überdüngung mit Kohlensäure schon eher vorkommen!

Bei Kulturen, die unmittelbar in die Erde ausgesetzt sind, und namentlich, wenn diese Erde viel frischen Dünger enthält, liegt diese Möglichkeit auch leicht vor. Denn es atmet eine solche Erde, infolge des regen Bakterienlebens in ihr, in der 1. bis 4. Woche ihrer Zurechtmachung zwischen 3 und 1 g bzw. 1,5—0,5 l Kohlensäure je Quadratmeter Bodenfläche und Stunde aus (vgl. Abb. 29).

Gerade mit Rücksicht auf diese natürliche Bodenatmung und die höhere Gehältigkeit der der Erde allernächstliegenden Luftschicht an CO_2 ist es wahrscheinlich, daß Sämlinge, Jungpflanzen und Stecklinge auf Kohlensäuredüngung gut reagieren. Setzen wir deshalb unsere Untersuchungen der vorliegenden Gutachten so fort, daß wir das Material gemäß dem zunehmenden Wachstum der Pflanzen vorbringen.

Im ganzen liegen 28 Äußerungen über OCO-Begasung von Sämlingen, Stecklingen und Jungpflanzen vor, die alle günstig sind (s. Abb. 11 und 12).

Bezüglich der Sämereien sind folgende Äußerungen anzuführen:

... Meine Aussaaten kamen etwa 8 Wochen später in die Erde als die mehrere meiner Fachkollegen und hatten letztere zur Zeit des Auspflanzens vollkommen eingeholt, was ich als einen Beweis der Wirkung der Kohlensäuredüngung betrachte (84).

... Die Sämlinge von Cyclamen überwanden Wachstumsstörungen sehr gut (A).

... Am größten waren meine Erfolge im Vermehrungshause, sowohl Aussaaten, wie Petunien, Lobelien, Tomaten usw. wuchsen sehr rasch und freudig, desgleichen konnte ich in diesem Jahre durch nur etwa 14 tägige Begasung des Austriebs der Chrysanthemum-Mutterpflanzen ganz offensichtlich günstig beeinflussen, die Stecklinge waren sehr schön kräftig und entwickelten sich sehr stark (101).

... Auch bei Sämlingen von Aconitum Wilsoni zeigte sich die Wirkung einer länger anhaltenden Begasungsperiode (etwa 6 Wochen) recht deutlich. Die einzelnen Blättchen waren unter Kohlensäuredüngung fast 3 mal so groß wie die unbehandelten Pflanzen, ebenfalls waren die Wurzelknollen der begasten Pflanzen nach 6 Wochen doppelt so groß wie die unbegasten[1]).

Hieran schließen sich die Äußerungen über Stecklinge:

... Stecklingspflanzen begast und zufriedenstellende Erfolge erzielt (59).

... Die Pflanzen von den begasten Begonienstecklingen sind späterhin schneller zum Blühen gekommen (49).

... Bei Jungpflanzen wird ein schnelleres Wachsen, gutes Gedeihen und ein saftiges Grün erzielt (81).

... Gute Erfahrung gemacht in Vermehrungskulturen (93). Die Bewurzelung von Dahlienstecklingen war doppelt so schnell (40).

... Die Stecklinge zeigen einen kräftigeren Wuchs und hat sich der sonst alle Jahre auftretende Vermehrungspilz im vorigen Jahre während der Begasung bedeutend weniger gezeigt (63). ... ist nutzbringend, ... in der Stecklingsvermehrung.

... Sehr zufrieden bei der Anzucht meiner Stecklinge (96).

... Ebenfalls ist der Ocoapparat für die Vermehrung großartig (100).

... Die Bewurzelung vollzog sich wesentlich schneller, die Stecklinge entwickelten sich bedeutend schneller und kräftiger. Fäulnis wurde durchweg verhütet. Die Pflanzen unterlagen weniger dem Befall von Läusen. Wir haben dadurch den Vorteil, die Vermehrungsbeete mehr ausnutzen zu können. Die Versuche haben beste Erfolge gezeitigt (102).

... Bei Stecklingen beobachtete schnellere und stärkere Wurzelbildung (H).

... Die begasten Stecklinge hatten schon in 2—3 Wochen Wurzeln, während die unbegasten erst nach 4 Wochen bewurzelt waren (L).

---

[1]) Reese, E.: Möll. dtsch. Gärtn.-Zg. 1925, S. 26.

... Stecklinge verschiedener Pflanzensorten sofort eine frische Haltung erhielten (126). ... hauptsächlich für Stecklinge verwende (56).

... „Also 11 Tage im ganzen, während der unbegaste Satz 17 Tage stehen mußte. Sobald bei den Stecklingen etwas Callus vorhanden ist, beginnt der Einfluß der Begasung auf das Wachstum wirksam zu werden. Vor der Callusbildung konnte ich nichts bemerken."[1]

... gegenwärtig Stecklinge, verschiedene Art von Topfpflanzen ... zufrieden, so daß ich diese Düngung nicht mehr missen will (150).

Bezüglich der Heranzucht von Jungpflanzen schreibt Löbner (6):

„Die Begasung kann für gewisse Betriebe, z. B. auch für Anpflanzung von Jungpflanzen, von großer Bedeutung werden."

Nachdem sich bisher schon verschiedene Praktiker sowohl mir als auch Fachkollegen gegenüber darüber ausgesprochen hatten, daß junge Farnpflanzen in den Keimschalen, selbst wenn sie vom Vermehrungspilze schon gepackt waren, sich durch Begasen wieder erholten und die lückigen Stellen sich neu mit Grün bezogen, berichtet neuerdings Gartenbauinspektor Landgraf[2] hierüber wie folgt:

„Im zeitigen Frühjahr fand ich größere Bestände von Cyclamen-Sämlingen, die verschiedentlich unter diesen Pilzen litten. Versuchsweise vorsichtig durchgeführte Begasungsversuche nach dem Kohlensäuredüngungsverfahren nach Dr. Reinau zeitigten unerwartet gute Erfolge. Selbst Bestände, die ich meinen bisherigen Erfahrungen nach als hoffnungslos bezeichnet hätte, wurden gerettet. Weitere Versuche und Beobachtungen haben die Bekämpfungsmöglichkeit dieser Pilze unter Zuhilfenahme des Kohlensäuredüngungsverfahrens bestätigt."

... Der Plumosus junge, einjährige Pflanzen entwickelten sich nach dem Begasen zu üppigen Pflanzen, wurden nicht dunkel in der Farbe wie von anderer Seite behauptet wurde, sondern blieben schön hellgrün. Begoniensämlinge zeigten gutes Wachstum und blieben, solange begast, vom Pilz frei (129).

... während (Cyclamen-) Jungpflanzen auf das Begasen hin freundlich und üppig wuchsen, besonders Begonia semper florens (152).

... die begasten Blumenkohlpflanzen waren bedeutend kräftiger als die unbegasten (77).

... Sehr viel Jungpflanzen heranziehe und zwar Blumenkohl, Kohlrabi und Tomaten usw., so habe ich hierbei festgestellt, daß der Verlust durch Schwarzbeinigkeit gleich 0 ist. ... Wichtig, daß selbst, wenn die Pflanzen nicht gleich im Frühjahr verpflanzt werden können, die selbst doch nicht geil emporschießen, sondern auch dann noch eine gedrungene Form behalten. Ich säte am 3. September 1925 meine Cinerarien aus, dieselben stehen heute, am 4. Februar, schon am Beginn der Blüte. ... Bei kaum 10° Dauertemperatur (58).

Was nun hinsichtlich der Bewurzelung folgt, bezieht sich gemäß der ganzen Natur des Gewächshausbetriebes auch hauptsächlich auf Stecklinge und Jungpflanzen, und stellt zum Teil eine Wiederholung des gerade eben bei Stecklingen erwähnten dar, sei aber doch der Vollständigkeit halber nochmals angefügt. Denn man sieht so recht, mit welchem Lebensinstinkt die Pflanze jedes gebotene Hilfsmittel zum Vorwärtskommen sofort ausnützt: Der Steckling hat Grün, aber ihm mangeln die Wurzeln. Kann er durch Kohlensäuredüngung dieses Grün besser beschäftigen, dann verwendet er den Zuwachs zu einer Sicherung seiner Existenz aus seiner anderen Erwerbsquelle, dem Boden, durch rasche Wurzelbildung.

... begaste Stecklinge schon in 2—3 Wochen Wurzeln, während die unbegasten erst nach 4 Wochen bewurzelt waren (L).

---

[1] Browarsky, H.: Gartenwelt 1925, S. 762.
[2] Landgraf: Gartenwelt 1926, S. 359.

... Bei den Stecklingen der Dahlien war die Bewurzelung 8 Tage früher beendet (27).

... Im vorigen Jahr war die Bewurzelung sehr gut (56).

... Im Vermehrungsbeet geht die Bewurzelung schneller vonstatten als früher, da nicht begast wurde (82).

... Bei Stecklingen beobachtete schnelle und stärkere Wurzelbildung (H).

... Die Bewurzelung vollzog sich wesentlich schneller (2).

... Ausgezeichnetes Wurzelwerk (58).

... Die Bewurzelung war ebenso viel stärker ... Auch bei Sämlingen von Aconitum Wilsoni zeigte sich die Wirkung einer länger anhaltenden Begasungsperiode (etwa 6 Wochen) recht deutlich. Die einzelnen Blättchen waren unter Kohlensäuredüngung fast dreimal so groß wie die unbehandelten Pflanzen, ebenfalls waren die Wurzelknollen der begasten Pflanzen nach 6 Wochen doppelt so groß wie die unbegasten (10).

Es ist in wissenschaftlichen Experimenten schon lange bekannt, daß Kohlensäuredüngung die Chlorophylbildung vermehrt, d. h. daß unter Kohlensäure die Blätter tiefer grün werden.

Von den vorliegenden 27 Äußerungen zu dieser Frage bestätigen dies 26, also alle bis auf eine bzw. einen weiteren Fall, den wir gesondert behandeln wollen. Jener eine schreibt nämlich:

... In einem kleineren Gurkenhause, mußten ihn aber nach etwa 14 Tagen wieder entfernen, da die Blätter mehr und mehr eine hellgrüne fast gelbliche Färbung annahmen, ob das von der Kohlensäuredüngung herrührte, ließ sich nicht näher feststellen, ich möchte es auch nicht behaupten (42).

Was den besonderen Fall anbelangt, so wurde zuerst berichtet:

... Meine Hortensien, die ich begaste, sehen nicht vom besten aus ... bringt Ihnen eine kleine Probe mit (96a).

Diese Pflanze, die mir als Probe in die Hände kam, hatte stark vergilbte, bleichsüchtige, aber zunächst noch lebensfähige Blätter. — Der Fall wurde untersucht, und derselbe Praktiker schrieb 8 Tage später:

... Habe ich abgelauscht, daß neben einer Kohlensäuredüngung auch eine immerwährende Stickstoffdüngung durch Gießwasser oder Erde vor sich gehen muß. — Und das muß ich zugeben und daran wird es auch liegen, daß die Hortensien gelb wurden, denn letzteres habe ich in diesem Jahre bei OCO gänzlich unterlassen (96b).

Der Versuch, sämtlichen Pflanzen nunmehr noch nachträglich die nötigen Mengen Ammonsulfat zuzusetzen, war leider nicht mehr scharf durchzuführen, weil in der Zwischenzeit auch die blassen Pflanzen größtenteils entsprechend der Zeitmode Anklang und Absatz gefunden hatten. Mit der einen Probepflanze ist durch eine geringe Harnstoffgabe bei mir auf jeden Fall wieder grünblättrig geworden. Man sieht also, daß der erste Gärtner ganz Recht hatte mit seiner Vorsicht, die gelbliche Färbung der Gurkenblätter nach dem Begasen doch nicht nur dem Begasen zuzuschreiben: Begasen, also Kohlensäuredüngung, ersetzt bei intensiven Kulturen niemals Bodenernährung bzw. die übliche Nährsalzzufuhr.

Mit Rücksicht auf den Wunsch der Mode, gewisse Schnittgrünsorten nicht so sehr dunkelgrün, sondern eher zart gelblichgrün zu haben, sind folgende Äußerungen beachtenswert:

... Bei Asparagus plumosus nanus kommt leicht bei Begasung in einem längeren Zeitraum eine unerwünscht dunkle Grünfärbung zustande analog einer starken Stickstoffdüngung (101).

... Asparagus, Spreng. u. plum. waren so unnatürlich dunkelgrün, daß die Wedel direkt unverkäuflich waren (125).

... Der Plumosis junger einjähriger Pflanzen entwickelten sich nach der Begasung zu üppigen Pflanzen und wurden selbige nicht dunkel in der Farbe, wie von anderer Seite beobachtet wurde, sondern blieben schön hellgrün (129).

Und schließlich die Mitteilung von G. Clamann in der Gärtn.-Rundsch. 1926, H. 12, daß er im begasten Gurkentreibhaus auf dem mittleren Tablette Adiantum und zwar die Sorten Scutum roseum cuneatum und Jean Peer dauernd mitbegast habe mit diesem Erfolg: „Es waren Schaupflanzen an Adiantum sc. ros. in verhältnißmäßig kleinen Töpfen mit $^3/_4$ m langstieligen Wedeln." ... „Es war den Besuchern der Ausstellung eine Freude, die begasten Rexbegonien und Adiantum zu betrachten." Auch namhafteste Gärtnerkollegen hätten diesen Pflanzen ihren Beifall gezollt. Dies wäre keinesfalls möglich gewesen, wenn diese Pflanzen in ihrem Aussehen unmodisch grün gewesen wären.

Es ist also unverkennbar, daß einerseits mangelhafte Bodenernährung bei Hortensien und Gurken in Ausnahmefällen zu einem Vergilben führen kann. Andererseits scheint es aber so, als ob das Hellbleiben der Blätter gewisser modischer Schnittgrünpflanzen mehr auf eine Sorteneigentümlichkeit dieser Pflanzen zurückzuführen ist. Denn es schreibt auch Löbner 1926 im 9. Bericht der Gärtnerei-Versuchsanstalt der Landwirtschaftskammer für die Rheinprovinz: „... Die Asparagustriebe ... eher von hellerer als dunklerer Farbe gegenüber den nichtbegasten."

Alle übrigen Äußerungen (117, 43, 113, 109, 97, 82, 18, 81, 49, 9, 58, 65, 50, 27, 24, 29, S) bewegen sich in folgenden Ausdrücken:

... Blätter dunkler, ... besonders dunkelgrüne Belaubung (Tomaten), ... saftig grünes Aussehen der Pflanzen, ... kräftig dunkelgrüne Wedel, ... fast gelben Blätter der (Begonien) in kurzer Frist vollständig grün geworden (97), ... Blattentwicklung in Form und Farbe vollkommener. ... Die Blätter werden dunkelgrün (142). ... volles dunkles ... Laub (152).

Es dürfte also als ganz sicheres Zeichen einer erfolgreichen Begasung eine Anregung der Chlorophyllbildung bzw. ein kräftigeres Grün der Blätter angesehen werden. Indessen an den Blättern kann man nicht nur erkennen, daß das Begasen wirkt, sondern auch, ob man zuviel begast.

Wenn mit reiner Kohlensäure zu stark begast wird, gibt es ein ganz einfaches schon seinerzeit bei der ersten Begasung im Kewgarden beobachtetes Zeichen: das Einrollen der Blätter.

Es ist dies auch von den OCO-Benützern beachtet worden:

... nochmals feststellen, ob das Kräuseln der Blätter von der Rexpegonie Silberbraut nicht doch auf Ungeziefer zurückzuführen sei, und kann ich Ihnen hierzu mitteilen, daß die beiden Pflanzen absolut ungezieferfrei sind (38b).

... Im Gegensatz zu den mir vorgelegten Berichten habe ich fast täglich feststellen müssen, daß meine Versuchspflanzen vor der Düngung straff standen, während sich die Blätter während und nach der Begasung stark einrollten (a).

Hierzu ist zu bemerken, daß in diesem Falle ohne Rücksicht auf Größe des Hauses und Witterung begast worden war.

Bei 2 Fällen, die sich mit Blattrollen beschäftigen, ist es nicht ganz sicher, ob es sich dabei um Überdüngung mit Kohlensäure handelt, es ist eher möglich, daß hier — und in dem einen Falle wird es direkt von der Beobachtung bestätigt — ungenügend präparierte Kohle die Schuld trug.

... Es war ein scharfer Geruch ..., es waren dies unbedingt schädliche Gase, denn ich habe an einzelnen Pflanzen feststellen müssen, daß diese die Blätter rollten (38c).

... Nur haben sich die beiden oberen Blätter (Poinsetia) vor ca. 4—5 Tagen gerollt.... Die Begasung darauf eingestellt. Die Blätter sind aber nicht wieder gerade geworden, sondern welken und fallen ab (45).

Beim letzteren Falle allerdings, bei den Poinsetien, könnte man auch daran denken, daß die obersten Blätter, die ja schließlich die rote Schaublume bilden, seien vielleicht etwa im Sinne der Goetheschen Metamorphosenlehre schon mit zarteren Stoffen erfüllt, so daß sie auch gegenüber der Kohlensäurebegasung empfindlicher sind.

Besonders kennzeichnend und auch beweisend für das Einrollen der Blätter bei zu starker Begasung halte ich den oben schon einmal erwähnten Fall:

... „Bei Asparagus plumosus nanus kommt leicht bei Begasung in einem längeren Zeitraum eine unerwünscht dunkle Grünfärbung zustande, analog einer starken Stickstoffdüngung. Auch trat in den letzten 2 Jahren bei mir die unerwünschte Raupenbildung (?) sehr stark auf, ohne daß ich die Schuld daran allein dem „OCO" geben möchte. Sehr gut war die Wirkung bei Asparagus Sprengeri"(101).

Das starke Grün und die Raupenbildung, beides spricht für starkes Begasen. Daß Asparagus plumosus weniger erwünscht, dagegen Sprengeri völlig befriedigend die Begasung ertrug, zeigt, daß auch hier die Sorten ganz verschieden empfindlich sind.

Man nimmt ja im allgemeinen an, daß dieses Blattrollen bei starker Kohlensäureernährung daher rührt, daß sich ein Teil der Chlorophyllzellen zu stark mit Stärke vollpfropft, worauf die einseitige Biegung der Blattfläche eintritt. Diese geht zurück in dem Maße, wie die Stärke aus dem Blatte abgeleitet wird. Diese Erscheinung des Blattrollens ist nach den vorliegenden Erfahrungen nicht unwiderruflich, sondern durch Einstellen des Begasens zu heilen. Wenn also unheilbares Blattrollen vorkommt, wie oben bei den Poinsetien, dann liegt wohl eine außergewöhnliche, einmalige Schädigung vor.

Als Beweis dafür, daß lediglich durch Überdüngung mit Kohlensäure hervorgerufenes Blattrollen sich zurückbildet, folgendes:

... Einrollen der Blätter hat sich aber durch übermäßig starkes Begasen bei den Beg. Rex gezeigt, und zwar hier auch nur bei der Sorte Silberbraut. Diese rollte die Blätter nach innen, doch hat sich dies im Laufe der Zeit wieder verloren (161 a).

Wenn man das tägliche Bagasen mit jeweils zu großen Mengen Kohlensäure durchführt, wehren sich die Blätter noch mit einem drastischeren Mittel dagegen: Wir können mit weniger Chlorophyll auskommen, sagen sie, ja man braucht uns gar nicht mehr: sie werden gelb vor Ärger, verlassen den ungastlichen Ort und fallen bei zu langer Dauer einer solchen Behandlung ab!

In 2 besonderen Fällen ist hierüber bei OCO-Anwendung etwas bekannt geworden:

1. Ein großer Rosenkasten sollte aus besonderen Gründen bei offener Lüftung begast werden. In der Annahme, daß hierbei größere CO_2-Verluste vorkommen würden, ist mit der 2—3fachen, sonst üblichen Menge OCO-Kohlen begast worden. Nach etwa 14 Tagen begannen namentlich von einigen älteren und weniger wüchsigen Stöcken die Blätter an heller zu werden, vergilbten mehr und mehr und einige davon

fielen in der 3. und 4. Woche ab. Das Begasen wurde im Laufe der 3. Woche allmählich vermindert und in der 4. Woche beendet. Die Blüte der Rosen war trotzdem sehr gut. —

2. In einem Vermehrungshause wurden Cyclamen vorschriftsgemäß begast, worauf sie nach einigen Wochen wesentlich heller im Laube wurden wie unbegaste Kontrollen. Die Untersuchung des Falles ergab sichere Überdüngung, und zwar aus folgendem besonderen Umstande:

Das betreffende (Vermehrungs-)Haus hatte unter der Stellage zu beiden Seiten keinen Luftraum, sondern der Raum war 1,2 m hoch mit altem Pferdemist (-Erde) aufgefüllt. Das Haus war in der Mitte über dem Gange nur 1,90 m hoch, seitlich nur ca. 25 cm und so kam hier ein ungewöhnlich kleiner Kubikinhalt des Hauses heraus. Dadurch war trotz vorschriftsmäßiger Begasung jeweils eine Kohlensäurekonzentration von mindestens $1-1,5\,^0/_0$ erzielt worden. Auch mag der alte Mist selbst noch CO_2 zugeliefert haben. Das Gelb der Blätter hat sich nach Aussetzen des Begasens allmählich verloren.

In der früheren wissenschaftlichen Literatur, und zwar hervorgerufen ebenfalls wieder durch die ersten Begasungsversuche in Kewgarden, spukt allenthalben die Angabe, daß begaste Pflanzen mit ungewöhnlichen Wuchsformen antworten. Ich habe schon früher nachgewiesen, daß, und warum es sich hier um eine einfache Folge von Überdüngung handelt. Den besten Beweis aus der Praxis geben die folgenden Äußerungen der OCO-Benützer über den günstigen Einfluß der Begasung auf den Habitus der Pflanzen:

... Daß Stecklinge verschiedener Pflanzensorten sofort eine frische Haltung erhielten (126).

... Wenn die (Kohl-) Pflanzen nicht gleich aus Mangel an Zeit im Frühjahr verpflanzt werden können, dieselben doch nicht geil emporschießen, sondern auch dann noch eine gedrungene Form behalten (58).

... Viel mit Außenarbeit beschäftigt, und es war mir nicht möglich, die Verpflanzung meiner Chrysanthmen vorzunehmen. Meine Freude war aber groß, wie die Pflanzen trotz dichten Standes durchaus nicht geil geworden waren (18).

Es kann nun allerdings auch etwas anders kommen, aber man wird auch sehen, wie sehr man durch das Begasen bei den Pflanzen lenken und leiten kann:

... begann ich mit der Begasung und zwar zweimal täglich. Die Knospen entwickelten sich rasch und sehr gleichmäßig und brachten sehr starke und lange Blütenstiele und sehr schöne, große Blumen. Bald aber mußte ich feststellen, daß die Blütenstiele für Pflanzen, die als Topf verkauft werden sollten, zu lang wurden, jedoch für Schnittblumen ganz ausgezeichnet waren. Ich begaste nun andere Häuser nur solange bis die Knospen eben aus dem Laub herauskamen und blieben diese kürzer. Man muß also nach dieser Erfahrung je nach Verwendung der Cyclamen dieselben kürzere oder längere Zeit begasen (38a)[1].

... Danach brachten die begasten Pflanzen fast lauter lange Ranken (Asparagus; 125).

Es ist sicher, daß, wenn dieser Gärtner rechtzeitig Obacht gegeben hätte, er entweder durch Vermindern und Aussetzen des Begasens diese Ranken in gewünschter Form hätte erhalten können. Denn wie wir später im besonderen Teile ausführlicher darlegen werden, sind die Erfahrungen gerade bei Grün in 22 Berichten sehr gute gewesen außer

---

[1]) Möll. dtsch. Gärtn.-Zg. 1926, S. 159.

diesen eben erwähnten und noch einem zweiten, wo gar keine Wirkung beobachtet wurde.

Wir kommen nun zu einer außergewöhnlichen Folge des Begasens was die Raschheit des Lebensablaufes anlangt, nämlich zu der vielfach beobachteten früheren Blüte. Im Geschäfte des Gewächshausgärtners ist dies bei der Treiberei immer erwünscht. Denn je unzeitiger und früher seine Ware blüht und fruchtet, desto höher die Preise. Es kann naturgemäß, wenn das Begasen die Verfrühung der Blüte zur Folge hat, wie dies 20 Antworten auch bestätigen, worunter allerdings eine wie folgt lautet: ... Die Gurken brachten falsche Blüten (8) — in der ersten Zeit der Einführung des OCO-Verfahrens vorkommen, daß ein Praktiker sich etwas verrechnet, indem die Blumen tatsächlich früher erscheinen als wie die Konjunktur es gerade erfordert. So sind mündliche Nachrichten zugegangen, daß in 2 namhaften Großbetrieben die Lorainbegonien, welche erst auf Weihnachten blühen sollten, schon in den ersten Dezembertagen so weit waren. Demgegenüber steht folgende Äußerung:

... Sehr gute Dienste leistet das Begasen, wenn man etwas zur bestimmten Zeit zum Blühen bringen will, z. B. Tulpen und Hyazinthen usw. (113).

Es ist in einem Falle auch berichtet worden, daß zurückgebliebene Hyazinthen, als die Blüte nicht richtig durchkommen wollte, durch das Begasen noch zum Emportreiben der Blüte gebracht wurden.

Allgemeinere Wendungen hinsichtlich der früheren Blüte lauten:

... auch der Blüten- und Fruchtansatz im begasten Hause schneller und reicher (a). ... frühzeitiges Blühen (81). ... Trotz des jetzt schon langdauernden trüben Wetters, eine sehr volle Blüte (121). ... Günstig auf Blume, Blatt und Früchte (36). ... Die Blüte tritt einige Tage früher ein ... (B), äußern sich verschiedene. Andere erwähnen: ... Und die Blüten gleichmäßiger kamen (Primeln; 64). ... Kräftigen, reichen Blumenflor bei meinen Orchideen, nie vorher beobachtet (50).

Einmal scheint sogar das Begasen der jungen Begonienstecklinge diese derart umgestimmt zu haben, daß selbst später noch nach Verkauf in einem ganz anderen Betriebe die Pflanzen dort ungewöhnlich früh zur Blüte kamen (49).

Mit schärferen Zeitangaben äußern sich folgende Beobachter:

... ich säte am 3. September 1925 meine Cynerarien aus. Dieselben stehen heute, am 4. Februar, schon am Beginn der Blüte (58).

... Der Blumenkohl konnte 14 Tage früher geerntet werden (87).

Bei Hortensien liegen 4 entsprechende Äußerungen vor:

... Bei Hortensien ... später mit Einwirkung der Sonne, haben sich die Pflanzen kräftig entwickelt bei enorm großen Blüten (89).

... Bei Hortensien ... wurde die Blütezeit im Frühjahr um etwa 14 Tage vorgeschoben (97).

... Die Blüten der Hortensien kamen 1 Monat früher wie sonst (33).

... Das Ergebnis meiner neuesten Versuche habe ich photographieren lassen. Ich habe Vergleichskulturen zwischen OCO, sog. Frostschutzbriketts sowie unbegasten Hortensien gemacht. Die Aufnahmen ... sprechen für sich. Ich hatte für jeden Versuch ein Haus, so daß es sich nicht um einzelne Versuchspflanzen, sondern um je einige Hundert Pflanzen handelte (161 a).

Man sieht auf den beiden Abb. 23 und 24 den großen Unterschied zwischen unbegasten und begasten Pflanzen und merkt auch ganz deutlich den Vorsprung, welcher sich durch Verwendung sorgfältigst zubereiteter Kohlensorten gegenüber anderen herausbildet.

Daß man bei den Cyclamen die Pflanzen nur solange begasen soll, bis die Knospen aus dem Laube herauskommen, während sonst lange, starke Blütenstiele heraustreiben, ist schon weiter oben (S. 112) angegeben.

Ferner wird berichtet:

... Meine Marschall-Niel-Rosen hatten besonders schöne gesunde Blätter, was selbstverständlich auch auf die Blüten nicht ohne Einfluß war (146).

... Was den begasten kalten Erdbeerkasten anbetrifft, so ist zweierlei zu merken. 1. Hat er von allen kalten Kästen am ersten begonnen zu blühen, 2. ist der Knospenansatz ganz auffällig reicher wie bei den anderen Pflanzen (160).

Nunmehr kommen wir, nachdem die Blüten einmal da sind und der Gärtner froh ist, daß er etwas zu verkaufen hat, zu der interessanten Frage, was wird nun aus den Blüten, sind sie haltbar oder vergehen sie so schnell, wie sie kamen? Ja, noch weiter, halten sie sich nur unter der Begasung oder fallen sie zusammen, wenn die Begasung unterbrochen wird? Merkwürdigerweise ist die Blütenfrage vor einiger Zeit von zwei Stellen aus aufgeworfen worden, die nachweislich niemals selbst irgendwelche praktische Erfahrungen mit dem Begasen zu machen Gelegenheit hatten. Es haben sich sogar Zeitschriften gefunden, welche diese Aufsätze aufnahmen, ohne daß die beiden Schriftsteller in der Lage gewesen wären, wirkliches, begründendes Material nachzuweisen, daß die Haltbarbeit der Blumen nach Aussetzen der Begasung nachlasse[1]).

Demgegenüber stand schon meine eigene Beobachtung aus dem Jahre 1922, daß von begasten Cyclamen die einzelnen Blüten früher kamen und sich diese ersten Blüten wesentlich länger hielten, wie bei den unbegasten Kontrollen. Daraus folgte, daß die einzelnen Töpfe im begasten Hause jeweils mehr einzelne offene Blüten hatten, und diese Töpfe infolgedessen verkaufsgünstiger aussahen wie die unbegasten Pflanzen, wo nie ebensoviele gleichzeitig blühende Blumen vorhanden waren.

Einer der OCO-Benutzer, welcher in dem einen der genannten Artikel als Gewährsmann angegeben war, hat dem betreffenden Autor folgendermaßen geantwortet:

„Ihre Behauptung in der Gartenwelt, daß begaste Pflanzen oder Schnittblumen weniger haltbar seien, widerspricht ebenfalls den Tatsachen, denn ich habe immer in meiner Wohnung Pflanzen und Schnittblumen, und habe noch nie bemerken können, daß solche, die begast waren, weniger haltbar wären als andere. Ich arbeite mit OCO seit zwei Jahren und möchte denselben nicht mehr missen." (54)

Ein anderer OCO-Benutzer, der ebenfalls als Zeugnis für jene Artikel nachträglich genannt worden war, hat bei seiner Kundschaft von Blumenhändlern umgefragt und darauf folgende Antworten bekommen:

... Bestätige Ihnen hiermit gern, daß sich die von Ihnen mir gelieferten Cyclamen sehr gut gehalten haben und niemals Reklamationen diesbezüglich bei mir eingegangen sind (38f).

Die beiden folgenden, an denselben gerichteten Äußerungen beziehen sich zwar nicht auf Blüten, aber doch auf die Haltbarkeit von Pflanzen, nachdem sie die Begasung verlassen haben:

---

[1]) Die Gartenwelt Nr. 3, 1926, S. 40 und Verbands-Ztg. dtsch. Blumengesch. Inh. 1926 Nr. 3, S. 69.

... Die von Ihnen im vorigen Herbst bezogenen Blattbegonien haben sich sehr gut gehalten, was ich hiermit bestätige. Eine große Pflanze, die ich bereits im Oktober kaufte, habe ich noch (30. Januar) in gutem Zustande im Schaufenster ausgestellt (38e).

... Die von Herrn Sch. gekauften und mit Vergasung gedüngten Blattbegonien haben sich sehr lange und gut bei mir gehalten (38d).

Und schließlich äußert sich noch ein anderer Bericht folgendermaßen:

... den vorzüglichen Blumenreichtum, die lange Haltbarkeit der einzelnen Blumen, gerade dann, wenn sie schon erblüht sind (58).

Ich glaube, die Unstimmigkeit, die hier herrscht, löst sich leicht, wenn man entsprechend den früheren Ausführungen (S. 100ff.) beim Begasen bzw. Füttern mit Kohlensäure nach den Grundsätzen verfährt, die ich als praktisch mit dem OCO-Verfahren eingeführt habe, nämlich: richtiger Wechsel zwischen Begasen und Lüften. Ganz richtig schreibt G. Clamann (Gärtnerische-Rundschau 1926, H. 12):

„Dem Schreiber in dem betreffenden Fachblatt möchte ich noch zum Schluß empfehlen, die begasten Rexbegonien vor dem Verkauf erst gut abzuhärten, wie man es mit jeder Kultur- und Blütenpflanze tun soll, damit Blumengeschäftsinhaber und Blumenfreunde auch Freude an den Pflanzen haben und nicht der ‚OCO‘ der Sündenbock sein muß.“

Es ist hier hinsichtlich der Blüten, wie sie durch Begasung beeinflußt werden, auch nicht zu vergessen, daß die Blütenfarbe zum mindestens, soweit es sich um rote und rosafarbene Töne handelt, im allgemeinen vertieft wird. Einer derjenigen OCO-Benutzer, der schon am längsten damit arbeitet, hat sich mündlich geäußert, daß Stielrosen kräftiger rosa gefärbt und in den Knospen fester waren. Von sonstigen Äußerungen folgende:

... Bei Cyclamen ..., daß die Blumenfarbe intensiver war (68).

... Heute strotzen die Pflanzen (Primula, Obc.) vor Gesundheit und haben eine tief dunkelrote Blütenfarbe, wie man sie schöner nicht haben kann (38c).

... Bei Primula Obc. fand ich, daß durch die Begasung die Farbe intensiver wurde ... (64).

... Die Hortensien sind für Kohlensäurebegasung sehr dankbar ... und die Farben der Blüten sind intensiv. ... Bei Cyclamen stellten wir fest, daß die Begasung vor allem auf die intensiven Farben wirkte (152)

... Die Blattbegonien zeigten eine tiefere Färbung (der bunten Blätter) (82).

Eine gewisse Unsicherheit besteht noch darüber, ob man blühende Pflanzen noch weiter begasen soll, wenn die Blütenkrone aufgegangen ist.

Meine eigenen Beobachtungen bei Cyclamen gehen dahin, daß sich unter Begasung aufgegangene Blüten einige Tage länger halten, während welcher vorschriftsmäßig weiter begast wird. Ganz regelmäßig kommen dann auch die anderen Blüten nach, und ich hatte den Eindruck, daß die einzelnen blühenden Töpfe an Ansehnlichkeit dadurch gewinnen, da auf diese Weise gleichzeitig mehr blühende Blumen an einer einzelnen Pflanze offen waren. Diese Beobachtung wird durch frühere Mitteilungen von Dr. H. Fischer (Garten-Flora 1912 und 1913) bestätigt. Es widerstreitet dem auch nicht die auf S. 112f. mitgeteilte Erfahrung, daß bei Cyclamen unter fortgesetzter Begasung der Blüten deren Stiele sehr stark austreiben und unter Umständen die Blätter in unschönem Verhältnis überragen, denn der betreffende Beobachter sagte ja ausdrücklich, daß dies von Vorteil sein könne wenn man von Cyclamen Schnittblumen verkaufen wollte. Von demselben Beobachter liegt auch die Mitteilung vor, daß blühende Primula obconica in der Blüte das Begasen nicht nur ertragen, sondern daß es ihnen auch sehr zuträglich sein kann:

„. . . Hatten sehr in der Farbe nachgelassen. Ich begaste sie sofort täglich 2 mal mit OCO, und schon in einigen Tagen hatten die Primeln eine ausgezeichnete, dunkelrote Farbe, schöner als zuvor [1].“

Demgegenüber schreibt nun eine langjähriger Begaser W. Neuhaus[2] über die Sünden, welche gelegentlich bei Anwendung der Kohlensäuredüngung vorkommen:

„Der Hauptfehler wird in diesem Fall — es können für das Zusammenklappen auch noch ganz andere Gründe mitsprechen — wohl der sein, daß die Kohlensäurezuführung nicht beim Knospenzustand der Pflanzen eingestellt worden ist, sondern durchgeführt wurde, bis die Pflanze verkaufsfertig war. Daß derartige — und vielleicht noch einseitig gedüngte — Blumen bald zusammenklappen müssen, sobald sie ihren Standort wechseln, ist leicht erklärlich. Der Zweck der Kohlensäurezufuhr ist ja auch nur der, das Wachstum der Pflanzen zu fördern, um dadurch die Grundlage für ein zeitiges und reiches Blühen zu schaffen.“

Mir scheint es, als ob jede Plötzlichkeit, die man in den ganzen Umweltsbedingungen für die Pflanzen herstellt, für diese gefährlich werden kann, und ich möchte deshalb hier auch noch folgenden Fall anführen, der scheinbar beweist, daß das Begasen während der Blüte nicht zuträglich ist:

. . . Wir haben englische Pelargonien bis zur Blüte, d. h. bis zum Knospenansatz begast, und zwar mit sehr gutem Erfolg, dann wurde das Begasen eingestellt. Als ich nun an einem Tage verreist war und die Pelargonien in wunderschönster Blüte standen, wollte mein jüngster Bruder die Sache ganz gut machen und hat mir die blühenden Pelargonien begast. Als ich anderen Tags das Haus betrat, war mein Schrecken groß, denn keine einzige Blüte war mehr an den Pelargonien, alle waren durch das Gasen abgefallen. Demnach können Pelargonien mit gutem Erfolge begast werden bis zur Knospenbildung, dann aber muß man den OCO weglassen . . . (162).

Ich glaube, dieser sehr wertgeschätzte Praktiker hat mit dieser ausgesprochenen Schlußweise die Sache doch nicht vollständig geklärt. Ich füge eine Äußerung eines anderen Praktikers hier an:

. . . Ich kann auch weiterhin die Erdbeeren deshalb nicht begasen, weil sie in der Blüte stehen und soviel als möglich Luft haben müssen (160),

weil hier die Lösung des ganzen Problemes, ob man während der Blüte begasen soll oder nicht, enthalten ist.

Im I. Teil, Abschnitt a) setzten wir auseinander, wie Dr. H. Fischer bzw. verschiedene andere Forscher, die sich mit der betreffenden Frage befaßten, hervorhoben, daß ja die Blüte gewissermaßen, da sie meist ohne Blattgrün, als Drohne der Pflanzen nicht Kohlenstoff bzw. Kohlensäure wirbt, sondern verhältnismäßig stark Kohlenhydrate und Zuckerstoffe verbraucht und dabei Kohlensäure ausatmet. Der Veratmungsstoffwechsel kann in manchen Blütenkronen so stark sein, daß deren Temperatur, wie bei einem Menschen im Fieber, sich stark erhöht, und — was ja bei Pflanzen etwas ganz ungewöhnliches ist —

---

[1]) Der Bl. und Pfl. Bau, 41 Jahrg. 1926, S. 103.
[2]) Verb.-Ztg. Dtsch. Blumengesch.-Inh. 1926, S. 159.

leicht meßbar um einige Grade höher liegt wie die der Umgebung. Wenn es aber im Zustande des Blühens aus irgendwelchen Gründen für die Pflanze erforderlich ist, einen starken Stoffwechsel zu haben, und deshalb von der Blütenkrone her verhältnismäßg viel Kohlensäure loszuwerden, dann wird man ihr nicht unnötige Schwierigkeiten dadurch bereiten dürfen, daß man die Umluft lange und ungebührlich stark mit Kohlensäure angereichert läßt. Man wird sicherlich — das zeigen die Beobachtungen bei Cyclamen, Primeln und Gurken — auch während der Blüte so begasen dürfen, wie es den Vorschriften zum OCO-Verfahren entspricht, d. h. mit kurzen, nicht zu starken Gasstößen. Hat man aber erst das Begasen schon einige Tage vor der Blüte ganz abgebrochen, dann wird man es während der Blüte nur mit einer gewissen Vorsicht wieder aufnehmen, und zwar mit Erfolg, wie die obigen Beispiele zeigen, und auch mit Grund, wie ich im folgenden noch kurz auseinandersetzen will:

Wenn die Blüten sich erst entfaltet haben, bestehen gegensätzliche Bestrebungen zwischen dem Daseinswillen der grünen Blätter und der Blüte. Die letztere zehrt nur, und zwar verzehrt sie meist sehr reichlich Reservestoffe aus der Pflanze, und will das Abbauprodukt, die Kohlensäure, ausatmen können. Für das grüne Blatt und die Erhaltung der gesamten Pflanze wäre es gerade in dieser Zeit von höchster Wichtigkeit, mit doppelten Kräften neue Vorratsstoffe sich zu erarbeiten, also recht viel Kohlensäure unter Wirkung guten Lichtes zu verschaffen. Dem grünen Blatte wäre es also wohl sehr bekömmlich, wenn die Häuser geschlossen bleiben könnten, damit die Kohlensäure, welche die Blüten gewissermaßen vergeuden, in der Luft bliebe und von den Blättern aufgesaugt würde. Aber die Blüte braucht Luft, und zwar gar nicht, wie man das bisher vielleicht gelegentlich angenommen hat, weil sie sonst Mangel an Sauerstoff erleidet, nein, sie braucht Luft vielleicht eher in dem Sinne von: Raum, in den hinein sie ihre Kohlensäure leicht abgeben kann. Der Ausgleich der gegensätzlichen Bestrebungen findet sich am besten dadurch, daß man daran denkt, daß sowieso im der Laufe Nacht der Kohlensäuregehalt in den erdnächsten Luftschichten, namentlich aber in Gewächshäusern und Glaskästen beträchtlich ansteigt und daß die Blüten natürlicherweise im Laufe der Nacht sich mehr zusammenfalten, also wohl auch weniger stark atmen. Wenn man deshalb in den Übergangsstunden zwischen Nacht und Tag und von Tag zu Nacht, also bald nach Sonnenaufgang und kurz vor Abend den Blättern durch eine kurze sinngemäße Begasung Gelegenheit gibt, während 1—2 Stunden nochmals besonders kräftig zu assimilieren, dann wird dies den Blüten keinesfalls abträglich sein.

Ich habe folgenden Versuch gemacht: Ich habe je 3 Pflanzen, blühende Hortensien, Pelargonien und Fuchsien, alle in Töpfen, in 2 Häuser mit Schnittgrün aufgestellt, von denen das eine täglich einmal begast wurde. Beide Häuser sind nicht oder nur ganz schwach gelüftet worden. Nach 14 tägiger Beobachtungszeit hat sich an den Blüten in keiner Weise ein Unterschied gezeigt. Bei den Pelargonien sind in beiden Häusern etwa nach dem 4. und 5. Tage eine größere Anzahl von Blütenblättern, teils feuchtfleckig, teils gelblich geworden und neigten leicht zum Abfallen. Da sich also diese Erscheinungen sowohl im nichtbegasten als auch im begasten Hause zeigten, und die Art, wie sie in der geschilderten Weise an den Pelargonienblättern auftrat, ergibt, daß die obigen Ausführungen zu Recht bestehen. Es ist nicht das Begasen, was blühenden Pflanzen gelegentlich abträglich sein kann, sondern es ist das Unterbringen oder längere Verweilenlassen in einem geschlossenen, abends zur Feuchte neigenden Raume, was empfindliche Blütenblätter schädigt.

Gibt das Beobachtungsmaterial an Blüten Anlaß, Gründe zu finden und hervortreten zu lassen, warum es so ersprießlich war, an Stelle der bei den ersten Versuchen in Kewgarden geübten Dauerbegasung die stoßweise einzuführen, so liefert auch der Gegenpol der Blüte, nämlich die Wurzel bzw. deren Lebensgewohnheiten weitere Gründe dafür. Ganz bezeichnenderweise sind hinsichtlich der Wurzeln bei Verwendung des OCO-Verfahrens noch nicht ein einziges Mal Mitteilungen über Schädigungen vorgekommen. Wie aus den Ausführungen S. 29 ff. ersichtlich, sind nun die Wurzeln ebenfalls Pflanzenteile, welche normalerweise Kohlensäure nicht aufnehmen, sondern abgeben. Werden sie daran und namentlich lange gehindert, so wird dies wohl eine Schwächung für sie bedeuten. So wird es deshalb erklärlich, wenn von der Gärtnerischen Versuchsstation Cheshunt in ihrem 9. und 10. Jahresbericht 1923/24 die Angabe gemacht wird, daß eine Schädigung der begasten Gurken an ihren Wurzeln durch den Pilz *Colletotrichum tabificum* mit zunehmender Begasung deutlich auftrat, und daß, wie der Leiter dieser Station mir mitteilte, die Zahl der von Krankheit befallenen Wurzeln im folgenden Falle ganz erstaunlich war: nämlich dort, wo die Kohlensäure in die Gewächshäuser vermittels direkt auf der Erde aufliegender Rohrleitungen eingeführt wurde, wobei diese Röhren unmittelbar in einer Lage von Stallmist gewissermaßen eingebettet waren. In diesem Hause wurde zudem vom Auspflanzen an, und zwar mit 0,6% zusätzlich und täglich begast. Es ist auch bei der Wurzel eigentlich nicht der Sauerstoff der Luft das wesentlichste, das man zu ihr bringt, wenn man z. B. hackt, sondern es ist die Erleichterung, welche man ihrem Ausatmungsvorgange bietet. Also schließlich genau, so wie in einer schlecht gelüfteten Stube viel weniger Mangel an Sauerstoff angenommen werden kann, wie ein Überschuß von Kohlensäure das Schädliche ist, da sie in den Lungengefäßen dem venösen Blute es erschwert, Kohlensäure abzuspalten. Das Fehlen jeglicher Mitteilung über ähnliche Schädigungen des Wurzelwachstumes bei sachgemäßer OCO-Begasung, also bei einem kurzdauernden, stoßweisen Begasen von oben durch die Luft beweist, daß diese Art von Kohlensäurezufuhr die normale Entfaltung des Lebens der Wurzeln nicht ungünstig beeinflußt, ja, daß sogar günstig auf die Wurzel wirkt, ist aus den Ausführungen über die Bewurzelung von Stecklingen usw. auf S. 108 zu entnehmen.

Da das Düngen mit Kohlensäure heute nicht mehr als eine Reizmaßnahme gegen die Pflanzen, sondern als eine bessere Fürsorge für die Zufuhr des wichtigsten Aufbaustoffes der Pflanzen angesehen wird, so folgt natürlicherweise auf einen früheren Blütenansatz, wenn sonst alles stimmt, auch ein früheres Fruchten. Hierzu äußern sich folgende Stimmen, die sich natürlich in der Hauptsache auf mehr gemüseartige Pflanzen beziehen. Es ist aber unstreitig, auch für Gewächshausfrüchte, wie Weintrauben, Pfirsiche, Erdbeeren, insofern anderweitige Beobachtungen hinzugezogen werden, durch das Begasen eine rasche Ernte von Früchten zu erwarten.

Scharf äußert sich Löbner:

... Einwandfrei die raschere Entwicklung der kohlensäurebegasten Abteilung, die in den ersten 14 Tagen der Ernte den doppelten Ertrag brachte ... (6).

... Die begasten (Gurken) trugen 14 Tage früher, ergaben den doppelten Ertrag (5).

... Die Gurken kommen 14 Tage früher, haben besseren Ansatz, bringen 25% Mehrertrag und sind durchaus gesund (24).

... Durchschlagend war mein Erfolg in der Salat- und Gurkentreiberei (58).

... Wirkt günstig auf ... und Früchte (36).

... Obergarteninspektor Alfred Wiese, Erfurt, schreibt in der Gartenwelt 1925, S. 606: ... „erfolgte auch der Blüten- und Fruchtansatz im begasten Hause schneller und reicher. Es kann wohl gesagt werden, daß wenigstens 2—3 Wochen früher mit der Ernte im begasten Hause begonnen werden konnte. Das Ergebnis kann dahin festgestellt werden, daß durch vermehrte Kohlensäurezufuhr rund ein Drittel mehr an Früchten erzielt wurde als bei gewöhnlicher Behandlung " (a).

... Vor allem: 4 Wochen früher trat die Ernte ein[1]).

... Gurken entwickelten große gesunde Blätter, tragen sehr bald und bringen eine Fülle gesunder schwerer Früchte (152).

... In der mit OCO begasten Gurkenkultur haben wir große Erfolge zu verzeichnen. Der Ertrag war früher und reichlicher (34).

Es sind, wie schon oben erwähnt, naturgemäß hauptsächlich Gemüsepflanzen wie Gurken, die von der Verfrühung besonderen Vorteil liefern, aber auch Blumenkohl, obzwar keine eigentliche Frucht, ergibt das Gleiche:

... Er (Blumenkohl) konnte 14 Tage früher geerntet werden und hat wegen seiner weißen Farbe immer die höchsten Preise an der Börse erzielt (87).

Und schließlich:

... Im Weinhaus bessere Ausbildung und frühere Reife der Trauben. In diesem Jahre begase ich auch die Ananas ... (133).

Das kräftige Grün, die vermehrte Chlorophylltätigkeit, der dadurch bedingte raschere Stoffumsatz, was sich alles schließlich in einer verfrühten Blüte und Frucht äußert, hat auch noch die weitere Folge, daß die begasten Pflanzen gegenüber bakteriellen und schmarotzerhaften Schädlingen widerstandsfähiger sind. Namentlich in dem zarten Jugendstadium wirkt die Begasung gegenüber Vermehrungspilz und Fäulnis ausgezeichnet, wie folgende Äußerungen darstellen:

... In dem nichtbegasten Hause war ein sehr großer Teil aller Stecklinge mehr oder weniger befallen. Der Blattbestand war gegen unten hin wenig dicht, da eine große Anzahl der ersten Blätter abgestorben war (10).

... Kein Ausfall an Pflanzen (Stecklinge) (A).

... Die Sämlinge von Cyclamen überwanden Wachstumsstörungen sehr gut (A).

... Die sehr leicht eintretende Fäulnis bei zu engem Zusammenstehen der Pflanzen blieb gänzlich aus (117).

... Die Stecklinge zeigten einen kräftigeren Wuchs und der sonst alle Jahre aufgetretene Vermehrungspilz hat sich im vorigen Jahr während der Begasung bedeutend weniger gezeigt (63).

---

[1]) Bei Gurken: Gärtn. Rundsch. 1925/26, H. 12.

... Begoniensämlinge zeigten gutes Wachstum und blieben solange begast, vom Pilz frei (129).

... Im Gegenteil, als meine Begonien faulen wollten, begaste ich sofort morgens um 10 Uhr und mittags um 5 Uhr bei jeder Witterung und die Begonien dachten an kein Verfaulen mehr.

... Verlust durch Schwarzbeinigkeit gleich Null (58).

... Außer schnellerem Wachstum ist mir bei den Gemüsepflanzen (Kohl) aufgefallen, daß dieselben vollkommen pilzfrei blieben. In der Regel faulen die jungen Pflanzen eben oberhalb der Erde, wenn dieselben längere Zeit unverpflanzt stehen. Es ist dies ein Fadenpilz, der die Pflanze zwischen Wurzel und Keimblatt abschnürt. Trotzdem die Pflanzen ziemlich lange standen, wurden sie vom genannten Pilz nicht befallen (161c).

... Gurken entwickeln große gesunde Blätter (152).

... Rosen hatten besonders schöne gesunde Blätter (146).

Traubenschimmel (Botrytis cinerea) und Vermehrungspilz (Moniliopsis Alderholdi), die gemeinsam an Cyclamensämlingen stark schädigten, sind versuchsweise vorsichtig mit dem Kohlensäuredüngungsverfahren nach Dr. Reinau begast worden. Dies zeigte „unerwartet gute Erfolge“. Selbst nach sonstigen Erfahrungen hoffnungslose Bestände wurden gerettet und weitere Versuche und Beobachtungen haben die Bekämpfungsmöglichkeit dieser Pilze durch Kohlensäuredüngung bestätigt. (Gart.-Insp. Landgraf, Gartenwelt 1926, S. 360.)

Aber auch, wie schon gesagt, die bessere Wehrfähigkeit gegenüber größeren Schädlingen ist ebenfalls wiederholt von den Praktikern, die mit OCO arbeiten, berichtet:

... auch habe ich die Beobachtung gemacht, daß in den Gewächshäusern, wo der OCO regelmäßig aufgestellt wird, das Ungeziefer nicht aufkommt (30).

... Schmarotzer kommen dabei überhaupt nicht auf (50).

... Durch das Mehrvorhandensein der Kohlensäure das Ungeziefer von den Pflanzen ferngehalten. Besonders trifft dies bei den Blattläusen zu. Im Laufe dieses Winters habe ich erst zweimal vorbeugend geräuchert, und doch keine Blattläuse in meinen Kulturen (58).

... Die Pflanzen unterlagen weniger dem Befall von Läusen (102).

... Kräftigen Wuchs, blieben rein von Ungeziefer, der Ertrag war gut und befriedigend (115).

... Daß die Pflanzen weniger rasch Ungeziefer bekamen.

Sehr interessant ist noch folgende Mitteilung, die allerdings mündlich geschah.

... Daß nämlich Rexbegonien, die einige Wochen begast waren, aus gärtnerischen Gründen in einen kalten Kasten verbracht, nun sehr stark von Trips befallen wurden (33).

... In denen der OCO regelmäßig aufgestellt wird, das Ungeziefer nicht aufkommt (14).

... Auch hatte ich weniger unter Ungeziefer zu leiden (Gloxinien, Cinerarien, Cyclamen, Sämlinge und Stecklinge) (144).

Die schließliche Folge davon, daß die Pflanzen kräftig durch die Jugend hindurchkommen und auch gegen Schmarotzer besser gefeit sind, ist, daß durch die Begasung ganz auffallend gesunde Pflanzenbestände erzielt werden. Von den sämtlichen 161 vorliegenden Äußerungen enthalten 34 ausdrückliche Angaben und Bemerkungen über den Gesundheitszustand der Pflanzen, und davon sind nur 2, die sogleich behandelt werden sollen, negativer Art. 20% sämtlicher Beobachter ist somit der bessere Gesundheitszustand der begasten Pflanzen besonders aufgefallen. Was die beiden negativen Äußerungen anbelangt, so lautet die eine:

... bei Tomaten sind dieselben sehr stark von Pilz befallen, was wohl auf das durch das Begasen zu späte Lüften zurückzuführen ist (79).

... Daß es sehr vorteilhaft ist, sich einen solchen Apparat anzuschaffen, jedoch soll man bei trübem Wetter etwas vorsichtig zu Werke gehen, namentlich wenn Farne und Asparagus dicht stehen, da dann leicht Fäulnis eintritt, also bei trübem Wetter lieber unterlassen (62).

Diese letzte Äußerung widerspricht zwar einer früher wiedergegebenen (38), wo gerade — allerdings mit Rücksicht auf Sommerwetter — das Begasen als Schutz gegen Faulen bei zu dichtem Stande angeführt wurde.

Die übrigen 32 wiederholen immer wieder Ausdrücke, wie:

... Gesunde Pflanzen, durchaus gesund, kraftstrotzend, könnte nicht besser gedeihen (50), Wachstum besser, widerstandsfähiger, zeigten keine Krankheiten, üppigeres Wachstum, viel gesunderes Wachstum, widerstandsfähiger gegen Krankheiten (115, 109, 102, 97, 81, 80, 79, 68, 62, 58, 55, 50, 38, 34, 30, 24, 14, N, a).

Ja, es scheint sogar, als ob die Begasung in gewissen Fällen als ein Mittel gegen den Tod anzusehen ist. In dieser Beziehung liegen folgende Äußerungen vor, und zwar 2 hinsichtlich von Gurkenpflanzen:

... Gelbwerden oder Absterben des Ansatzes wurde durch Begasen verhindert (65).

... Der Ansatz der jungen Früchte ist ein guter. Auch sterben dieselben nicht so massenhaft ab, als es vor dem Begasen war (89).

Ein ganz besonders wertvoller Erfolg war aber der:

... Der erste Erfolg war die Gesundung von ca. 15 wertvollen, im Absterben befindlichen Orchideenpflanzen (21).

Auch die ganzen Kulturen halten unter Begasung länger vor, wie die folgende Äußerung ergibt:

... waren widerstandsfähiger als die nicht begasten, so daß sie bei gleicher Behandlung 3 Wochen länger aushielten (5) (Gurken).

So habe ich auf vorstehenden Seiten gewissermaßen in großen Zügen das Dasein aller Pflanzen unter dem Einflusse der Begasung abgespielt, und es wird durch die so gesammelten zahlreichen Erfahrungen schon wesentlich erleichtert, in dem einen oder anderen neuen Falle, wie ihn das werktätige Leben ja immer bringt, leichter sich selbst weiter zu helfen. Um dies noch besser zu ermöglichen, ist, wie schon oben angedeutet, das Erfahrungsmaterial der Praktiker mit der OCO-Begasung unter Glas in dem folgenden Kapitel nun auch noch so bearbeitet, daß man bei jeder Pflanze das einschlägige Beobachtungsmaterial beisammenfindet.

Erfahrungen mit OCO bei den einzelnen Gewächshauspflanzen.

Es liegen Erfahrungen über recht viele verschiedene Pflanzen, die bei uns üblicherweise gebaut werden, vor. Für manche Arten sind nur eine oder zwei Angaben mitgeteilt, für andere wieder liegen zahlreiche Äußerungen vor. Man kann schwer sagen, ob die größere Zahl von Äußerungen über die eine oder andere Pflanzenart daher rührt, daß es sich eben um Ware handelt, die zur Zeit bei uns Mode ist und einen großen Markt hat und daher auch viel gebaut wird. — Oder ob sich bereits durch die Zahl der Äußerungen über die oder jene Pflanze ein Ausscheidungsvorgang dahin bemerkbar macht, welche Arten oder Kulturen für OCO-Düngung besonders in Frage kommen. Es mag außerdem der Umstand hereinspielen, daß keiner gerne erste Versuche unternimmt, und so das Verfahren zunächst auf solche Pflanzen angewendet wurde, die es nach den ersten nun schon bald 13—15 Jahre zurückliegenden Versuchen mit Kohlensäuredüngung — also Blattpflanzen, Gurken und Tomaten — am wahrscheinlichsten machten, daß sie Erfolge bringen. Ferner mag auch das gefühlsmäßige Moment eine Rolle spielen, daß die Kohlensäure als Luftnährstoff, der durch die Blätter eingeht, auch hauptsächlich auf die Blätter wirke, daß die größte Zahl von Äußerungen auf Grünpflanzen entfällt bzw. auf Pflanzen, die verhältnismäßig viel Blattmasse erzeugen.

Wenn man nun gemäß der Anzahl der vorliegenden Äußerungen die Pflanzen ordnet, über die Angaben vorliegen, so erhält man folgende Aufstellung:

Tabelle 16.

1. Gurken 63		10. Primeln 9	
2. Schnittgrün 28		11. Lorraine-Begonien . . . 8	
3. Hortensien 27		12. Nelken 6	
4. Begonien 21		13. Cinerarien 6	
5. Cyclamen 18		14. Orchideen 6	
6. Tomaten 17		15. Rosen 6	
7. Farne 14		16. Gloxynien 5	
8. Geranien 10		17. Palmen 5	
9. Chrysanthemum 9		18. Dahlien 5	

Je 4mal sind genannt:	Blumenkohl Bohnen	Coleus Poinsetien	Weinstock
Je 3mal sind genannt:	Fuchsien	Erdbeeren	
Je 2mal sind genannt:	Ageratum Lobelien	Hyazinthe Petunie	Pteres Salat
Je 1mal sind genannt:	Aconit Amaryllis Ananas Aspedistra Azaleen	Zitrone Flox Heliotrop Kürbis Kamelie Melonen	Moose Myrthe Pfefferminze Salvien Tulpe

Es liegen also über 47 verschiedene der üblichsten Gewächshauspflanzen bereits praktische Erfahrungen mit der OCO-Behandlung vor.

Ich werde nun im folgenden die Pflanzen nicht in der eben angeführten Reihenfolge, sondern so behandeln, wie sie bei uns im Laufe des Jahres nach Neujahr beginnend im allgemeinen unter Kultur kommen dürften. Es wird damit gewissermaßen gleichzeitig auch ein nach den einzelnen Jahreszeiten geordneter Begasungskalender mittels OCO gegeben. Der besseren Übersichtlichkeit wegen folgen zunächst die Gruppierungen für die einzelnen Vierteljahre:

Tabelle 17.
Winter (Januar, Februar, März):

Azaleen	Chrysanthemum	Frühgemüse
Hyazinthen	Ageratum	Gurken
Tulpen	Hortensien	Blumenkohl
Salat	Cinerarien	Bohnen
Dahlienstecklinge	Geranien	Erdbeeren
	Kamelie	

Frühling (April, Mai, Juni):

Rosen	Petunien	Heliotrop
Weinstock	Melonen	Salvien
Tomaten	Kürbis	Lobelien
	Pfefferminze	

Sommer (Juli, August, September):

Fuchsien	Palmen	Moose
Gloxynien	Zitronen	Flox
Myrthe	Coleus	Aconit
Ananas	Amaryllis	

Herbst (Oktober, November, Dezember):

Orchideen	Schnittgrün (Asp.)	Primeln
Aspidistra	Cyclamen	Nelken
Pteres	Begonien	Poinsetien
Farne	Lorraine-Begonien	

Wir gehen nun entsprechend diesem Kalender und der angeführten Reihenfolge die einzelnen Pflanzen durch.

Insofern von der einen oder anderen mehr wissenschaftliche Begasungsversuche in der Literatur schon vorliegen, wird je nachdem kurz hierauf eingegangen. Dabei werden nur jeweils die Anfangsbuchstaben der betreffenden Versuchsansteller in Klammer beigefügt. Es handelt sich im wesentlichen um folgende, die umfangreiche Versuche gemacht haben:

Demoussy-Paris. . . . . (De.)	Brown u. Escombe-Kewgarden (B. E.)
Dr. Hugo Fischer-Berlin . . . . (Fi.)	Klein u. Reinau-Berlin. . . . (Kl.)
Kisselew-Moskau . . . . (Ki.)	Löbner . . . . (Lö.)

Dr. Fr. Riedel-Essen. . . . . . (Ri.)

Insofern die folgende Darstellung sich noch sonst auf andere Literatur also nicht auf OCO-Erfahrung stützt, wird das Zeichen (Lit.) beigefügt. Insgesamt ist bei Erwähnung all der oben genannten Namen in der folgenden Darstellung immer zu berücksichtigen, daß nur Klein und Reinau und Dr. Riedel unter den wirklich in der Praxis vorliegenden Umständen und Bedingungen des erwerbsmäßigen Gewächshausbetriebes gearbeitet haben. Bei allen anderen Forschern handelt es sich um mehr physiologisch-botanische Studien, bei denen die Pflanzen fast immer unter irgendwie extremen Umständen gewachsen sind.

Azaleen: Über den Begasungserfolg ähnlicher Pflanzen liegt lediglich etwas über Rhododendron vor (Lö.). Die Erfahrung mit OCO lauten:

... daß die Pflanzen mindestens um ein Drittel an Größe und Stärke den unbegasten überlegen waren (117).

... Die Azaleenveredlung zeigte unter OCO-Begasung einen auffallenden Vorsprung gegenüber den unbegasten Kontrollkulturen, sowohl im äußeren Wuchse als auch in der Bewurzelung[1]).

Hyazinthe: Es ist selbstverständlich, daß man das Begasen der Hyazinthen nicht eher einsetzt, als bis die Blätter gut entwickelt sind, denn in der Anfangszeit entwickelt sich ja die Pflanze hauptsächlich mit den Vorratsstoffen der Zwiebel.

... Sehr gute Dienste leistet das Begasen, wenn man etwas zur bestimmten Zeit zur Blüte bringen will, z. B. Tulpen und Hyazinthen (113).

---

[1]) Sächs. Gärtnerblatt 1926, S. 408. M. Ziegenbalg.

... Ein Satz Hyazinthen war mir sitzen geblieben, d. h. die Blätter sehr groß und die Blüte tief in den Blättern sitzend. Ich begaste etwa 14 Tage und der ganze Satz wurde noch verkäuflich (38c).

Tulpen: Hier gilt das nämliche wie von den Hyazinthen. Die einzige praktische Erfahrung, die vorliegt, ist die eben angeführte:

... Wenn man etwas zur bestimmten Zeit zur Blüte bringen will, z. B. Tulpen (113).

Salat: Mit Lattichpflanzen ist verschiedentlich gearbeitet worden und man hat bedeutende Wachstumssteigerung um mehr wie das doppelte (De.) und Kräftigung der Pflanzen (Fi.) beobachtet. Es ist natürlich nötig, daß, wenn man begast, auch entsprechende Temperatur im Raume vorhanden ist, denn zwischen 4—10° kann im allgemeinen eine erhöhte Kohlensäuregabe nicht zur Wirkung kommen. Es hat sich dies bei einem der allerersten Probeversuche mit OCO gezeigt. Dort war allerdings auch in einem Hause von riesenhaftem Ausmaße mit den Mengen OCO-Tabletten begast worden, wie sie für 2 m hohe Häuser angegeben wird. Es ist ferner bei Begasen von Treibsalat zu berücksichtigen, daß er meist nur etwa 4—5 Wochen im Hause wächst, in ziemlich kompostreicher Erde ausgepflanzt wird, die ja sehr viel Kohlensäure abgibt, und daß er seine Blätter meist sehr dicht über den Boden ausbreitet. Er wird also wohl nur unter ganz besonderen Umständen ein geeignetes Objekt sein, um die Begasung daran zu erproben.

Ohne nähere Einzelheiten berichtet ein Gärtner, daß er auch Salat begast habe (58) und bei allen Pflanzen eine schnelle Entwicklung feststellte.

... Konnte ich an ... Treibsalat ein ausnahmsweise starkes Wachstum feststellen, der begaste Salat hat viel größere Blätter wie der nichtbegaste (157).

Was die beiden nun folgenden Pflanzen Dahlien und Chrysanthemen anbelangt, so beziehen sich die Erfahrungen damit nicht auf die großen ausgewachsenen Pflanzen, sondern hauptsächlich auf Stecklinge bzw. Jungpflanzen, und es sei deshalb hier auf die Ausführung im allgemeinen Teil über Stecklinge (S. 107) hingewiesen. Recht ausführlich hat Reese (10) hierüber geschrieben:

Dahlien:

„Im Jahre darauf haben wir unter anderem auch bei der Vermehrung unserer Dahlien recht erfreuliche Erfolge mit der OCO-Düngung gehabt. Wir begasten den Raum, in welchem die Knollen angetrieben und wo die Stecklinge gesteckt wurden. Auffallend war, daß die Bewurzelung viel früher einsetzte, als es sonst bei Dahlien der Fall ist, und daß die Stecklingsbeete schon nach wenigen Tagen ein lebhaft gesundes Grün zeigten, dazu äußerste Straffheit“ (10).

... Ich habe mit dem OCO-Apparat gute Erfahrungen gemacht in Vermehrungskulturen. Da ich keine Vergleichskulturen habe, läßt sich ein Erfolg nicht zahlenmäßig feststellen (93). Derselbe hat sich ausgedrückt .... Die Bewurzelung von Dahlienstecklingen war doppelt so schnell wie unbegast (40).

... Die Dahlien im begasten Haus bewurzelten sich in 4—6 Tagen frisch und zeigten kräftiges dunkelgrünes Laub (65).

Chrysanthemum:

Löbner schreibt im IX. Bericht der Gärtn. Versuchs-Anstalt der Landwirtschaftskammer für die Rheinprovinz: Stecklinge hatten sich früher und besser bewurzelt (6c).

Reese schreibt: ... In dem nicht begasten Hause war ein sehr großer Teil aller Stecklinge mehr oder weniger befallen. Der Blattbestand war gegen unten hin wenig dicht, da eine große Anzahl der ersten Blätter abgestorben war. Namentlich fanden sich aber ohne Kohlensäuredüngung nirgends so große und entwickelte Blätter wie in dem gedüngten Raume. Hier sind die Pflanzen bis zu etwa anderthalbfacher Größe entwickelt, kräftig grün und gesund in allen Blättern, von denen kaum eines in Verlust geraten war. Die Bewurzelung war ebenso viel stärker, kurzum, die Pflänzchen sind durchaus gesünder und stärker gewesen wie die aus dem nichtbegasten Raume (10) (vgl. Abb. 11 u. 12, S. 33 u. 34).

Browarsky schreibt: ... Nach 5 Tagen schon war der Einfluß der Begasung zu merken; nach weiteren 6 Tagen konnte dieser Satz herausgenommen und zum Teil eingetopft, zum Teil in Beete ausgepflanzt werden. Also 11 Tage im ganzen, während der unbegaste Satz 17 Tage stehen mußte. Sobald bei dem Steckling etwas Callus vorhanden war, beginnt der Einfluß der Begasung auf das Wachstum wirksam zu werden. Vor der Callusbildung konnte ich nichts bemerken (d).

... Nicht möglich, die Verpflanzung meiner Chrysanthemen vorzunehmen. Meine Freude war aber groß, wie die Pflanzen trotz dichten Standes durchaus nicht geil geworden waren (18).

... Bei Jungpflanzen wird ein schnelleres Wachstum, gutes Gedeihen und saftiges Grün erzielt (81).

... Bei Chrysanthemum im Herbst konnte ich jedoch keinen Erfolg sehen, was ich aber dem naßkalten Wetter zuschreibe und weil ich keine künstliche Wärme in dem begasten Hause erzeugen konnte (126).

Demgegenüber:

... Bin sehr zufrieden, so daß ich diese Düngung nicht mehr missen will (150).

... Das Wachstum wird sehr gefördert, das Verfahren hat sich sehr bewährt und wird ständig angewendet (158).

Es handelt sich in diesen beiden Fällen um ältere Pflanzen. Bei Chrysanthemumvermehrungspflanzen in kleineren Kästen ist durch Begasung mit OCO-La ... schnelleres Wachstum aufgefallen (161c).

Ageratum: Die OCO-Erfahrungen hiermit sind an dieser Stelle eingeordnet, weil es sich auch da mehr um die Begasung junger Pflanzen handelt:

... Die Bewurzelung vollzog sich wesentlich schneller, die Stecklinge ... kräftiger. Fäulnis verhütet ... weniger befallen von Läusen ... Vermehrungsbeete mehr ausnützen (102).

... Topfpflanzen von Ageratum einmal täglich bei jedem Wetter begast waren in Blüte und Blättern überraschend gut (116).

Hortensien: Von früher her lagen hier gar keine Erfahrungen vor. Erst durch OCO ist das wichtige Gebiet der Treiberei dieser so sehr geschätzten, großblumigen Modepflanze vermittels Kohlensäure als Neuheit aufgetreten. Unter den 27 vorliegenden Äußerungen ist nur eine einzige, derzufolge das Begasen (135) bei den Hortensien keine Wirkung gehabt hat. Es finden sich sodann noch 2 mit scheinbaren Mißerfolgen, und zwar handelt es sich in dem einen Falle um denjenigen, welchen wir weiter oben bei der Zusammenstellung über den Einfluß des Begasens auf das Blattgrün schon ausführlich (S. 109) behandelten. Hier waren während der Begasungszeit die Hortensienblätter auffallend vergilbt, aber bei genauerer Untersuchung gab der Betreffende folgendes zu:

... Habe ich abgelauscht, daß neben einer Kohlensäuredüngung auch eine immerwährende Stickstoffdüngung durch Gießwasser oder Erde vor sich gehen muß, — und das muß ich zugeben und daran wird es auch liegen, daß die Hortensien gelb wurden, denn letzteres habe ich in diesem Jahre bei OCO gänzlich unterlassen (96b).

Der andere hat ebenfalls etwas voreilig den OCO zum Prügelknaben gemacht, als er schrieb:

... Habe schlechte Erfahrungen gemacht, Pflanzen sehen zum Teil wie verbrannt aus, wahrscheinlich zu starke Dosis gegeben, habe danach eingestellt und werde jetzt bei anderen Kulturen Versuche machen und vorher das Haus genau ausmessen (159).

Da er, wie man sieht, aber doch nicht ganz sicher war, ist der Fall in Gegenwart von Zeugen untersucht worden, und es konnte sich einwandsfrei nachweisen lassen, daß die Schädigung, welche mit dem Ausdruck „verbrannt“ bezeichnet war, eine eng umschriebene Fleckenbildung (wahrscheinlich auf Bakterienansteckung zurückzuführen) war. Dieselbe trat nur an einer ganz bestimmten, der verschiedenen in vier getrennten Häusern, aber jeweils gemischt stehend, untergebrachten Sorte auf. Diese Flecken fanden sich auch in 2 Häusern, die etwa 20 m weit völlig getrennt von dem begasten Hause standen.

Abb. 23. H o r t e n s i e n verschieden behandelt, je 3 Töpfe aus je einem Hause: Links, unbegast, Blüten noch grün, Blätter klein; M i t t e , mit OCO begast, Blüte 14 Tage besser entfaltet, Blätter fast doppelt so groß; rechts, mit nicht so sorgfältig gereinigter CO_2 begast, Blüte mindestens um 8 Tage zurück, Blätter kleiner.

Einen sehr bemerkenswerten Beitrag dafür, daß es nicht allein auf das Begasen, sondern auf ein richtiges Begasen, unterbrochen durch sinngemäßes Lüften, ankommt, bietet folgende Beobachtung bei Hortensien:

Über einen Gärtner, von dem ich sicher wußte, daß er das OCO-Verfahren nicht benützt, hatte ich von einem Gewährsmanne die Mitteilung bekommen, daß er Hortensien begast hätte, diese seien auch sehr schön zur Blüte gebracht worden. Hinterher, als sie aus dem Hause gekommen seien, wären sie sofort zusammengefallen. Durch Zufall war es mir möglich, diesen Fall raschenstens aufzuklären:

... Bei dieser Gelegenheit zeigte er mir einen alten Kochhafen mit Asche von Holzkohlenbriketts. Er erzählte mir, daß er damit heize und das betr. Haus, das sonst keine Heizung hatte, vor dem Einfrieren schützen könne. Auch zeigte er mir die Briketts. Es waren von den großen viereckigen ... Wie es sich mit den begasten Hortensien verhält, kann man aus dem Vorerwähnten gut schließen: Auf alle Fälle wurden dieselben auch mit diesen großen Briketts begast, also nicht mit OCO. Das betreffende Häuschen, in welchem er seine Hortensien treibt, ist nicht zu lüften, die Hortensien waren also nicht abgehärtet und nicht an Luft gewöhnt und wären ganz natürlich auch ohne Begasung, eben weil sie nie gelüftet waren, nach dem Herausnehmen aus dem Hause zusammengeklappt. Das betreffende Haus ist nicht als Hortensienhaus, sondern als kleine Vermehrung gebaut ... Wenn Hortensien eben nie gelüftet werden, dann klappen sie, wenn sie nachher an die Luft kommen, ob begast oder unbegast, einfach zusammen. Das Zusammenklappen hat demnach mit der Begasung nichts zu tun.

Die in dem Falle verwendete Heiz- bzw. Begasungsvorrichtung gestattet überhaupt kein stoßweises Begasen und verleitet immer dazu, zu wenig zu lüften, trägt also einen gewissen Kern des Mißerfolges immer schon in sich. Daß der Erfolg, in dieser Art zu begasen, auch an sich geringer ist wie nach dem OCO-Verfahren, zeigt die Abb. 23, zu der der betreffende Versuchsanssteller folgendes bemerkt:

... Das Ergebnis meiner neuesten Versuche habe ich photographieren lassen. Ich habe Vergleichskulturen zwischen OCO, Frostschutzbriketts sowie unbegasten Hortensien gemacht. Die Aufnahmen sind sehr gut gelungen und sprechen für sich. Ich hatte für jeden Versuch ein Haus, so daß es sich nicht um einzelne Versuchspflanzen, sondern um je einige Hunderte Pflanzen handelte (161a).

Abb. 24. Hortensien: Die beiden Pflanzen in der Mitte sind mit OCO begast, die rechte ist nicht begast, die linke mittels ungenügend gereinigter Kohle begast ist 8 Tage zurück.

Von den übrigen ist folgendes anzuführen: In allgemeinen Wendungen wie:

... das Verfahren hat sich gut bewährt bei Hortensien (56, 158),

... oder: die Erfahrungen sind durchweg gute (76),

... oder: bin sehr zufrieden äußern sich (91, 114, 127) acht (35, 75, 62).

Mehr ins Einzelne gehen folgende Angaben:

... Im Frühjahr machte ich die Erfahrung, daß Hortensien viel kräftigere Blätter erhielten gegenüber anderen Jahren ... (126).

... Das Blatt zeigt bei allen Pflanzen eine dunklere Färbung. Die Blüten kamen früher und kräftiger zur Entfaltung (63).

... Bei Jungpflanzen schnelleres Wachstum, gutes Gedeihen und saftiges Grün ... (81).

... Bei Hortensien, welche ich beim Antreiben im Januar begaste, war anfänglich wenig zu merken, es mag dies an der niedrigen Temperatur gelegen haben, — später mit Einwirkung der Sonne haben sich die Pflanzen prächtig entwickelt, bei enorm großen Blüten (89).

... Hortensien blühten früher und waren bedeutend kräftiger entwickelt als unbegaste (85).

... Die Blüten der Hortensien kamen einen Monat früher wie sonst (33).

... Bei Hortensien haben wir dieselbe Wahrnehmung (viel gesunderes Wachstum) gemacht, auch wurde die Blütezeit im Frühjahr um etwa 14 Tage vorgeschoben (97).

... Ich habe im Jahre 1924 die Hortensien am 27. Nov. eingeräumt und die ersten blühenden am 18. März 1925 verkaufen können. Im vorigen Jahre habe ich dieselben am 9. Dez. eingeräumt und die ersten blühenden am 27. Febr. verkauft, trotzdem wir so wenig Sonne hatten. Dabei begase ich ein Rohglashaus von 20×5 m täglich nur einmal in den Vormittagsstunden mit 5 OCO-Kohlen (140).

... Die Hortensien sind für Kohlensäurebegasung sehr dankbar. Sie entwickeln sich sehr schnell, haben volles dunkles Laub und die Farben der Blüten sind intensiv (152).

... Die Hortensienpflanzen entwickeln sich ganz großartig. Die Blätter werden dunkelgrün, man merkt von Woche zu Woche, wie sehr die Kohlensäuredüngung den Pflanzen zugute kommt. Ich bin mit dem OCO-Apparat sehr zufrieden und werde ihn gerne weiterempfehlen (142).

... Begast Hortensien. Das Wachstum war im Verhältnis zu unbegasten Häusern immer im Vorteil, auch hatte ich weniger unter Ungeziefer zu leiden, so daß ich jedermann die Kohlensäuredüngung wärmstens empfehlen kann (144).

Cinerarien: Einzelangaben liegen hier unter den 6 Äußerungen nicht vor. Die Begasung ist sowohl auf die Stecklinge wie auch auf die ausgewachsenen Topfpflanzen angewandt worden. Die Erfolge werden als sehr gute, manchmal sogar überraschend (113) bezeichnet:

... Das Blatt wird dunkelgrün (63). Sichere Entwicklung der Blüte (58). Die Pflanzen könnten nicht besser gedeihen (50).

... Das Wachstum wird sehr gefördert (158) ... Das Wachstum war im Verhältnis zu unbegasten Häusern immer im Vorteil. Auch hatte ich weniger unter Ungeziefer zu leiden (144).

Geranien oder Pelargonien: Nach den vorstehenden ausgeführten Erfahrungen über die Bedeutung der OCO-Begasung bei Jungpflanzen von Dahlien, Chrysanthemum, Hortensien und Cinerarien ist es ja ohne weiteres naheliegend, daß auch die krautigen Pelargonien sehr gut auf die Begasung antworten. Es liegen 5 Äußerungen (128, 116, 100, 102, 36) mit mehr allgemeineren Wendungen vor, aus denen hervorgeht, daß sowohl die Bewurzelung und die Entwickelung der Stecklinge als auch das Gedeihen der Topfpflanzen sowie der Ansatz der Blüte günstig beeinflußt wurde.

... ähnliche gute Erfolge erzielt: besonders möchte ich die Pelargonien hervorheben. Es ist eine Freude, wenn man sie mit den unbegasten vergleicht (67).

Daß man auch in Frühbeetkästen mittels OCO-La oder Briketts erfolgreich begasen kann, ergibt folgende Äußerung:

... In den größeren Kästen standen ... Pelargonien ..., hier benutzte ich 3 OCO-La (161c).

„... in den Kasten hineingestellt und siehe da, die Fäulniserscheinungen verschwanden sofort. Die Stecklinge waren trocken und ich behaupte, sie waren dadurch gerettet, denn ohne Briketts wären sie gefault." (Winkler, Gartenwelt 1926, S. 118.)

... Auch machte ich in meinem Betriebe Versuche an verschiedenen Topfpflanzen, wie ... Pelargonium zonale ... Die Wirksamkeit war bei allen Pflanzen deutlich sichtbar. (Möll. dtsch. Gärtner-Ztg. 1925, S. 158.)

Es ist hier nun noch der auf S. 116 eingehender behandelte Fall anzuführen:

... In diesem Jahre haben wir auch den ersten Mißerfolg mit dem Begasen gehabt. Wir haben englische Pelargonien bis zur Blüte, d. h. bis zum Knospenansatz begast, und zwar mit sehr gutem Erfolg, dann wurde das Begasen eingestellt. Als ich nun an einem Tage verreist war und die Pelargonien in wunderschönster Blüte standen, wollte mein jüngster Bruder die Sache ganz gut machen und hat mir die blühenden Pelargonien begast. Als ich anderntags das Haus betrat, war mein Schrecken groß, denn keine einzige Blüte war mehr an den Pelargonien, alle waren durch das Gasen abgefallen. Demnach können Pelargonien mit gutem Erfolg begast werden bis zur Knospenbildung, dann aber muß man den OCO weglassen (162).

Es wird ja in der Tat, wenn man erst die Pflanzen bis zum Aufgehen der Knospen durch Begasen kräftig gefördert hat, nicht mehr so wesentlich sein, sie noch weiter zu treiben, aber, um die Sicherheit bei der Handhabung dieses neuen Kulturmittels zu vergrößern, wären doch weitere Versuche mit vorsichtigem Begasen auch während der Blüte der Pelargonien anzustellen.

Kamelie: Es liegen bisher zwei Mitteilungen vor darüber, daß ein großes Gewächshaus mit Kamelien mit großem Erfolg begast worden ist:

... Das Holz wurde besser, der Knospenansatz war weitaus zahlreicher, die Pflanzen waren gesunder und hatten kein Ungeziefer wie die unbegasten (117).

Abb. 25. Fünfjährige Kamelien in Töpfen: Links 5 Töpfe begast mit kräftigerer Blattbildung und besserem Knospenansatze wie die 5 Pflanzen rechts, die nicht begast waren.

... Zurückgebliebene Kamelien konnten in siebenwöchiger OCO-Begasung zu gesunder dunkelgrüner, großblättriger triebreicher Verkaufsware gemacht werden, während die im unbegasten Hause gebliebenen weiterkümmerten und von Läusen stark befallen waren[1]).

Frühgemüse: Nachdem wir bei den jetzt zuletzt besprochenen Pflanzen in ganz bestimmten Fällen den ausgezeichneten Einfluß der Kohlensäurebegasung auf junge und krautige Pflanzen dargetan, ist es ja fast auf der Hand liegend, daß Frühgemüsepflanzen eine Begasung sicherlich lohnen müssen.

Dabei wird man vom Standpunkte des Erwerbsgärtners auseinander zu halten haben, das Heranziehen von Jungpflanzen, wie z. B. Kohl-, Tomaten-, Gurkenpflanzen zum Verkaufe, und die Kultur des wirklichen Frühgemüses zu Speisezwecken, wie: Blumenkohl, Salat, grüne Bohnen, Gurkenfrüchte und Tomaten.

Selbst in Italien glaubt ein OCO-Benutzer, daß das Verfahren in Treibhäusern und Mistbeeten für Frühgemüse zu empfehlen sei (50). Es muß von dieser Stelle aus hinsichtlich der Besonderheiten der einzelnen

---

[1]) M. Ziegenbalg, Sächs. Gärtnerblatt 1925, S. 408.

Frühgemüsesorten auf die einzelnen schon erwähnten diesbezüglichen Abschnitte verwiesen werden. Nur einiges Allgemeine sei hier erwähnt:

Es muß, sei es beim Begasen, sei es, wenn man Urteile über das Begasen hört, gerade bei diesem Frühgemüse immer scharf folgendes auseinander gehalten werden:

1. ob es sich um Jungpflanzen handelt,
2. ob die Pflanzen in Töpfen oder
3. ausgepflanzt waren.

Die Ansprüche in diesen 3 Fällen sind ganz verschiedene. Hinsichtlich der Jungpflanzen von Gurken z. B. liegt von Dr. Bewley die Beobachtung vor, daß es nicht gut ist, sie früher zu begasen, als bis das 3. Blatt da ist bzw. bis überhaupt die Pflanzen ausgesetzt werden. Bei den Tomaten wiederum scheint gerade im Jungstadium das Begasen der Pflänzchen aussichtsreicher. Auch bei Topfpflanzen von Tomaten sind sehr schöne Erfolge mit Verfrühung der Reife erzielt worden. Bei ausgepflanzten Tomaten gehen heute die Erfahrungen noch etwas auseinander. Bei Blumenkohl wieder reagieren sowohl die Pflänzchen als auch — da es sich ja um die Erzeugung einer frühen Blüte handelt — die Pflanzen ausgezeichnet auf Kohlensäure.

4. Die Lüftungs- und Temperaturverhältnisse ergeben ebenfalls gewisse Verschiedenheiten. Tomaten brauchen viel Luft und halten weniger Hitze aus, Gurken umgekehrt, ebenso Blumenkohlpflanzen, auch die Treibbohnen vertragen ein geschlossenes Haus. In diesen letzteren Fällen kann also gewissermaßen beliebig und zu jeder Zeit begast werden. Bei den Tomaten wird man höchstens in den frühesten Morgenstunden und gegen Spätnachmittag wirtschaftlich begasen können und Erfolge erzielen.

5. Schließlich spielt beim Lüften auch bei der einen oder anderen Pflanze der Insektenbeflug eine Rolle und

6. ist bei der Beurteilung nie zu vergessen, mit was für Boden bzw. Erde in dem betreffenden Hause gearbeitet wird. Wer stark mist-, kompost- oder humushaltige Erde hat, wird immer nicht so viel Vorteil von der OCO-Begasung haben, wie jemand, der darauf angewiesen ist, mehr mineralische oder sandige Erde zu benützen. Denn diese liefert je Stunde und Quadratmeter immer beträchtlich weniger Kohlensäure durch freiwillige Abgabe von ihrer Oberfläche an die Luft des Raumes ab, so daß hier eine Ergänzung durch künstliche Begasung angezeigt ist.

Werden alle diese Punkte berücksichtigt, so wird man in der OCO-Begasung sicher ein einfaches und gut rentierendes Mittel haben, um im Frühgemüsebau einige Wochen Zeit zu gewinnen, den Kohlenverbrauch zu vermindern und gesunde, ansehnliche Erzeugnisse bei besten Preisen zu Markte zu bringen.

Treibgurken: Diese tropische Pflanze, welche kaum einen frischen Luftzug erträgt, ist gewissermaßen vorausbestimmt, für Begasungsversuche das erste Karnickel zu bilden. Wir sehen sie deshalb auch schon in den wissenschaftlichen Versuchsberichten der allerersten Begasungsversuche (B und E, Fi) und auch bei den größeren praktischen Versuchen Dr. Riedels eine Rolle spielen. Lundegårdh gibt einen Mehrertrag von Früchten von 36% an.

Vermittels OCO wird in großem Umfange Gurkenbegasung getrieben. In nicht weniger als 63 Fällen wird in den Antworten darüber geschrieben: Davon können sich 2 noch nicht genügend äußern, 2 weitere

Abb. 26. Treibgurken, die zeitweise zu stark begast waren: Man beachte an den Pflanzen die Abstände zwischen den Blättern einerseits die ersten, dann die 5. bis 9. und wieder die späteren. Zwischen den 5. und 9. sind wegen zu starker Begasung die Pflanzen buschiger (Farmer-Chandler) geworden, weil die Internodien sich verkleinerten.

sind noch im Zweifel über die Rentabilität, 8 verneinen den Erfolg. Einer will einen Mißerfolg gehabt haben. Die übrigen 50, also fünf Sechstel aller, die sich äußern, sind zufrieden bis begeistert, und etwa 8 sprechen von einer Verdoppelung der Erträge durch das Begasen.

Nicht abgeschlossen sind die Erfahrungen bei zweien (60, 63). Von denen, die sich zurückhaltend äußern, folgendes:

9*

1925 für Frühjahrsgurken etwas zu spät begonnen. — Im Herbst Ernten stoßweise, statt laufend gleichmäßig, letzter Ertrag nicht so günstig wie unbegast (52).

... Das Ergebnis der Versuche ist also das, daß Kohlensäuredüngung für Gurken unter Umständen empfehlenswert ist. Der springende Punkt ist hier aber der Kostenpunkt (41).

Was nun die ungünstigen Äußerungen anbelangt, so seien sie hier wiedergegeben:

... Bei Gurken wurde kein Erfolg beobachtet (K. u. O.).

... Die Luft wird beim Begasen zu heiß und zu trocken. Das Verfahren ist kaum geeignet, wenn nicht die Gase auf kaltem Wege zugeführt werden können (R).

... Hat ... genau dieselben Resultate erzielt wie ich, nämlich keine (46).

... Die Gurken brachten falsche Blüten (8).

... In einem kleinen Gurkenhaus auf, mußte ihn aber nach 14 Tagen wieder entfernen, da die Blätter mehr und mehr eine hellgrüne, fast gelbliche Färbung annahmen, ob das von der CO_2-Düngung herrührte, ließ sich nicht sicher feststellen, ich möchte es auch nicht behaupten.

Der folgende Fall ist schon oben, als über das Kohlensparen durch Begasen die Rede war (S. 103 f.) ausführlich besprochen worden. Hier sollte nämlich durch das Begasen ein um 2—3° kälteres Haus auf gleiche Leistung wie ein wärmeres Haus gebracht werden. Dies wurde jedoch nicht erreicht, das unbegaste Haus brachte 800, das begaste 600 Gurkenfrüchte. Trotzdem schreibt der Betreffende:

... Ich glaube ja, daß es wirksam ist und ich werde auch immer begasen, aber ob es wirtschaftlich ist, das glaube ich noch nicht. Bis zum guten Erfolge wird es noch eine Zeit haben (134).

... Ich habe bei Gurken in einem Treibhaus nach Vorschrift begast, aber einen Unterschied habe ich nicht finden können. Bei den Häusern, in denen nicht begast wurde, waren die Pflanzen genau so zeitig und üppig als die, in denen begast wurde (135).

Und was nun schließlich den Fall eines Schadens unter OCO-Düngung bei Gurken anbelangt, so hat der Betreffende (119) sich etwa folgendermaßen geäußert: „Meine Pflanzen sind eines Morgens bei Sonnenschein plötzlich ganz gelb geworden, und die Blätter waren wie verbrannt." Offensichtlich, wie ein späterer Besuch ergab, ist diese unerwartet plötzliche Schädigung aber nicht auf das Begasen mit OCO zurückzuführen, sondern darauf, daß an dem Tage, bevor das Unglück eintrat, frischer Schlachthausdung zu den Pflanzen nachgelegt worden war, der nicht rechtzeitig mit Erde zugedeckt werden konnte. Bei dem warmen Wetter tags darauf ist dann sehr viel Ammoniak in die Luft übergegangen und hat die Pflanzen geschädigt.

Wenn es sich hier um eine Überdüngung mit Kohlensäure gehandelt hätte, dadurch hervorgerufen, daß der frische Schlachthofdung auch viel Kohlensäure zuführt, so hätte nach allen vorliegenden Erfahrungen der Schaden nicht gewissermaßen augenblicklich erfolgen können, sondern man hätte erst nach einigen Tagen die schon oben gekennzeichneten Ungewöhnlichkeiten in der Wuchsform bemerken können. Denn einen Kohlensäuregehalt selbst von 1—2% — und mehr hätte durch den Dung und das Begasen keinesfalls sich einstellen können — halten Gurkenpflanzen selbst im jüngsten Alter (etwa 4—5 Blätter) einige Tage lang aus. Dies ergaben meine Untersuchungen über die Gewächshausluft in Dahlem, wo ich feststellte, daß in frisch gepackten

Häusern im Winter in den ersten 8 Tagen der Kohlensäuregehalt überhaupt nicht unter 1% fällt. Beim Begasen nach einem anderen Verfahren, das leicht zu reichlichen CO_2-Gaben verleitet, sind bei Gurken,
die schon in der 5. bis 6. Woche ausgepflanzt waren, solche Überdüngungs-
erscheinungen beobachtet worden: Die Abstände zwischen den Blättern
verringerten sich auf die Hälfte, und die Blätter blieben kleiner (Abb. 26).
Es ist also ausgeschlossen, daß in dem obenerwähnten Falle (119) Überdüngung durch CO_2 bzw. Schädigungen durch das OCO-Verfahren vorgelegen hat.

Allgemein anerkennend über die Erfolge bei Gurken und befriedigt äußern sich 12 ausdrücklich ohne weitere besondere Angaben
(127, 111, 101, 92, 91, 90, 74, 66, 58, 33, 79, 64).

Besondere Beobachtungen, die bei der weiteren Verwendung
der OCO-Düngung gelegentlich beachtlich sein können, liegen folgende
vor:

... Bei Gurken als günstig erwiesen beim Auflaufen und beim Ansatz der
Früchte (E).

... Bei Gurken und Lorraine-Begonien wurden die Blätter dunkler (S).

... Beim regelmäßigen Begasen von Gurken in Häusern wurde folgendes
festgestellt: 1. Blätter erhielten bereits nach 8 Tagen dunkles Grün. 2. Gelbwerden oder Absterben des Ansatzes wurde durch Begasen verhindert. 3. Ein
Welken der Pflanzen bei hoher Temperatur und Sonne kam nicht vor (65).

... Bedeutend schnellere Entwicklung, so daß die in der Hausmitte stehenden
Melonen derart stark beschattet wurden, daß nur vereinzelt Fruchtansatz erfolgte,
was in früheren Jahren in viel stärkerem Maße der Fall war. Das Wachstum der
Melonen war dagegen auch sehr stark (77).

... Die Gurken haben sehr schnell getragen in den beiden begasten Häusern,
während im dritten nicht begasten Haus heute noch keine geschnitten werden
konnten. Auch haben die begasten Gurken sehr stark angesetzt (12a).

... Bei Häusern, die nicht begast waren, blieben die Pflanzen verstockt,
hauptsächlich die Gurken, deshalb begase von jetzt ab sämtliche Häuser (116).

... Bei Gurken ist der Erfolg am augenfälligsten (69).

... So schönen Stand meiner Gurken hatte ich noch nie seit 5 Jahren, seit
ich Gurken baue (8).

... Der OCO-Dunggasspender hat sich großartig bewährt, hauptsächlich in
der Gurkentreiberei (11).

... Bei Gurkenkulturen haben wir sehr große Erfolge zu verzeichnen (34).

... Bei begasten Gurken wurde wesentlich mehr als bei unbegasten geerntet (21).

Reese schreibt in Möllers Gärtnerzeitung: ... Habe ich gehört, daß er mit
dem OCO-Verfahren auch bei seinen Gurken recht schönen Erfolg erzielt hat, und
es sollen da die Kosten des Verfahrens auf eine mehrgeerntete Gurke nur sehr
gering gewesen sein (10).

Gartendirektor Wiese schreibt in der „Gartenwelt": ... Mit dem kräftigeren
Wachstum und der üppigeren Blattentwicklung erfolgte auch der Blüten-Frucht-
ansatz im begasten Hause schneller und reicher. Es kann wohl gesagt werden,
daß wenigstens 2—3 Wochen früher mit der Ernte im begasten Hause begonnen
werden konnte ... Durch vermehrte Kohlensäurezufuhr rund ein Drittel mehr
an Früchten (a).

... Stückzahl und Gewichtserfolge kann ich nicht angeben. Dazu fehlt es
mir an Zeit, aber um das Geld hinauszuwerfen, habe ich den OCO nicht in Benutzung. Habe bereits 5 Ztr. vergast. Bitte mir umgehend wieder 50 Kilo zu
übersenden (113).

... Der Ansatz der jungen Früchte ist ein guter. Auch sterben dieselben
nicht mehr so massenhaft ab, als es vor dem Begasen war (89).

... Entwickelten sich schneller und hielten im Ertrag länger an als nur
unbegaste (85).

... Nach Begasung von etwa 8 Tagen war eine den nichtbegasten Gurken gegenüber deutlich erkennbare Wachstumsförderung zu verzeichnen. Besonders die Früchte fielen bedeutend ansehnlicher und gewichtsmäßig besser aus. Ein Haus brachte nach Aberntung und gründlichem Rückschnitt jedenfalls infolge weiterer Begasung nochmals einen ansehnlichen Ertrag (180).

... Im Gurkenhaus guten Ansatz und schnelleres Wachsen der Früchte (133).

... Gurken entwickeln große gesunde Blätter, tragen sehr bald und bringen eine Fülle gesunder schwerer Früchte (152).

... In diesem Jahre konnte ich an begasten Gurken und Treibsalat ein ausnahmsweise starkes Wachstum feststellen (157).

Damit kommen wir zu den Fällen, wo genauere Angabe über Verfrühung und Vermehrung der Ernte vorliegt, nachdem die vorerwähnten Ausführungen gewissermaßen die Erklärung insofern geben, als sie den günstigen Einfluß der richtig dosierten Begasung auf die verschiedenen Lebensalter der Gurke schilderten:

... Die Gurken kommen 14 Tage früher, haben besseren Ansatz, bringen 25% mehr Ertrag und sind durchaus gesund (24).

... Im begasten Hause brachte im Durchschnitt jede Gurkenpflanze 8225 g, im unbegasten Hause 6000 g Früchte (Q).

... Die begasten Gurken haben 7 Kilo mehr gebracht (M).

... Sehr gute Erfahrungen bei Treibgurken. (Beste von allen.) 1925 lieferten 18 Gurkenpflanzen über 600 gute, verkaufsfähige Früchte (112).

... Er wirkte einfach großartig Die Gurken konnte man fast wachsen sehen, einen doppelten Ertrag aber kann ich nicht bestätigen. 25% Mehrertrag konnte ich feststellen. Aber von allem kann ich bestätigen, daß die Ernte um die Hälfte früher, das Haus für eine Folgekultur 6 Wochen früher frei wird, und das ist gewiß mehr, als man verlangen kann (19).

... Die Ernteunterschiede waren u. a. folgende:

Tabelle 18.

Tag der Versuche	unbegast		begast	
	Stück	kg	Stück	kg
48	—	—	10	3,2
55	9	2,7	65	18,1
60	48	15,6	107	33,0
67	88	31,2	138	44,2
78	248	84,5	264	87,0

Man sieht also, daß die Ernte hier 8 Tage früher eintrat und in den ersten 3 Wochen etwa doppelt so groß war wie ohne Begasung (78) (vgl. Abb. 29).

... In der Gurkentreiberei fiel ebenfalls die Ernte 14 Tage früher, und war der Behang fast doppelt so stark, als in nichtbegasten Häusern (97).

... Überraschend trotz des ungünstigen Wetters. Ich habe am gleichen Tage 2 Häuser mit Gurken bepflanzt. — Die Begasten trugen 14 Tage früher, ergaben den doppelten Ertrag und waren widerstandsfähiger als die nicht begasten, und daß sie bei gleicher Behandlung 3 Wochen länger aushielten (5).

... Vom 17. Mai bis 10. August im begasten Hause 1500 Stück schöne Gurken geschnitten. In dem unbegasten Hause waren in derselben Zeit nur 850 Stück Gurken geerntet worden. ... Also 650 Stück Gurken mehr. ... Gemäß den Aufzeichnungen 615 Mk. mehr erzielt wurden, als für die Ernte des unbegasten Hauses. ... Durch einen Mehraufwand Mk. 90,25 ... einen Reingewinn von Mk. 325,00 in 3 Monaten. (Dtsch. Obst- u. Gemüsebau-Ztg. 1924, S. 413.)

Derselbe schreibt im Frühjahr 1926:

... Der Erfolg war auch im Jahre 1925 ein guter, wie auch die beiden vorhergehenden Jahre. Gute Wirkung konnte ich nur bei sonnigem Wetter feststellen (141).

Gartendirektor Löbner von der Landwirtschaftskammer für die Rheinprovinz hat nun schon 3 Jahre lang Versuche mit OCO-Begasung von Gurken in der verschiedensten Weise durchgeführt, und darüber im VI. bis IX. Bericht der Gärtnerischen Versuchsanstalt Mitteilungen gemacht, und auch in den Fachzeitschriften (6e). Er hat dabei sowohl auf die Verfrühung der Ernte als auch auf deren Steigerung geachtet, und er schreibt in dem letzten Berichte:

... Bei diesem zweimaligen Anbau tritt also wiederum wie 1923 die frühere Reife der Früchte in der begasten Abteilung ... in Erscheinung und der Gesamtertrag an Gurkenfrüchten und das Gesamtgewicht derselben läßt eine Steigerung von etwa 20% erkennen.

Im Frühjahr war hierdurch der Gewinn 9 mal so groß wie die damit verbundenen Auslagen von Betriebskosten. Im Sommer entsprechende niedrigere Preise für die Gurken, nur das $2^{1}/_{2}$ fache, wohl verstanden bei einer Aufwandsdauer von nur 4 Wochen (e). (D. dtsch. Erwerbsgem.-Bau 1925, S. 692.)

... „Das Gurkenhaus (der Bergedorfer Gartenbau-Ausstellung 1925) war durch eine Glaswand für den Versuch in zwei Abteilungen geteilt. Der Wachstumsunterschied und der Fruchtansatz waren geradezu auffallend. Es konnten in der kleineren begasten Abteilung, die nur ein Drittel so groß war wie die andere, mehr Früchte geschnitten werden, als in der unbegasten Abteilung." (Möll. dtsch. Garten-Zeitung 1926, S. 158.)[1])

Angesichts dieser zahlreichen, durchschlagenden Erfolge der Begasung von Gurken, insbesondere auch nach dem OCO-Verfahren wird man über die Anzweiflung des Erfolges einer Begasung, wie sie Esbjerg[2]) namentlich auch unter Hinweis auf die Versuche in Cheshunt vorbrachte, zum praktischen Handeln übergehen können. Man hat auch in England an der genannten Versuchsstation durch Begasen Mehrerträge von 25% und mehr erhalten. Und zwar bei einer Begasungsweise, die zugegebenermaßen weder praktisch, noch sicher in der Dosierung war. Schließlich sei der Vollständigkeit halber hier noch angeführt, daß im Thompson-Institut für Pflanzenerforschung in Jonkers N. Y. bei gleichzeitiger Begasung mittels einer zentralen Anlage und künstlicher elektrischer Belichtung nahezu 100% mehr Gurken geerntet wurden wie ohne Begasung und künstliche Belichtung.

Eine ganz besondere Art der Mitteilung davon, daß das OCO-Verfahren bei Gurken mit recht gutem Erfolg zum Begasen verwendet werden kann, mag man aus S. 150 bzw. 152 des 41. Jahrg. „Der Blumen- und Pflanzenbau" 1926 sehen. Es sind dort einige Photographien zur Illustration über die Wirkung verschiedener Schnittmethoden bei der Gurkensorte „Beste von allen" aus der Gärtner-Lehranstalt Freyburg a. d. Unstrut wiedergegeben, auf denen man jeweils einen OCO-Apparat in Gefechtsstellung bemerkt.

Blumenkohl: Es ist dies ein Gemüse, das sich während des ganzen Jahres der größten Beliebtheit erfreut, und wenn der einheimische Gärtner davon genügende Mengen recht frühzeitig und vorteilhaft erzeugen kann, dann ist dies für beide Teile, Gärtner und Verbraucher, gleich angenehm. Die Erfahrungen sind hier lange nicht so groß wie bei Gurken, aber das, was mitgeteilt ist, sollte nur ermutigen, hier kräftiger anzufassen.

Zunächst liegt eine Äußerung vor hinsichtlich der Jungpflanzen:

... In meinem Betriebe sehr viel Jungpflanzen heranziehe, und zwar Blumenkohl, Tomaten, Kohlrabi usw. So habe ich hierbei festgestellt, daß der Verlust

---

[1]) Siehe noch Nachtrag am Schluß des Buches.
[2]) Esbjerg, Gartner Tidende 1925, S. 417.

durch Schwarzbeinigkeit gleich null ist. ... Wenn die Pflanzen nicht gleich aus Mangel an Zeit im Frühjahr verpflanzt werden können, dieselben doch nicht geil emporschießen, sondern auch dann noch eine gedrungene Form behalten (58). ... Die begasten Blumenkohlpflanzen waren bedeutend kräftiger als die unbegasten (77). ... Der Blumenkohl war schneeweiß, wie man ihn sonst nur im Freien bekommt. Er konnte 14 Tage früher geerntet werden und hat wegen seiner weißen Farbe immer die höchsten Preise an der Börse erzielt (Holland) (22).

Auch Dr. Riedel berichtet aus der Horster Anlage von bedeutenden Wachstumsunterschieden zugunsten des begasten Blumenkohls. (D. Techn. i. d. Landw. 1922, S. 88.)

Treibbohnen: Es gibt gewisse mehr theoretische Erwägungen, aus denen heraus die Bohnen auf Kohlensäuredüngung besonders gut antworten müßten. Es handelt sich um den von mir beobachteten „kleinen‘‘ Kreislauf von Kohlensäure bzw. Kohlenstoff, der bei diesen Pflanzen in Form von Zucker an den Wurzeln von den Knöllchenbakterien zu Kohlensäure verbrannt wird, wofür diese Bakterien atmosphärischen Stickstoff binden. Die entwickelte Kohlensäure steigt sofort wieder vom Boden durch die Luft hoch und wird von den Blättern wieder verzehrt[1]). Es hat Dr. Riedel sehr gute Erfolge bei der Begasung von Leguminosen gehabt. Lundegårdh berichtet: ... von 79% Mehrertrag und von den OCO-Benützern wird folgendes angeführt:

... Die Versuche wurden angestellt bei ... Brechbohnen. ... Das Verfahren wirkt in jeder Beziehung günstig (22).

... Bei Tomaten und Bohnen kann kein Unterschied konstatiert werden (41).

... Z. B. habe ich von 100 Töpfen Treibbohnen 6 Pfd. mehr geerntet als wie von den unbegasten (64).

... Bohnen entwickelten sich besonders gut und schnell (157).

Bei im Hause begasten, ausgepflanzten Bohnen (Osborns-Treib) hat Dr. Riedel in der 1. Woche der Ernte im begasten Hause 21,25 kg, im unbegasten 13,5 kg geerntet, also zur Zeit der besseren Preise 56%/0 mehr. Im ganzen sind in 14 Tagen im begasten Hause 30,5, im unbegasten 19,75 kg geerntet worden, also durch Begasen 54% mehr. Folgende Feststellung Riedels[2]) ist sehr bemerkenswert: An dem Tage, an welchem im unbegasten Hause die erste Bohnenblüte aufging, wurden aus den beiden Häusern je 15 der besten Pflanzen entnommen, und für je 5 Pflanzen Gewichte, Blütenzahl und Wurzelknöllchen bestimmt. Im begasten Hause war das Gewicht 1,5mal so groß, die Zahl der Wurzelknöllchen betrug das 5fache, die Zahl der offenen Blüten das 5,6fache und die Zahl der Blütenansätze war 5,5mal größer.

Erdbeeren: Daß hier bezüglich des OCO-Verfahrens noch wenig Äußerungen vorliegen, ist wohl in der Hauptsache darauf zurückzuführen, daß in großem Maßstabe die Frühtreiberei der Erdbeeren mehr in Kästen geschieht, die zudem noch ziemlich flach sind. Hier konnten in den meisten Fällen die Gärtner sich nicht entschließen, den verhältnismäßig hohen OCO-Apparat in die Erde einzusenken. Prof. Dr. Goldschmidt, der als erster in seine Gewächshäuser eine stationäre Begasungsanlage einbaute, hat erklärt, daß seine Erdbeeren unter Gas viel schmackhafter gewesen seien, wie unbegaste, und daß vermutlich

---

[1]) Fortschr. d. Landw. 1926.
[2]) Techn. i. d. Landw. 1922, S. 88.

der gute Ertrag der begasten Erdbeertöpfe hingereicht habe, um seine Anlage zu bezahlen. Er konnte nämlich in der Inflationszeit Früchte auf Weihnachten und zur Ballsaison verkaufen. Die OCO-Benützer äußern sich folgendermaßen:

... Ich habe sehr gute Erfolge bei der Frühtreiberei von Erdbeeren und Wein (1925) (28).

... Begase seit 15. Januar (1926) wieder Erdbeeren und ich kann ein besseres Austreiben und Wachstum durch die Begasung feststellen, gegenüber dem Jahre 1923 und 1924, als ich noch ohne Begasung arbeitete (83).

... Was den begasten kalten Erdbeerkasten anbetrifft, so ist zweierlei zu bemerken: 1. hat er von allen kalten Kästen am ehesten angefangen zu blühen, dann ist der Knospenansatz ganz auffällig reicher wie bei den anderen Pflanzen (160).

Rosen: Bei einer so vielseitigen Kultur wie die der Treibrosen und bei einer Pflanze, die schon mehr zu den Gehölzen und Bäumen gehört, die in ganz anderer Weise aus den Vorräten ihres Stammes schöpfen können, wäre es verfrüht, heute schon Abschließendes über den Einfluß der Begasung ausführen zu wollen. Aus der Literatur liegt eine Mitteilung[1]) über Erfolge in Amerika mit einer Abbildung vor: „Auch hier fällt trotz der kurzen (4 Wochen) Dauer der Begasung die stärkere Belaubung der begasten Rosen auf." Für unsere Verhältnisse ist deshalb wohl maßgebend, was der interessierte Praktiker mit OCO beobachtet hat, der durch das einfache Mittel des OCO-Verfahrens in die Lage versetzt wurde, Versuche zu machen:

... Die Treibperiode war abgekürzt (128).

... Daß die Stöcke im begasten Hause viel mehr Triebe bekamen als im unbegasten (16).

... Bei zum Treiben ausgesetzten Pflanzen konnte ein guter, kräftiger Wuchs und ein frühzeitiges Blühen derselben beobachtet werden (81).

... Das Wachstum der Rosen ... wurde durch die Begasung in sehr günstigem und sichtbarem Maße beeinflußt. Der Flor begann sehr zeitig, nach meinen Beobachtungen sogar 10—12 Tage früher wie ohne Begasung, außerdem zeigten die Rosen ein sehr freudiges Wachstum trotz der frühen Jahreszeit, insbesondere erfolgte nach dem Schnitt ein guter Austrieb, wie ich ihn noch nicht beobachtet habe in meiner langjährigen Praxis im Rosentreiben.

Hinsichtlich der Erzeugung von rosa Stielrosen sagte mir einer derjenigen OCO-Benützer, der nun schon im vierten Jahre ständig in seinem großen Betriebe alles mögliche begast, folgendes: Die Zahl der schneidbaren Rosen ist nicht vermehrt worden. Die Farbe der Blüte wurde kräftiger rosa. Ferner wurden die Knospen fester, kräftiger und dadurch transportfähiger (2). Wie Überdüngung bei Rosen sich zeigt ist oben (S. 94) angeführt.

... Meine Nielrosen hatten besonders schöne gesunde Blätter, was selbstverständlich auch auf die Blüten nicht ohne Einfluß war (146).

Weinstock: Auch hier könnte man zur Einleitung genau dasselbe schreiben wie bei den Rosen. Die Kultur ist auch recht viel gestaltet. Die Pflanze ist eine mehrjährige mit ausgedehntem Holzsystem, also großen Reserven. Immerhin sind die Mengen von Blättern und Früchten, die in verhältnismäßig kurzer Zeit erzeugt werden sollen, sehr groß, so daß es sehr wahrscheinlich ist, daß durch sinngemäßes Begasen Erfolge zu erzielen sind. Dafür spricht auch die von der registrierenden

---

[1]) Riedel, Möll. dtsch. Gärtn.-Ztg. 1924, S. 77.

Wissenschaft zugegebene und durch nichts anderes ersetzbare große Bedürftigkeit des Weinstockes nach Stallmist, worüber bei dem Praktiker ja nie ein Zweifel bestanden hat. In der Literatur liegen keine Beobachtungen über das Begasen von Wein vor. Dagegen habe ich aus der ersten Zeit der Anwendung des OCO-Verfahrens folgenden Fall erlebt: In einem kleinen herrschaftlichen Gewächshaus mit zementiertem Fußboden vegetierte ein etwa 15—20 Jahre alter, von außen hereingezogener Weinstock, der etwa 15 Jahre lang keine Früchte mehr bekommen hatte und nur noch kleine Blätter ansetzte. Es wurde von Mitte Juni an mit OCO begast (regelmäßig) und der Stock bekam zum erstenmal seit Jahren wieder normale Blätter und trug reife Trauben,

Die sonst vorliegenden schriftlichen Äußerungen sind folgende:

... Ich habe sehr gute Erfolge bei der Frühtreiberei von Erdbeeren und Wein (83).

... Im Weinhaus bessere Ausbildung, frühere Reife der Trauben (133).

Tomaten: Mit Tomaten ist schon früh experimentiert worden (B. und E. und Fi.). Die Engländer, die ja den ganzen Tag unter sehr starker Kohlensäure wachsen ließen, haben die Überdüngungserscheinung, wie Blattrollen, beobachtet. Fischer aber hat bei gelinderer Begasung fast das 3fache in kleinen Häuschen erzielt. Ebenso hat Riedel gute Erfolge hinsichtlich Verfrühung und fast doppelter Ernte berichtet. Lundegårdh hat unter denselben Bedingungen, bei denen die Bohnen 79% mehr brachten, von den Tomaten nur 7% mehr geerntet. Man sieht also, die Angaben sind recht widersprechend. Es rührt dies aber u. a. sicher von Kunstfehlern her, wofür eben das zu berücksichtigen ist, was in den 6 Punkten bei Frühgemüse auseinandergesetzt wurde. Fischer z. B. hat nur Jungpflanzen begast, also nicht Früchte in dreifachem Betrage geerntet. Lundegårdh wiederum hat sicherlich mit Rücksicht auf die im gleichen Hause untergebrachten Gurken sein Haus fast den ganzen Tag geschlossen gehalten. Umgekehrt konnte Dr. Riedel, dem zu seinen Versuchen die billige Kohlensäure eines Hochofens in großen Mengen zur Verfügung stand, die Begasung während des ganzen Tages bei geöffneten Gewächshausfenstern, also unter Vermeidung von Überhitzung der Häuser durchführen. Wenn man den einzelnen Versuchen auf den Grund geht, so lassen sie sich alle ziemlich leicht unter einen Hut bringen, zumal wenn man noch die rein philologischen Ungenauigkeiten ausschaltet, daß sich bei dem Wort Tomaten der eine Jungpflanzen, der andere Früchte und der letzte Topfkulturen vorstellt. Unter diesen Gesichtspunkten sind auch die Äußerungen über das OCO-Verfahren zu betrachten:

Der erste Erfolg, der vor 4 Jahren erzielt wurde, bestand darin, daß bei zwei Gärtnern, enganeinander grenzend und wirklich eng miteinander befreundet, ein edler Wettstreit in der Erzeugung von Erstfrüchten besteht. Kleine Listen, um sich zuvorzukommen, werden immer wieder angewandt, und so hatte A., um recht früh mit seinen Tomaten herauszukommen, diese in Töpfe gepflanzt. Fatalerweise merkte B. diesen Kniff erst etwa 3 Wochen später, und topfte nun auch einige 100 Pflanzen ein. Als ich zu ihm kam, um ihm das OCO-Verfahren zu empfehlen, meinte er, ob ich ihm jetzt wohl dazu verhelfen könnte, daß er seinen Freund A. mit reifen Tomaten noch einhole. Er versuchte es tatsächlich und hat seinen Freund A. mit reifen Früchten noch mit 10 Tagen Vorsprung geschlagen. Sonst liegen noch 16 Äußerungen vor, von denen 2 bzw. 3 nicht ganz günstig lauten. Und zwar folgendermaßen:

... Kein Erfolg bei Tomaten (K).

... Bei Tomaten ... kann kein Unterschied konstatiert werden und teilte mit, daß er aus Erfahrung wisse, daß Kohlensäure auf Tomaten keinen Einfluß habe (41).

... Bei Tomaten sind dieselben sehr stark vom Pilz befallen, was wohl auf das beim Begasen zu späte Lüften zurückzuführen ist (79).

Ohne nähere Angaben, aber befriedigt über ihre Erfolge, äußern sich 5 (101, 58, 18, 36, 64, 161c).

Mehr in Einzelheiten gehen folgende Mitteilungen:

... Sowohl die Gurken- wie auch die Tomatenblätter bekamen dunkelgrüne Färbung, nahmen sehr an Größe zu und wurden dickfleischiger, ein Zeichen, daß ihnen die Kohlensäurezufuhr gut bekam.... Auch der Blüten- und Fruchtansatz im begasten Hause schneller und reicher.... Wenigstens 2—3 Wochen früher mit der Ernte im begasten Hause begonnen.... Ein Drittel mehr an Früchten erzielt (a).

... Auch die Tomaten erzielten eine ganz vorzügliche Ernte. Ich habe nur jedesmal einen OCO-Apparat mit drei OCO-Kohlen in einem Treibhaus von 30 m Länge. Dieses Jahr nehme ich zwei Apparate mit je zwei Kohlen und bei wärmeren sonnigem Wetter noch mehr und hoffe damit noch bessere Erfolge zu erzielen (118).

... Tomaten in Häusern ausgepflanzt, fielen durch besonders dunkelgrüne Belaubung und üppigen Wuchs auf (65).

... Treibtomaten entwickelten sich schneller und hielten im Ertrag länger an als früher unbegaste (85).

An einer Stelle, an der aus technischen Gründen eine Neuanlage erst spät im Sommer bestellbar wurde, sollte der Versuch gemacht werden, durch Begasen die Früchte noch im späten Herbst zum Reifen zu bringen. Das begaste Haus hat in der Tat gegenüber drei anderen weitaus den höchsten Ertrag reifer Früchte erbracht (95).

... Auch an den Tomaten, die wir vorübergehend in Blumentöpfen aufstellten, ist eine raschere Entwicklung der angesetzten Früchte zu beobachten (3)[1]).

... Es wird Sie interessieren zu hören, daß wir auch in diesem Winter Ihre Kohlensäuredüngungsöfen tagtäglich im Betriebe haben. Ein Tomatenhaus mit 7800 Pflanzen wird seit Mitte Oktober begast und die Pflanzen versprechen einen reichen Ertrag zu bringen. Sie stehen auch kräftiger als in einem unbegasten Haus. Wir sind in Bremen und Hamburg zurzeit die Einzigsten, die deutsche Tomaten auf den Markt bringen und wir erzielen Preise, die doppelt so hoch sind als die Preise für holländische Tomaten. Auf der Bremer Auktion werden 66 und 70 Pf. für ein Pfund bezahlt.

Es folgen jetzt einige Pflanzen, von denen nur sehr wenige Mitteilungen vorliegen. Deshalb ordnen wir auch die Reihenfolge gegenüber der Aufstellung im Kalender etwas um, damit Ähnliches und Zusammengehöriges gemeinsam behandelt werden kann. Wir nehmen also zunächst die krautig-tropischen: Kürbis und Melone, dann eine Anzahl von Blüten- bzw. Topfpflanzen, die gegen Ende des Frühjahres und Anfangs Sommer in Frage kommen wie: Petunie, Heliotrop, Salvien, Lobelien, Fuchsien, Gloxynien, Coleus, Flox, Aconit, und schließen daran: Palmen, Citronen und Myrthen als typische Sommerpflanzen.

Kürbis: Im allgemeinen werden ja Kürbisse bei uns kaum in Gewächshäusern gezogen, zu Versuchszwecken ist es jedoch an einer Stelle

---

[1]) Siehe noch Nachtrag am Schluß des Buches.

geschehen, und es ist äußerst interessant, die folgende Ausführung genauer zu betrachten:

... Bei den Gurken ist eine kleine Differenz zugunsten der CO_2-Düngung konstatiert worden, indem in dem durchgasten Treibhaus die Gurken größer sind als diejenigen im anderen Gewächshaus. ... Bei den Kürbissen nun ist die Blattentwicklung, überhaupt die Entwicklung der ganzen Pflanze, merkwürdigerweise im durchgasten Treibhaus viel schlechter, als im anderen Gewächshaus (41).

Also in derselben Atmosphäre, in welcher die Gurken gut auf die Kohlensäurezufuhr antworteten, haben die Kürbisse ein weniger gutes Ergebnis gebracht. Wenn nicht aus meinen eigenen und anderweitigen Untersuchungen über die Gleichförmigkeit des Kohlensäuregehaltes in künstlich erwärmten Gewächshäusern hervorginge, daß beim Begasen alle Luftschichten gleichen Kohlensäuregehalt haben, so möchte man in diesem Falle, wo es sich um eine Sommerkultur gehandelt hat, annehmen, daß, sei es infolge Verwendung von ziemlich reicher, humoser Erde, die in nächster Erdnähe wachsenden Kürbisse, doch etwas zuviel Kohlensäure bekommen haben. Es ist auf jeden Fall eine Beobachtung, die mehr botanisch-physiologisches Interesse hat.

Melonen: Auch hier müssen wir einen Fall anführen, wie bei gleichzeitiger Kultur ganz nahe verwandter Pflanzen in gemeinsamem Raume ganz verschiedene Wirkung erzielt wird:

... Gurken bedeutend schnellere Entwicklung, so daß die in der Hausmitte stehenden Melonen derart stark beschattet werden, daß nur vereinzelt Fruchtansatz erfolgte, was in früheren Jahren in viel stärkerem Maße der Fall war. Das Wachstum der Melonen war dagegen auch sehr stark (77).

Hier handelt es sich also offenbar um eine Erscheinung aus Mangel an Licht, wo aber doch das Mehr an Kohlensäure keinen heilenden Einfluß hatte ausüben können.

Einige Blütenpflanzen.

Von den folgenden Pflanzen liegt, wie schon erwähnt, wenig Beobachtungsmaterial vor, und es bezieht sich in der Hauptsache auf die Anzucht von jungen Pflanzen. Wir behandeln sie deswegen gemeinsam, wo besondere Beobachtungen vorliegen, führen wir sie an:

Petunien	(101)	Lobelien	(58, 101)
Heliotrop	(102)	Fuchsien	(116, 128)
Salvien	(102)	Flox	(d)
	Pfefferminz	(Rd)	

... Aussaaten wie Petunien, Lobelien, ... wuchsen sehr rasch und freudig (101).

... Die Bewurzelung vollzog sich wesentlich schneller, die Stecklinge entwickelten sich bedeutend schneller und kräftiger, Fäulnis wurde durchweg verhütet ... weniger Befall von Läusen, Vermehrungsbeete mehr ausnützen zu können. Beste Erfolge gezeitigt (102).

... Topfpflanzen: Blüten-, Blätterentwicklung überraschend gut (116).

... Üppigeres, schnelles Wachstum, der günstige Einfluß der Begasung war unverkennbar (128).

... Andere Blumenpflanzen schnelle Entwicklung der Pflanze, sichere Entwicklung der Blüten, ... Ungeziefer ... ferngehalten ... besonders Blattläuse (58).

... Also 11 Tage im ganzen, während der unbegaste Satz 17 Tage stehen mußte. ... Sobald ... etwas Callus vorhanden ist, beginnt der Einfluß der Begasung auf das Wachstum wirksam zu werden, vor der Callusbildung konnte ich nichts bemerken (d).

Bei Pfefferminzpflanzen hat Dr. Riedel durch Messung der Höhe der Pflanzen festgestellt[1]), daß begaste Pfefferminze durchgehend 8 Tage weiter war wie die unbegaste.

Aconit: Auch bei Sämlingen von Aconitum Wilsoni zeigte sich die Wirkung einer länger anhaltenden Begasungsperiode (etwa 6 Wochen) recht deutlich. Die einzelnen Blättchen waren unter Kohlensäuredüngung fast 3 mal so groß wie die unbehandelten Pflanzen, ebenfalls waren die Wurzelknollen der begasten Pflanzen nach 6 Wochen doppelt so groß wie die unbegasten (10).

Coleus: Bei Coleus war ein früherer Abschluß des Triebwachstums zu bemerken. Die begasten Coleus entwickelten endständig ihren Blütenstand (6a). Fischer hat eine $2^1/_2$faches Wachstum beobachtet.

Abb. 27. Phönix canariensis: Links begaste Topfpflanzen, die Wedel sind kräftiger herausgekommen und entfaltet; rechts unbegaste Kontrollen.

... Das Verfahren wirkte gut bei Coleus (XV).

... Auch machte ich in meinem Betriebe Versuche an verschiedenen Topfpflanzen ... Coleus. ... Die Wirksamkeit war bei allen Pflanzen deutlich sichtbar. (Möll. dtsch. Gärtner-Ztg. 1926, S. 158.)

Gloxynien: Man sollte glauben, daß diese mastige Tropenpflanze ein sehr geeignetes Stück zur Begasung wäre, doch gehen die Meinungen noch etwas auseinander:

... Versuche mit dem Dunggasspender nur an den Gloxynien angestellt habe und keinerlei Einfluß auf die Entwicklung der Pflanzen beobachten konnte (106).

... Das Wachstum war im Verhältnis zu unbegasten Häusern immer im Vorteil. Auch hatte ich weniger unter Ungeziefer zu leiden (144).

... Das Verfahren habe ich bei der Kultur von Gloxynien mit gutem Erfolge angewandt (7).

... Bei Gurken ist der Erfolg am augenfälligsten. Bei Topfgewächsen nicht so, weil in hiesiger Gegend durch die unmittelbare Nähe großer Fabriken die Luft an und für sich mit Kohlensäure stark gesättigt ist (69).

... Das Verfahren hat sich bewährt bei ... Gloxyinen. ... Es wirkt günstig auf Blume und Blatt (36).

---

[1]) Ton.-Ind.-Ztg. 1920.

Palmen: Phönix Canariens (Abb. 27). Corypha Austral.

Aus der Literatur und von anderer Seite lagen noch gar keine Beobachtungen über den Einfluß von Kohlensäuredüngung auf Palmen vor. Es sei denn der gelegentliche Hinweis Bornemanns auf das gute Gedeihen der großen Kübelpalmen in den Bahnhofsrestaurants des Frankfurter Hauptbahnhofes. Als deshalb einer der größten Palmenzüchter Sachsens an mich herantrat mit der Frage, ob er wohl bei der Heranzucht seiner ein- und zweijährigen Palmenpflanzen mit Begasen Erfolg haben werde, lag immerhin eine gewisse Verantwortung vor, einen derartig wertvollen Pflanzenbestand eines großen Hauses der neuen Behandlung auszusetzen. Der Erfolg war jedoch ganz ausnehmend gut (117), und es ist seither auch noch durch Mitteilung von anderen Seiten ähnliches bestätigt worden.

... Das allgemeine Wachstum der begasten Pflanzen wurde wesentlich gefördert, man kann behaupten, daß die Pflanzen mindestens um ein Drittel an Größe und Stärke den unbegasten überlegen waren. Die Farbe des Laubes bzw. der Wedel war stark dunkelgrün, während die unbegasten Pflanzen hellgrün bis gelblichgrün blieben. Das Entwickeln und Durchbringen der jungen Triebe geht in wesentlich kürzerer Zeit vonstatten. Die Seitentriebe bzw. Fieder der Wedel sind bedeutend kräftiger entwickelt. Die sehr leicht eintretende Fäulnis bei zu engem Zusammenstehen der Pflanzen blieb gänzlich aus (117).

... Palmen, Citronen könnten nicht besser gedeihen (50).

... Ich bin damit sehr zufrieden (91).

... Auch die immergrünen Pflanzen, wie Palmen, Myrthen usw. bringen bedeutend mehr Zweige und Blätter (58).

... Das große Palmenhaus wird täglich begast (OCO) (21).

Myrthe: In einem Falle, wo ich selbst regelmäßig Beobachtungen anstellte, war deutlich zu sehen, daß die begasten kleinen Myrthenstöckchen in Töpfen schneller zur Blüte kamen und auch kräftiger wuchsen, wie die unbegasten. Die einzige vorliegende Äußerung lautet:

... Auch die immergrünen Pflanzen wie Palmen und Myrthen bringen bedeutend mehr Zweige und Blätter. Meine Myrthenstecklinge vom letzten Frühjahr haben schon seit langem kleine Kronen (58).

Citronen:

... Könnte nicht besser gedeihen (50), wird von einem italienischen Gewächshausbetriebe berichtet.

Ananas: Hier liegt folgendes vor: Zunächst soll in der englischen Ananaskultur in Häusern die Gepflogenheit herrschen, etwa 6—8 Wochen vor der zu erwartenden Reife die Häuser öfters mit ganz trockenem Holz zu räuchern, sonst würden die Früchte nicht vollmundig und süß. Ein Tropenpflanzer, den ich im Anschluß an einen Kohlensäurevortrag, dem er zuhörte, sprach, erzählte, daß entweder auf den Capverdeischen Inseln oder an irgendeiner Ostecke Afrikas die besten Ananaskulturen immer bzw. nur in der Nähe von Fumarolen angelegt bzw. gefunden würden. Er dachte dabei an eine ausgiebige Freilandbegasung dieser Kulturen.

In einem Berliner Gewächshause habe ich selbst beobachtet, wie begaste junge Ananaspflanzen wesentlich, schätzungsweise $1^1/_2$mal so stark wurden wie unbegaste Kontrollen! Auch der Fruchtansatz kam rascher.

... In diesem Jahre begase ich auch die Ananas. Ob mit oder ohne Vorteil, das muß erst die Zeit ergeben (133).

Spätsommer und Herbst.

Orchideen: Diese wertvollen, bizarren Blumen, in denen der Kohlenstoffinhalt nahezu mit Diamant aufgewogen werden könnte, so hoch ist ihr Verkaufspreis, sind aus Gründen der Rentabilität schon früh Gegenstand von Begasungsversuchen gewesen, als man noch mit verhältnismäßig kostspieligen Maßnahmen Kohlensäuredüngung durchführte. E. Winther schreibt 1913 in .der „Gartenflora", daß die begasten Stanopea, nach ihrer Sommer- und Herbstblüte begast, im Winter wieder anfing zu blühen, und daß die Blüten fast schöner wie im Sommer waren. Auch Vanda, Dendrobium, Oncidium, Cattleya, Laelie, Odontoclossum verhielten sich ähnlich. Auch Cypripedien blühten sehr reichlich. Der herrliche Farbenschmelz und die lebhafte Farbe wird betont. Auch der Pflanzenkörper selbst und die Blüten hatten Vorteil, ja, selbst kränkelnde Orchideen wurden gesund.

Eine Bestätigung gerade dieser letzten Bemerkung haben wir auch schon seit Verwendung des OCO-Verfahrens. Dieses führte sich in einer der bekanntesten, hochherrschaftlichen Gärtnereien des Ostens dadurch ein, daß 15 wertvolle, im Absterben befindliche Orchideenpflanzen durch das Begasen gerettet werden konnten.

... Bisher die OCO-Kohlen nur für Orchideen und ... versucht. Und muß gestehen, daß ich in den letzten zwei Jahren mit dieser Kohlensäurefütterung ganz glänzende Resultate erzielt habe. Die Fütterung geschieht nur an sonnigen Tagen zwischen 11 und 1 Uhr, d. h. bei der höchsten Temperatur und bei vorhergegangener künstlicher Taubildung (Wasserzerstäubung unter hohem Druck). Bei dieser Behandlung wuchern die Pflanzen geradezu und ich habe eine so prachtvolle, dunkelgrüne Belaubung und kräftigen reichen Blumenflor bei meinen Orchideen nie vorher beobachtet. Schmarotzer kommen dabei überhaupt nicht auf (50).

Im Gegensatz hierzu steht folgende Äußerung:

... Ich habe während $1^{1}/_{2}$ Jahren meine Orchideen versuchsweise begast, da ich während dieser Zeit keine Erfolge gehabt habe, die Sache endgültig aufgesteckt (57).

Ohne nähere Angaben äußert sich ein weiterer, von dem aber bekannt ist, daß er die Begasung nach beendeter Ruheperiode beginnt und bis zum Aufgehen der Knospen regelmäßig fortsetzt, während der Blüte wird nicht begast (85).

In einem weiteren Falle (68) sind die Versuche noch nicht abgeschlossen. ... Erfahrungen sehr gut. Leider kann ich Ihnen Näheres nicht mitteilen, da ich unbegaste Häuser zum Vergleich nicht habe. Da die Häuser besonders im Frühjahr bis Herbst stark gelüftet werden, habe ich wesentlich mehr Kohlen vergast, als vorgeschrieben. Ich habe übrigens bereits seit 1907 regelmäßig, wenn auch in primitiverer Weise, mit Kohlensäure gedüngt, ohne Frage ist aber Ihr Verfahren nach Dr. Reinau einfach und praktisch. Da die Pflanzen trotz schlechter Lage der Häuser und ungeeigneten Häusern in sehr gutem Kulturzustand sind, fast so gut wie in den mit allen Schikanen ausgestatteten Häusern, die ich vor dem Kriege besaß, so ist dieses wohl zum größten Teil der verbesserten Kohlensäuredüngung zuzuschreiben. Ich habe die Kohlensäuredüngung in meinem demnächst im Verlag der „Gartenschönheit" erscheinenden neuen Orchideenwerk eingehend gewürdigt (110).

Grün.

Wie vom Erhabenen zum Lächerlichen kommt der Schritt von den wertvollen Orchideen zum Grün vor, und doch wird selten eine Orchideenblume ohne einen zarten Hintergrund von Grün verkauft.

Es ist im allgemeinen Teile dieser Ausführung (S. 109) über die Wirkung der Kohlensäurebegasung auf Blattgrün und Blatt schon ausführlich gedacht. Die Chlorophylbildung nimmt im allgemeinen zu, und die Blätter werden an Größe und Zahl besser. Es ist deshalb nicht auffallend, daß über die Begasung von allerhand Grün aus der Klasse der Farne und von Asparagus zahlreiche Beobachtungen vorliegen. Bei den ersten Begasungsversuchen von Klein und Reinau haben besonders Aspidistra nach 4 wöchentlicher Begasung 2,14 mal und nach 7 wöchentlicher 2,11 mal soviel und kräftigere Blätter hervorgebracht. Pteres ergab 2,52 bzw. 2,38 mal soviel Blätter, Nephrolepis dementsprechend 1,66 bzw. 1,24 mal und Philodendron 1,33- bzw. 1,5 mal soviel Blätter. Hierbei ist jeweils der Zuwachs an neuen Blättern gegenüber dem Beginn des Versuches als Maß genommen.

Mit OCO-Begasung liegt nun folgendes vor:

Aspidistra:

... Die Pflanzen mindestens um ein Drittel an Größe und Stärke den unbegasten überlegen waren (117).

Pteres:

... Hat sich bewährt (33).

Moose:

... Moose ... könnten nicht besser gedeihen (50).

Farne: An einzelnen Stellen ist bei der Heranzucht von Farnsämlingen in den Keimschalen die Beobachtung gemacht worden, daß durch das Begasen die Entwicklung des Vermehrungspilzes gehemmt wurde. Ja, daß selbst schon tote Stellen der Schalen sich wieder begrünten. Demgegenüber schreibt ein namhafter Farnzüchter:

... Ich habe sehr verschiedene Erfahrungen gemacht und z. B. sind meine Anzuchten in diesem Jahre viel besser gewachsen ohne OCO-Anwendung wie im Vorjahre mit regelmäßiger Begasung (139).

Dieses Urteil steht allerdings über die Bedeutung der Begasung von Farnen unter den 10 vorliegenden allein (7 sind gut und 2 noch unentschieden (46, 68). Davon hatte einer noch nicht genügend Beobachtungen gemacht, der andere schreibt:

... Bei grünen und krautartigen Pflanzen, namentlich bei der Entwicklung, war der Erfolg sehr sichtlich. Die Pflanzen hatten kein Ungeziefer, zeigten keine Krankheiten, hatten ein sehr frisches Aussehen und kamen rascher vorwärts. Bei Nephrolepis ... besonders auffallende schnelle Entwicklung zum Beginn der Wachstumsperiode. Später wenig Unterschied. Spätere Begasung schien sogar schädlich zu sein (68).

Die erfolgreichen Äußerungen lauten:

... Hat sich bewährt bei Farnen, ... günstig auf Blatt (36).
... Hat sich bewährt bei Schnittgrün, Pteres (33).
... Wirkt gut auf Blätter von Farnen (C).
... Die begasten Pflanzen waren nach 4—6 wöchentlicher Begasung ca. 14 bis 20 Tage in der Kultur weiter (74).
... Die Erfahrungen sind durchweg gute (76).
... Daß es sehr vorteilhaft ist, sich einen solchen Apparat anzuschaffen. Jedoch soll man bei trübem Wetter etwas vorsichtig zu Werke gehen, namentlich wenn Farne dicht stehen, da dann leicht Fäulnis eintritt, also bei trübem Wetter lieber unterlassen (62).

... Bereits nach 2—3 wöchiger Begasung haben wir ein ganz erheblich besseres Wachstum gegenüber nicht begasten Pflanzen feststellen können. Bei den Farn zeichneten sich die Pflanzen durch kräftige dunkelgrüne Wedel aus, auch entwickelten sich die Pflanzen bis zum Herbst zu bedeutend stärkeren Exemplaren (82).

In allgemeinen Wendungen und günstig äußern sich ferner zwei (144, 157); ferner schreibt Gartenbauinspektor Landgraf[1]):

... Farnkulturen, die schwer unter dem Befall des Vermehrungspilzes litten. Die Seuche griff hier nicht weiter um sich. ... Daß auch Kohle, die zur Kohlensäuredüngung nach dem Verfahren von Dr. Reinau zur Anwendung kommt, zum Versuch herangezogen worden war.

... Das Wachstum wird energisch angeregt, ... besonders Farne weit früher fertig, d. h. verkaufsfähig (155).

Clamann (Gärtn. Rundschau 1926, Nr. 12) berichtet, daß seine Adiantum unter der Begasung wahre Schaupflanzen geworden seien.

Asparagus plumosus, nanus: Von den hierzu vorliegenden 21 Äußerungen ist 1 schlecht, 2 sind noch unentschieden und 18 sind günstig. Die Äußerung über den schlechten Ausgang der Begasung ist in ihrer Fassung zu interessant, um nicht voll angeführt zu werden:

... Leider habe ich bei der Begasung wenig Gutes erfahren. Asp. Spreng. u. plum. waren so unnatürlich dunkelgrün, daß die Wedel direkt unverkäuflich waren. Dann brachten die begasten Pflanzen fast lauter lange Ranken. Ferner ist mir durch die Begasung bei 45° C ein ganzes Haus mit Plumosus verbrannt (125).

Der andere erfolglose schreibt:

... Einen Erfolg habe ich überhaupt nicht feststellen können (104).

Diesem stehen gegenüber 2 Stellen mit exakterer Feststellung:

... Bei begasten Pflanzen (Plumosus) konnte bis 160 g Grün vom Topf geschnitten werden, während unbegaste nur bis 110 g brachten (77).

... Die Erfolge, die ich mit dem Begasen gehabt habe, waren sehr gute, manchmal sogar überraschend. Außerordentlich war der Erfolg bei Schnittgrün. Von Asparagus Sprengeri habe ich in den Monaten November, Dezember Ranken erzielt bis zu einem Meter von Jungpflanzen in 8 er Töpfen stehend (113).

Hieran schließt sich folgende interessante Äußerung:

... Bei zeitweiser Einstellung der Begasung konnte ich bei meinen Spreng.-Kulturen bald ein Nachlassen des freudigen Wachstums und damit auch des Ertrages feststellen (114).

... Ganz augenscheinlich war der Unterschied zwischen begasten und nicht begasten Pflanzen insbesondere bei Schnittgrün (127).

... Das Verfahren ist von höchstem Wert für die Gärtnerei, wirkt gut auf Blätter von Schnittgrün (C).

... Ich bin mit dem Erfolg zufrieden (Sprengeri) (90).

... Etwas vorsichtig bei trübem Wetter zu Werke gehen, namentlich wenn Farne und Asparagus dicht stehen, da dann leicht Fäulnis eintritt, also bei trübem Wetter lieber unterlassen (62).

Demgegenüber steht die Äußerung: ... daß die Pflanzen mindestens um ein Drittel an Größe und Stärke den unbegasten überlegen waren (117).

Merkwürdig sind die entgegengesetzten Beobachtungen bei Plumosus hinsichtlich der Färbung. Der eine meint:

... Kommt leicht bei Begasung in einem längeren Zeitraum eine unerwünschte Dunkelgrünfärbung zustande, analog einer starken Stickstoffdüngung. Auch trat in den letzten zwei Jahren bei mir die unerwünschte Raupenbildung sehr stark auf, ohne daß ich die Schuld daran allein dem OCO geben möchte. Sehr gut war die Wirkung bei Sprengeri (101).

---

[1]) Gartenwelt 1926, S. 359.

Von 2 Stellen liegen dagegen Äußerungen vor, daß das Begasen die erwünschte hellere Färbung nicht verhindert:

... Junge einjährige Pflanzen (Plumosus) entwickelten sich nach der Begasung zu üppigen Pflanzen und wurden selbige nicht dunkel in der Farbe, wie von anderer Seite beobachtet wurde, sondern blieben schön hellgrün (129).

... Bei Asp. Spreng. war ein früherer Abschluß des Triebwachstums zu bemerken. ... Die begasten Asparagus-Triebe waren früher ausgereift, schnittfertig, als die Pflanzen in der unbegasten Abteilung, aber eher von hellerer als dunklerer Farbe gegenüber den nichtbegasten (6 C).

...,,Von begasten Asparagus plumosus schnitt ich von 300 Pflanzen in 11,5 Töpfen in einer Schnittperiode 3000 Wedel. Die unbegasten blieben weit zurück und brachten nur annähernd die Hälfte (1500) an Ertrag." (Clamann, Gärtn. Rundschau 1926, Nr. 12.)

Derselbe hat auch ausdrücklich geschrieben, daß diese Schnittgrünpflanzen nicht unliebsam grün geworden seien.

... Schnittgrün nach der Begasung ein freudigeres und schnelleres Wachstum (146).

Weitere 4 Äußerungen (92, 75, 69, 60) liegen nur in allgemeinen Wendungen vor über sichtlich gute Erfolge, ohne allerdings Vergleichshäuser benutzt zu haben. Unter Berücksichtigung von Kontrollen werden die Wendungen wie: ... hat sich bewährt bei Schnittgrün (33); ... ist nutzbringend bei Schnittgrün (29); ... Schnittgrün bekommt gutes Laub (24); ... entwickelt sich ausgezeichnet durch Begasung (21) von 4 gebraucht.

Ein letzter Fall ist mehr von historischem Interesse, weil hier über das Verfahren von dritter Seite das Gerücht ausgestreut worden war, daß einem namhaften Gärtner eine Sprengerikultur durch OCO verdorben sei. Die Antwort des betreffenden Gärtners lautet:

„Die Angaben der ‚glaubwürdigen Person' sind erlogen, ich habe keine Kultur Asparagus verloren; meine Asparagus-Kulturen habe ich diesmal überhaupt fast nicht begast" (54).

Winterblumen.

Das Begasen von **Nelken** hat anscheinend noch seine Schwierigkeiten. Denn die Mitteilungen über das, was hier beobachtet wurde, sind sehr widersprechend. Man könnte fast glauben, daß die Ziernelke kein besonders geeignetes Objekt zur Begasung ist. Es mag aber auch, wie im allgemeinen Teil schon ausgeführt, so sein, daß infolge des starken Luftbedürfnisses der Nelken das Begasen weil die Häuser nur wenige Stunden geschlossen bleiben, nicht immer ganz richtig durchgeführt wurde. Dazu kommt, daß die Kulturhäuser für Nelken die höchsten und geräumigsten sind, die überhaupt in der Praxis angetroffen werden, so daß dadurch in Einzelfällen vielleicht auch mit viel zu geringer Kohlensäurekonzentration gearbeitet worden ist. In Anbetracht der wirtschaftlichen Bedeutung der Nelkenkulturen und der Schwierigkeit bei ihrem Betriebe in den tiefsten Wintermonaten hinreichendes und gesundes Blumenmaterial zu erzeugen, wäre diese Frage wert, genauer untersucht zu werden sowohl von botanisch - physiologischer als von gärtnerisch-kultureller Seite. Die vorliegenden Äußerungen sind folgende:

... Die Ausbeute aus dem begasten Hause war 40% besser als aus dem unbegasten (16).

... Wir begasen schon lange nicht mehr, weil ein wesentlicher Unterschied bei Nelken nicht wahrzunehmen ist (61).

... Obgleich die Begasung sorgfältig in einem großen Nelkenhause 12 × 40 m vom 5. Dez. bis 15. April 1925 nach Vorschrift beinahe täglich ausgeführt wurde, konnten wir keine Erfolge feststellen, jedenfalls nicht bei den Nelken. Bei den zufällig noch in diesem Hause befindlichen anderen Pflanzen scheint teilweise das Wachstum etwas besser (55).

... Sehr auffallend ist, daß dieselbe Stelle nach etwa einjähriger Benutzung des Verfahrens angab, ... das Verfahren wirkte sehr gut bei Nelken, ob es rentabel ist, muß noch festgestellt werden. Etwa 7 Monate später aber schrieb ... Ihre Kohlen nicht mehr für Kohlensäuredüngung verwenden, da die Nelken viel zu wenig darauf reagieren (107).

... Bisher keine Erfolge mit dem Begasen erzielt bzw. feststellen können. Bemerke jedoch, daß ich selbst keine Zeit hatte, die Angelegenheit zu bewachen und zu verfolgen (151).

... Jetzt schon kann ich Ihnen mitteilen, daß sich ein günstiges Resultat bemerkbar macht (145).

Ein erster Spezialist für Nelkenkulturen auf dem Kontinent schreibt über seine Erfahrungen mit OCO-Begasung folgendermaßen:

„Trotz der Schwierigkeit, bei der Nelkenzucht definitive Versuche zu machen, wegen der starken Lüftung, die diese Pflanzen fordern, kann ich Ihnen versichern, daß ich abschließende Ergebnisse in bezug auf eine wirkliche Erhöhung des Wuchses und eine größere Festigkeit der Stengel erzielt habe. Die Versuche sind zuerst in einem meiner großen Gewächshäuser vorgenommen worden, dessen Pflanzen schon in voller Blüte waren.

Andere Versuche sind in Gewächshäusern gemacht worden, deren Pflanzen mehr oder weniger erschöpft waren, und ich kann sagen, daß ich feststellen konnte, daß die Pflanzen durch das Einatmen der Kohlensäure ein kräftigeres Aussehen gewonnen haben.

Da die Versuche jedoch gegen Ende des Winters und im Frühjahr vorgenommen wurden, würde ich dieselben gern im Herbst fortsetzen, wenn die Treibhäuser nur einige Stunden am Tage gelüftet werden.

Ich stehe allen Personen, die nähere Einzelheiten über meine Versuche zu wissen wünschen, zur Verfügung." (Emile Draps, Merxem [169].)

Über **Cyklamen** liegen aus der Literatur keine nennenswerten Mitteilungen vor.

Im Jugendstadium scheint bereits eine Begasung angezeigt, denn eine Stelle äußert:

... Ich habe 15000 Sämlinge damit begast und stehen auch diese sehr üppig und kraftstrotzend (38). Sämlinge überwanden Wachstumsstörungen sehr gut (128).

Daß die Blühwilligkeit gefördert wird, habe ich selbst mitbeobachtet, wie es in folgendem geschildert wird:

... Die begasten Pflanzen waren nach ca. 4—6 wöchentlicher Begasung ca. 14—20 Tage in der Kultur weiter fortgeschritten und blühten stärker als die unbegasten (74).

Es war mir damals schon aufgefallen, daß Pflanzen, die in einem Raume standen, der übermäßig stark begast wurde, sehr langstenglige Blüten trieben. Dies ist neuerdings bestätigt worden durch folgendes:

... Bald aber mußte ich feststellen, daß die Blütenstiele für Pflanzen, die als Topf verkauft werden sollten, zu lang wurden, jedoch für Schnittblumen ganz ausgezeichnet waren. Ich begaste nun andere Häuser nur so lange, bis die Knospen eben aus dem Laub herauskamen, und diese blieben dann kürzer. Man muß also ... je nach Verwendung der Cyklamen diese kürzere oder längere Zeit begasen (38a).

... Brachten sehr große, schöne Blumen und der Flor war 4 Wochen früher beendet als ohne Begasung, was eine große Kohlenersparnis bedeutet (85).

... Freudiges Wachstum und dadurch bedingt die kürzere Kulturperiode (127).
... Zeichneten sich durch besondere Blühwilligkeit aus (130).

Wenig Unterschied (68) und gar keinen (46) stellten nur 2 fest, beim letzteren ist aber, wie nachgewiesen werden konnte, nicht mit zureichenden Mengen begast worden.

In allgemeinen Wendungen gut äußern sich 5 über ihre Erfahrungen (66, 76, 128, 144, 158):

... Bei Cyklamen stellten wir fest, daß Begasung vor allem auf intensive Farben wirkte, während Jungpflanzen auf das Begasen hin freudig und üppig wuchsen.

... Im zeitigen Frühjahr fand ich größere Bestände von Cyklamen-Sämlingen, die verschiedentlich unter diesen (Vermehrungspilzen) litten. Versuchsweise vorsichtig durchgeführte Begasungsversuche nach dem OCO-Verfahren nach Dr. Reinau zeitigten unerwartet gute Erfolge. Selbst Bestände, die ich meinen bisherigen Erfahrungen nach als hoffnungslos bezeichnet hätte, wurden gerettet. Landgraf[1]).

Begonien: Hierüber ist schon früher (Kl. und Ru.) bei der Sorte Rex die Beobachtung gemacht worden, daß die Zahl der Blätter sich nach 4 bzw. 7 Wochen um das 1,56- bzw. 1,40fache vermehrte. Das Spiel der Farbenkontraste war leuchtender, und die ganze Haltung der Pflanzen entsprechend schöner. Bei einem späteren, gleichzeitig ersten OCO-Versuch war begaste Metallica strammer und früher blühend. Gleiches hat sich namentlich bei der praktischen Verwendung des OCO-Verfahrens immer wieder bei Lorraine geltend gemacht. Von insgesamt 16 vorliegenden Mitteilungen ist nicht eine einzige ungünstig. Ohne besondere Zusätze äußern sich allgemein über die günstige Wirkung auf Blume und Blatt 5 (36, 62, 69, 74, 50, 161c, 146).

Über die Wirkung auf die Pflanzen im Jugendstadium sowohl als Sämlinge wie als Stecklinge liegt folgendes vor:

... Begoniensämlinge zeigten gutes Wachstum und blieben, solange begast, vom Pilz frei [Semperfl.] (129).

... Meine Aussaaten (Semperfl.) kamen etwa 8 Wochen später in die Erde, als die mehrerer meiner Fachkollegen und hatten letztere zur Zeit des Auspflanzens vollkommen eingeholt, was ich als einen Beweis der Wirkung der Kohlensäuredüngung betrachte (84).

... Im Vermehrungsbeete geht die Bewurzelung schneller vonstatten (Blattbegonien) ... intensivere Färbung (82).

... Im Gegenteil, als meine Begonien faulen wollten, begaste ich sofort morgens um 10 Uhr und mittags um 5 Uhr bei jeder Witterung, und die Begonien dachten an kein Verfaulen mehr. Ebenfalls ist der OCO-Apparat auch für die Vermehrung großartig (116).

... Rexbegonien, die am besten reagierten, daß diese Düngungsart unbedingt eine Abkürzung der Kulturperiode bewirkt und so handgreifliche Vorteile bietet, daß die Rentabilität vollkommen klar bewiesen ist (38b).

... bei den ca. 700 Stück Rexbegonien, welche an stets wiederkehrende Käufer (Angehörige und Angestellte des Siemenskonzerns) abgesetzt worden sind, kommen vielleicht 3—4 Reklamationen in Betracht, die aber nicht auf Begasen der Pflanzen, sondern auf örtliche Behandlung, wie Zugluft in den Bureauräumen während der Säuberung derselben, sowie auf ein Zurückgehen der Pflanzen bezüglich des Wachstums nach 4—5 Monaten zurückzuführen sind (Gärtn. Rundschau 1926, Nr. 12).

... Am auffälligsten aber war die Wirkung bei meinen Rexbegonien. Hiervon begaste ich etwa 200 Pflanzen. Frühjahrsblattvermehrung hatte im August einen Durchmesser von 75—95 cm (Möll. dtsch. Gärtner-Ztg. 1926, Nr. 13).

---

[1]) Gartenwelt 1926, S. 359.

... Ich habe in meinem Betrieb eine Riedelsche Zentralanlage, sowie einige OCO-Öfen zur Düngung angewandt. Es wurden damit u. a. einige Tausend Begonien während der Kulturzeit begast und in den Wochen vor Weihnachten an die Blumengeschäfte abgesetzt, aber es ist mir keine Klage wegen Nichthaltens der Pflanzen zu Ohren gekommen (Neuhaus, Verb.-Ztg. dtsch. Blumengesch.-Inh. Jg. 22, Nr. 7).

Lorraine-Begonien: Über diese sehr verbreitete schöne Kultur liegen Erfahrungen aus den namhaftesten Betrieben vor, die alle günstig sind:

... Bin zufrieden gewesen mit dem Wachstum der Pflanzen (75).

... Bei zum Treiben ausgesetzten Pflanzen konnte ein urkräftiger Wuchs und ein frühzeitiges Blühen beobachtet werden (81).

... Begaste Stecklinge haben nach erfolgtem Weiterverkauf in andere Betriebe ohne Begasung auch dort früher geblüht (49).

... Zufriedenstellende Erfolge erzielt (59).

... Bei der Begasung der Begonien habe ich festgestellt, daß die anfangs fast gelben Blätter in ganz kurzer Frist vollständig grün wurden und die Pflanzen im allgemeinen ein viel gesunderes Wachstum zeigten (97).

... Bei Lorraine-Begonien wirkt die Begasung schon nach einigen Tagen sichtbar, wie ja alle Begonien besonders dankbar dafür sind (152).

Primeln (obconica): Aus der früheren Literatur ist nichts darüber bekannt. Bei meinen ersten OCO-Versuchen war bei einer Zahl von je etwa 100 Vergleichstöpfen das Erblühen in den begasten Pflanzen um etwa 20% eher und stärker.

Von 8 vorliegenden Äußerungen der Praktiker beziehen sich 7 auf Obconica und 1 auf Sinensis. Nur eine Antwort ist unbestimmt (108), weil die Zeit der Beobachtung noch zu kurz war. Ohne genauere Angaben äußern sich 3:

... ein üppigeres Wachstum wie in früheren Jahren (80).

... ein wichtiger Faktor in allen Gewächshauskulturen (114).

... schnelle Entwicklung der Pflanzen ... der Blüten (58).

Ferner:

... Außerordentlich war der Erfolg bei Schnittgrün und Primula obc. (113).

Hinsichtlich der Blühwilligkeit und der Vertiefung der Farbe (113) äußern sich 3 Antworten:

... zeichneten sich durch besondere Blühwilligkeit aus (Sinens) (130).

... mit Arbeit überhäuft und konnte mich selbst nicht um meine Kulturen kümmern und war entsetzt, als ich meine Primeln wiedersah. Ich ließ sie sofort zweimal täglich begasen. Ich übertreibe nicht, ... es geschahen Zeichen und Wunder. Heute strotzen die Pflanzen vor Gesundheit und haben eine tiefdunkelrote Blütenfarbe, wie man sie schöner nicht haben kann ... den besten Beweis, daß OCO auch eine enorme Einwirkung auf die Blütenfarbe hat (38b).

... Bei Primula obc. fand ich, daß durch die Begasung die Farbe intensiver wurde und die Blüten gleichmäßiger kamen. Alles in allem bin ich mit den Erfolgen zufrieden.

... Guter Erfolg bei Primula obconica. Die Blüten sind nicht kleinblumig geworden (XIII).

Amaryllis: Hierzu liegt eine Mitteilung vor, daß Hybriden davon ohne Parallelversuch während der Treibzeit einige Wochen begast worden seien. Ein Urteil sei infolgedessen noch nicht möglich (143).

Calendula: Hierfür bietet die Literatur eine Mitteilung[1]), aus der hervorgeht, daß nach 5 Wochen Begasen diese Pflanzen innerhalb der nächsten 17 Tage (4. X. bis 8. XI. bis 25. XI.) 66 Blüten erbrachten, die unbegasten Kontrollen nur 36, also nahezu 100% rascher blühten.

---

[1]) Möll. dtsch. Gärtner-Ztg. 1924, S. 94.

Calla: Hierüber steht an derselben Stelle, daß die Calla innerhalb 6 Wochen doppelt soviel Blüten ergaben, und zwar 4 Tage früher, ehe nur halb soviel Blüten aus dem unbegasten Hause kamen.

Poinsetia: Mit dem Weihnachtsstern wollen wir diesen Kulturkalender zum Begasen beschließen.

Aus der früheren Literatur ist nichts über Begasungserfolge bekannt geworden. Zuerst ist in einer der Veröffentlichungen Dr. Riedels über die amerikanischen Versuche mit seinen Anlagen günstiges über den Einfluß der CO_2-Düngung auf diese herrliche, rote Blume bekannt geworden.

Nach dem OCO-Verfahren ist an einigen Stellen mit Erfolg gearbeitet worden (26):

... und Poinsetien besonders auffallend schnelle Entwicklung zu Beginn der Wachstumsperiode, während später wenig Unterschied zu beobachten war, daß die begasten Pflanzen den unbegasten vorausgingen. Spätere Begasung schien sogar schädlich zu sein (68).

... mit dem letzten Ergebnis der Begasung bei Poinsetien ist ... sehr zufrieden. Nur haben sich die beiden oberen Blätter vor ca. 4—5 Tagen gerollt, also ein Zeichen, daß er zuviel begast hat. Er hat die Begasung darauf eingestellt. Die Blätter sind aber nicht wieder gerade geworden, sondern welken und fallen ab. Bei ganz stark entwickelten Pflanzen ist diese Erscheinung nicht aufgetreten. ... (45).

In dieser Darstellung der 'Erfahrungen mit Kohlensäuremast von Gewächshauspflanzen ist ein großer Dauererfolg mit Begasen zu wertvollsten Treibrosen unerwähnt geblieben, denn dabei wurde ein in seiner Eigenart höchst lehrreiches Verfahren benutzt. Wohl der bedeutendste Gärtner Kopenhagens, C. H. Koch, begast nämlich seine etwa 60 m langen und etwa 12 m breiten Kulturhäuser für Treibrosen mittels eines Kohlensäuregases, welches ihm ganz eigenartig angelegte Misthaufen liefern. Durch diese wird mittels Ventilator Luft angesaugt und dann durch Zinkblechrohre in die Kulturhäuser hineingeblasen. An Hand der beigefügten Schemazeichnung (Abb. 28) bekommt man einen Einblick in das, was hier in der Tat vor sich geht, indem man dem Mist gewissermaßen eine Fernwirkung gibt.

Der aus der nahegelegenen Karlsberg-Brauerei leicht beschaffbare Pferdemist wird auf je einen 10 m im Geviert messenden Rost aus Balken und Brettern (a) bis zu etwa 1,2 m Höhe abgeladen. Dieser Balkenrost wird von den Seitenwänden einer verhältnismäßig flachen gemauerten wasserdichten Grube getragen (b). In sie (b) kann die Jauche abtropfen, so daß sich darin mit der Zeit Flüssigkeit bis zu dem Spiegel bei (c) anreichert. Dann bleibt zwischen ihr und Rost ein Luftraum (d), welcher seitlich einen Rohrleitungsanschluß hat, so daß durch das nach abwärts gebogene Knierohr (e) Luft angesaugt werden kann. Sobald also der Ventilator in Tätigkeit tritt, entnimmt er zunächst aus diesem Zwischenraume Luft bzw. saugt er frische Luft von außen (f) her durch die Mistschicht hindurch. Durch diese Belüftung, in ihrer Lebenstätigkeit angeregt, beschleunigen die Bakterien im Mist ihren Umsatz, verbrennen ihn rascher und reichern die durchströmende Luft mit Kohlensäure an. Da gleichzeitig etwas Salmiakgeist (Ammoniakgas bzw. kohlensaures Ammoniak) mitgeführt wird, so durchstreicht die angesaugte Luft, ehe sie zum Ventilator kommt, eine Waschvorrichtung, die alles Ammoniak herausnimmt (g). Alsdann wird der kohlensäurehaltige Luftstrom durch Zinkblechrohre, je nach Wunsch und Bedürfnis, nach den 15 verschiedenen Gewächshäusern gedrückt. Der Mist ist nicht überdacht, damit der in Kopenhagen häufige

Regen ihn ordentlich feucht hält. Sollte dies nicht genügen, so wird er mittelst Schläuchen kräftig bespritzt. Selbstredend wird die in der Grube sich ansammelnde Jauche nebst der ammoniakenthaltenden Waschflüssigkeit von (*g*) in üblicher Weise zum Gießen der verschiedenen Kulturen je nach Bedarf an Bodennährstoffen benützt. Erfahrungsgemäß liefert eine Füllung einer solchen Mistlagerstätte für etwa 4 bis 6 Wochen genügend Kohlensäuregas. Alsdann wird die daneben befindliche, nunmehr frisch mit Mist beschickte zweite Lagerstätte durch einfache Hahnumstellung an die Anlage angeschlossen und die erste je nach Bedarf entleert bzw. frisch gefüllt und der kalte Mist als Kompost verwendet.

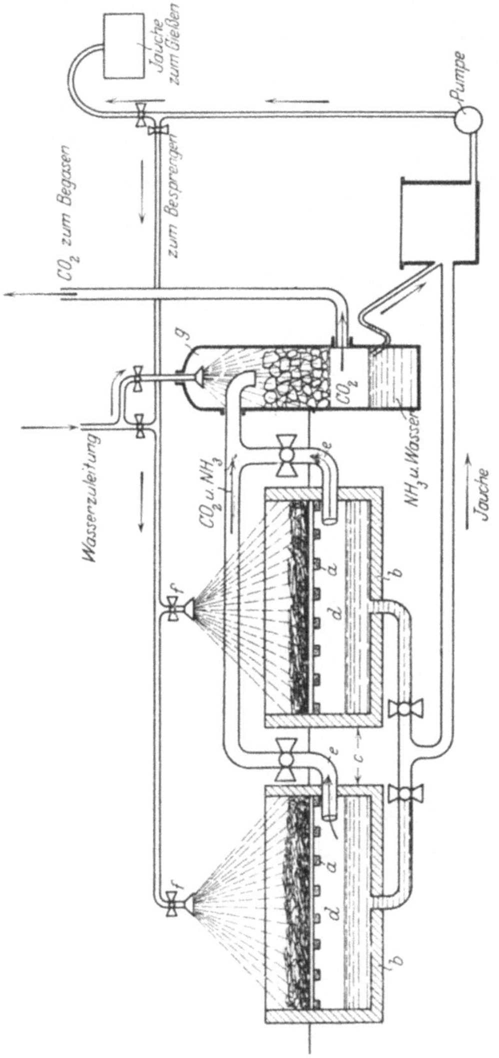

Was die Zuführung der kohlensäurehaltigen Luft in den Häusern betrifft, so wird sie lediglich an je 4 Stellen von den Seitenwänden aus durch kurze Stutzen von etwa 20 bis 30 cm Länge und 5 cm Breite herausgeblasen, so daß der Luftstrom die nächststehenden Pflanzen unmittelbar trifft. Die im Strahle des Blasens stehenden Pflanzen erschienen mir allerdings gegenüber den dicht daneben befindlichen im Wachstum etwas geschwächt und in der Blattfarbe etwas angegilbt. Ich möchte dies zum Teil auch auf mangelhafte Reinigung von Salmiakgeist zurückführen.

Sonst ist der Erfolg dieser Begasungsweise ein durchaus befriedigender. Der Stand der Rosen ist zu jeder Jahreszeit nach Wunsch dem Geschäftsgange anzupassen, und die Ergiebigkeit der einzelnen Pflanzen und Häuser hat wesentlich zugenommen.

Fragt man sich nun, wie Koch dazu kam, dieses merkwürdige Fern-Mistsystem sich anzulegen, so hat auch dies eine natürliche Vorgeschichte. Im Sommer 1923 wurden in seinem Betriebe unter Mitwirkung von Prof. Fr. Weis und Mag. Müller von der Landwirtschaftlichen Hochschule in Kopenhagen Vergleichsversuche angestellt: 2 Häuser wurden täglich 6 Stunden mit Flaschenkohlensäure begast, und zwar das eine doppelt so stark wie das andere, so daß das erstere zwischen 0,5 und 0,7 %,

Abb. 28. Kohlensäuredüngung mittels Kohlensäure, die sich aus Mist entwickelt. Schema einer Anlage bei Koch-Kopenhagen. (Beschreibung siehe S. 150.)

das letztere zwischen 0,3 und 0,45% Kohlensäure enthielt. Ein drittes, das Kontrollhaus, hatte nur 0,04—0,10% CO_2, und schließlich war noch ein viertes Haus vorhanden, in welchem das Begasen durch Anlage von Dungbeeten mit etwa 16 cm starker Düngerschicht durch Mist-Kohlensäure besorgt wurde; hier hielt sich der Kohlensäuregehalt zwischen 0,20 und 0,25%. In allen 4 Häusern waren Gurkenkulturen in üblicher Weise in dung- und kompostreicher Erde ausgepflanzt. Der Versuch ist nicht ganz wunschgemäß zu Ende gelangt, weil sich nach 4 wöchentlicher Begasung der beiden ersten Häuser mit Flaschenkohlensäure eine Schädigung der Blätter einstellte: sie wurden gelb und fielen zum Teil ab. Die Schädigung wurde auf irgendeine Verunreinigung (möglicherweise Äthylen) zurückgeführt, nicht — was ich für wahrscheinlicher halte — auf Überdüngung mit Kohlensäure (s. S. 111). Auf jeden Fall aber zeigte sich im 4. Hause, in dem die gesonderten Dungbeete angelegt waren, gegenüber allen 3 anderen sowohl ein besseres Wachstum als auch frühzeitigeres Fruchten. Obgleich der Mist also keine Gelegenheit gehabt hatte, Nährstoffe an die Wurzeln der Pflanzen abzugeben, sondern nur Kohlensäure durch die Luft an die Blätter, hatte er — also durch die Luft hindurch — oder in die Ferne gewirkt. Die Versuchsansteller zogen deshalb den Schluß: „daß die Zufuhr von Kohlensäure, welche durch gärenden Dünger erzeugt wird, eine günstige Einwirkung auf den Pflanzenwuchs hat. Obwohl die Versuchsansteller die Billigkeit dieser Art Kohlensäureerzeugung noch betonen, ist man später doch zu der zentralen Fernbegasung vom Misthaufen aus übergegangen, weil das Unterpacken von Mist unter die Tische bzw. niedrige Tabletten sich als mühseliger und kostspieliger erwies, wie einfache Dungbeete im Gurkenhause anzulegen. Die Entwicklung dieses Falles und die Zähigkeit in der Durchführung des Gedankens, die verschiedenen Wirkungsmöglichkeiten von Mist scharf zu trennen, beweisen, daß dieser Erzeuger höchstwertiger Blumen richtig erfaßte, welche Bedeutung es hat, die Kohlensäurewirkung des Mistes auf die Blätter, von dessen Salz- und Bodenwirkungen auf die Wurzeln, zu trennen und jede sicher in die Hand zu bekommen. Denn dadurch erhält man anstatt eines zwei Hebel, ja, sogar drei, mit denen man die Erzeugung den jahreszeitlichen und Marktverhältnissen anpassen kann. Steht der Kohlensäurehebel auf Halt, wird also nicht begast, so kann das Blühen zurückgehalten werden. Und es wird noch mehr gebremst, wenn vermittels der Jauche die Salzwirkung — namentlich die des Stickstoffes — des Mistes herbeigeführt wird: das Krautwachstum nimmt zu, die Bildung der Knospen verzögert sich. Sobald aber Aussicht ist auf gute Preise für Rosen, wird der Gashahn vom Misthaufen her aufgedreht, und man hat in kürzester Zeit beliebige Mengen von Schnittware.

Hier ist also mit Kohlensäure aus Mist in die Ferne begast worden in der deutlichen Absicht, die Ernährung von Blatt und Wurzeln getrennt. zu beherrschen. Die Wärme des Mistes bleibt aber bei der großen Anlage unbenützt. Es sei deshalb noch ein Fall eingereiht, bei dem es dem Versuchsansteller Loebner aus Mangel an Kohlen darauf ankam, durch hohe Schichten warmen Pferdemistes, auf welche dann Gurkenpflanzen aufgesetzt werden, Versuchshäuser einigermaßen warm zu halten.

Während er bei sonstigen Versuchen mit künstlicher Begasung mittels des OCO-Verfahrens die oben geschilderten Ergebnisse: ansehnlichen Früh- und Mehrertrag hatte, erreichte er unter dieser kräftigen Bemistung mit OCO praktisch keine weitere Verfrühung und auch keine schwereren Früchte[1]). Beabsichtigt hatte Loebner in beiden Häusern Heizung, nebenher bekam er aber jeweils Kohlensäuredüngung, denn da tatsächlich in den Boden des Standortes der Pflanzen beträchtliche Mengen Mist hereingebracht wurden, gab dieser soviel Kohlensäure an die Luft, daß die OCO-Begasung schon eher des Guten zuviel tat:

Tabelle 19.

	Begast		Unbegast	
	Stück	Gewicht in g	Stück	Gewicht in g
vom 19. Mai bis 2. Juni . .	120	58470	127	60420
vom 4. bis 17. Juni	169	78250	168	79290
zusammen	289	136720	295	139610

Als deutlicher Beweis für die Richtigkeit dieser Deutung seiner Ergebnisse dient ein weiterer Versuch Loebners[2]). Bei einer späteren Sommerkultur, als keine Heizung nötig war, sind die jungen Gurkenpflanzen in flache Dämme groben, unverwesten Kompostes gesetzt worden; das eine Haus wurde zwischen dem 28. Juni und 25. Juli mit folgendem Ergebnis mit OCO begast:

Tabelle 20.

	Begast		Unbegast	
	Stück	Gewicht in g	Stück	Gewicht in g
bis 5. August	72	42580	59	36100
„ 13. „	160	96910	124	69190
„ 22. „	322	183010	274	152990
Durchschnittsgew. einer Gurke:	568		558	

„Bei diesem zweitmaligen Anbau tritt also wiederum, wie 1923, die frühere Reife der Früchte in der begasten Abteilung (deren Pflanzen nur auf Kompost und nicht auf Dämmen einer Pfeerdemist-Einpackung standen) in Erscheinung, und der Gesamtertrag an Gurkenfrüchten und das Gesamtgewicht derselben läßt eine Steigerung von etwa 20% erkennen.“

Wie sehr in der Tat jede Bemistung auch eine Kohlensäuredüngung bewirkt, beweisen die folgenden Versuche und Beobachtungen. In der Lehr- und Forschungsanstalt für Gartenbau in Dahlem werden seit einigen Jahren zur weiteren Erforschung der Begasung von Gewächshäusern Versuche bei Gurkenkulturen angestellt. Erprobterweise werden diese Kulturen in verhältnismäßig mistreiche Erde ausgepflanzt. In

---

[1]) VI.—VIII. Bericht über die Tätigkeit der Gärtner. Versuchsanstalt der Landwirtschaftskammer für die Rheinprovinz 1926, S. 24.

[2]) L. C. IX. Bericht 1926, S. 22.

zwei solchen Häusern wird seit 1924 während der Wachstumsperiode, die mitten im Winter beginnt, die Luft regelmäßig auf ihren Gehalt an Kohlensäure untersucht sowohl in einem Haus, das zusätzlich noch begast wird, wie in einem anderen, das lediglich Kohlensäuredüngung vom Boden her empfing. Einige Analysen folgen in der nachstehenden Tab. 21, worin die an hellen bzw. trüben Tagen ermittelten Werte je in einer gesonderten Rubrik angeführt sind:

Während also die Luft im Freien, außerhalb der Häuser im allgemeinen etwa 0,030% CO_2 enthält, hatte die Luft eines bemisteten Hauses

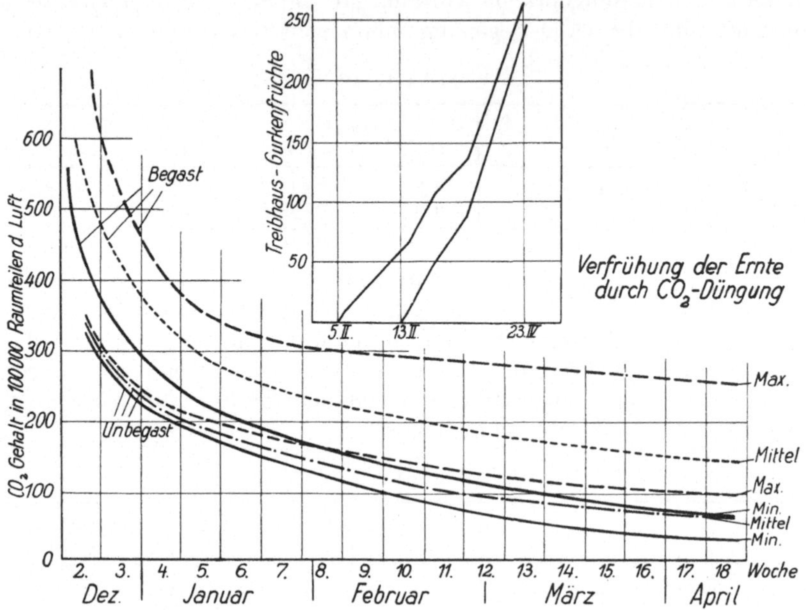

Abb. 29. Die 6 unteren Kurven geben den Verlauf des Kohlensäuregehaltes in stark mit Mist versehenen Kulturhäusern im Laufe der Monate. Davon stellen die drei obenliegenden die Verhältnisse bei zusätzlicher Begasung, die tieferliegenden vhne Begasung dar. Die Darstellung oben in der Mitte gibt einen Begriff von der Verfrühung der Ernte infolge Begasung.

wochenlang 8—10fachen Kohlensäuregehalt. Derselbe fällt allmählich in dem Maße, wie die Zersetzung des Mistes fortschreitet bzw. die zunehmende Blattfläche im Hause mehr Kohlensäure verzehrt. Man sieht aus der Tab. 21 ferner, wie eine vorschriftsmäßige Begasung diesen Gehalt durchgehend etwa verdoppelt. Aus den Angaben auf S. 134, Tab. 18 ersieht man die Einwirkung auf Verfrühung des Ertrages. In den ersten Tagen, nach dem frischen Packen der Beete, zu einer Zeit, in der man gewöhnlich die Sämlinge noch nicht auspflanzt, weil der Boden noch zu hitzig ist und die Pflanzen leicht verbrennen, sind die Kohlensäuregehalte im Hause noch beträchtlich höhere: 1,164%, und nach weiteren 8 Tagen noch 0,470%. Auf Grund dieser Vorgänge und Beobachtungen ist die obige Darstellung konstruiert (Abb. 29).

In der letzten Rubrik der Tab. 21 findet man unter der Bezeichnung Bodenatmung in Grammen Kohlensäure je Quadratmeter und Stunde

einige Werte über die Mengen von Kohlensäure, welche von der Boden-
oberfläche abgegeben werden. Daß insbesondere die Bodenbakterien die
Ursache dafür sind, daß sich Kohlensäure in der Bodenluft so anreichert, daß sie das Bestreben hat, nach der freien Luft hin auszutreten,
wurde S. 36 ff. schon ausgeführt. Wir werden im folgenden auf die einzelnen Ursachen hiervon eingehen. Werte von 1,1—0,8 g in der Tab. 21
sind nicht die höchsten, die ich in Gewächshäusern beobachtet habe, es
kommen gelegentlich bis über 2 g CO_2 je 1 qm Boden und Stunde vor.
Nun verarbeitet 1 qm Blattfläche im Mittel je Stunde 0,4—0,8 g Kohlen-

Tabelle 21. Gehalte der Gewächshausluft an CO_2 in Volumteilen in 100 000

		Mit OCO begastes Haus				Kontrollhaus		
Datum 1924/25	Wetterlage	Temp. im Hause	Höchst- wert	Niedrig- wert	Bod.-Atmg. g CO_2 qm/St.	Höchst- wert	Niedrig- wert	Bod.-Atmg. g CO_2 qm/St.
19. 12.	trübe	25°	752	560	—	346	—	—
24. 12.	hell	26—30°	—	346	—	—	230	—
29. 12.	trübe	22—25°	—	305	—	238	—	—
30. 12.	klar	17—24°	475	229	—	—	—	—
5. 1.	bedeckt	24—25°	—	232	—	—	—	—
9. 1.	,,	23—26°	245	150	—	—	—	—
12. 1.	trübe	22—23°	—	235	1,4 g	196	—	0,56 g
14. 1.	hell	20—23°	—	213	—	166	149	0,80 g
20. 1.	,,	29—30°	295	—	1,13 g	—	—	—
21. 1.	,,	31,5°	—	228	—	—	143	0,44 g
22. 1.	,,	16°	—	—	—	192	—	—
17. 2.	,,	24°	—	—	—	—	108	1,11 Erde nachgelegt
21. 2.	bedeckt	14—15°	409	365	—	244	—	—
24. 2.	hell	16°	374	274	1,82 Erde nachgelegt	—	—	—
5. 3.	bedeckt	17—20°	228	100	1,60 g	—	—	—
1. 4.	hell	30°	—	53	—	—	—	—

säure. Man kann deshalb sehr wohl von einer Kohlensäuredüngung vom
Boden her sprechen, wenn 1 qm davon 2—4 mal soviel Kohlensäure
erzeugt, wie 1 qm Blatt über diesem Boden verzehrt.

c) Die Bodenatmung.

Hinsichtlich alles mehr Theoretischen sei bezüglich der Bodenatmung auf Teil I, Abschnitt a), S. 29 ff., S. 36 ff., in mehr chemischer
Beziehung auf S. 42 ff. und in physikalischer Beziehung auf S. 48 ff.
verwiesen. Jetzt möchte ich lediglich eine gedrängte Darstellung derjenigen Beobachtungen geben, welche sich im Laufe der letzten Jahre
durch zahlreiche Untersuchungen über das Wesen der Bodenatmung ergeben haben: Man kann sich dann ein Urteil bilden, wie die Verhältnisse, die praktischen Arbeitsweisen und die Gebräuche im Landbau die
Bodenatmung beeinflussen.
Der Boden besteht gewöhnlich aus einer Mischung von mehr oder
weniger gleichen Raumteilen fester (mineralischer) Bodengerüstsubstanz,
Wasser und Luft. Er enthält daneben aus Tier- und Pflanzenresten entstandene kohlenhaltige Humusstoffe, von denen eine Unzahl kleiner

und kleinster Geschöpfe leben. Bei der Umsetzung dieser Humusstoffe sind besonders die Bakterien lebhaft beteiligt. Kohlensäure ist das hauptsächlichste ihrer Stoffwechselerzeugnisse, das sie als wertlos abstoßen. Im übrigen vermehren diese Bakterien sich ungeheuer rasch und haben einen großen Nahrungsverbrauch bzw. Stoffwechselumsatz, wenn ihre Umgebung feucht und warm ist. Da uns hier ihre Arbeit nur insofern angeht, als dabei Kohlensäure entsteht, so ist selbstverständlich, daß sie zur völligen Verbrennung der kohlenhaltigen Stoffe des Bodens Luftsauerstoff brauchen, also guter Lüftung bedürfen. Und schließlich ergibt es sich von selbst, daß diese Lüftung, also das Hinzukommen neuen Sauerstoffes, im Austausch gegen gleichviel Raumteile entstehender Kohlensäure nur vermittels irgendwelcher Löcher, Kanäle oder Poren innerhalb des Bodens bzw. an dessen Oberfläche geschieht. Aus diesen höchst einfachen Zusammenhängen heraus ist es eigentlich selbstverständlich, daß alles, was Bakterientätigkeit begünstigt, auch die Bodenatmung erhöht; für den Praktiker ist es indessen wissenswert, wie stark diese einzelnen Einflüsse sich geltend machen.

Was die Anwesenheit und Notwendigkeit von Bakterien bzw. deren Anzahl für die Atmungstätigkeit des Bodens bedeutet, geht aus Untersuchungen Stoklasas hervor[1]): Boden der Ackerkrume mit je Gramm 2,3—2,5 Millionen Bakterien lieferte pro Kilogramm (in einer bestimmten Versuchseinrichtung) ca. 10 mg CO_2. Boden aus dem Untergrund hatte je Gramm nur 0,1 Millionen Bakterien und lieferte nur 2,8 mg Kohlensäure. Derartige Beispiele ließen sich beliebig vermehren.

Bei der Bestimmung der Bodenatmung auf bewachsenen Böden läßt sich selten eine ganz scharfe Trennung vornehmen zwischen Kohlensäure ausgeatmet von Bakterien oder von Wurzeln in diesem Boden (S. 29). Lundegårdh hat, um zu Zahlenwerten zu kommen, abgeschätzt, daß die Wurzeln eines normalbewachsenen Haferfeldes je Quadratmeter und Stunde etwa 0,131 g CO_2 abgeben. Dies entspricht ungefähr einem Drittel einer mittleren Bodenatmung, so daß also zwei Drittel der Kohlensäure von den Bakterien herrührt. Unter mittleren Verhältnissen liefern sie also doppelt soviel Kohlensäure wie die Wurzeln.

Außer den sogenannten freilebenden Bodenbakterien kommen hart an der Grenzfläche zwischen Boden und Wurzel noch zwei verschiedene, für die Bodenatmung wesentliche Bakterienarten vor.

a) Die Bakterien der Wurzelhülle (Rhizosphäre Stoklasas) sind verschiedene, an die Wurzeln gewisser Pflanzen besonders angewöhnte, die anscheinend von deren Ausscheidungen irgendwie Nutzen ziehen, oder denen die Nähe dieser Wurzeln irgendwie besondere Lebensbedingungen schafft. Auf jeden Fall finden sie sich in unmittelbarer Umgebung der Wurzeln vieler Feldgewächse gehäuft vor und entwickeln beträchtliche Mengen von Kohlensäure. Wieviel dies je Quadratmeter und Stunde macht, ist noch nicht ermittelt. Dagegen für

b) die Knöllchenbakterien habe ich einige Beobachtungen gemacht, aus denen man Schlüsse auf die Kohlensäureerzeugung auch

---

[1]) Stoklasa und Doerell: Biophysikalische und Biochemische Durchforschung des Bodens (Berlin 1925, Parey).

hinsichtlich der wurzelnahen Bakterien ziehen kann. Diese Knöllchenbakterien leben noch dichter an den Wurzeln wie die vorigen, d. h. sie dringen durch deren Haut ein und, indem sie sich zu Kolonien auswachsen, bilden sie unterhalb der Wurzelhaut kleine Pusteln oder Knötchen, in denen sie in Gemeinwirtschaft mit der befallenen Pflanze leben. Die dem Landwirt am meisten auffallende Betätigung der Knöllchenbakterien ist die Bodenbereicherung mit Stickstoff. Aus der Bodenluft nehmen sie den gewöhnlichen Stickstoff der Luft auf. Indem sie zur Erhaltung ihres Wärme- und Kraftbedarfes den Wurzelsäften Zuckerstoffe entziehen, formen sie dann den elementaren Stickstoff so um, daß er als Nahrung dieser Wurzeln (Symbiose) dienen kann. Dabei ent-

Tabelle 22. Einfluß der Knöllchenbakterien auf die Bodenatmung. Angabe in Gramm CO_2 pro Quadratmeter in einer Stunde.

	Anz. d. Best.	Stickstoffsammler	Andere Pfl. od. nackter Boden	Temperatur des Bodens
16. 6. 24 2jähr. Klee	3	0,418	—	15^c
„ Angrenzender Roggen .	1	—	0,285	20°
12. 9. 24 junger Klee (sofort nach dem Schnitte)	7	0,558	—	$12{-}15^c$
„ 6 Stunden nach d. Schnitte	4	0,331	—	$12{,}5{-}15^c$
„ Angrenzender Senf . . .	7	—	0,224	$11{,}5{-}14{,}5^\circ$
„ Seradella.	2	0,305	—	$13{-}14^\circ$
„ Senf.	2	—	0,218	$14{-}14{,}5^\circ$
17. 10. 24 Dicke Bohnen (sofort nach dem Schnitte) . .	2	0,135	—	$10{,}5^\circ$
„ 6 Stunden nach d. Schnitte	1	0,092	—	$10{,}5^\circ$
„ Darin befindl. völlig von Pfl. fr. Stelle	1	—	0,040	$10{,}5^\circ$
1. 5. 25 Klee auf der Reihe . . .	3	0,275	—	$11{-}12^\circ$
„ „ zwischen den Reihen	4	—	0,149	$11{-}12^\circ$
27./28. 5. 25 Klee auf der Reihe . .	3	0,506	—	$17{-}18^\circ$
„ „ zwischen den Reihen	4	—	0,205	$17{-}18^\circ$
„ „ auf der Reihe (18 Std. nach dem Schnitte) . .	1	0,300	—	$17{-}18^\circ$

steht Kohlensäure, und wie auch der wirkliche Gang des chemischen Umsatzes sich abspielt: einer bestimmten Menge gebundenen Stickstoffes entspricht eine gewisse Menge entwickelter Kohlensäure.

In der obigen Tabelle (22) sind einige Beobachtungen wiedergegeben, aus denen man den beträchtlichen Anteil dieser Knöllchenbakterien an dem Zustandekommen der Bodenatmung ersieht. Bei der Bestimmung der Atmung bewachsener Bodenflächen wird ein kreisrundes Stück Erde von etwa $^1/_{10}$ qm durch sorgfältiges Abschneiden der Stengel usw. dicht über dem Boden von allen grünen Pflanzenteilen befreit und dann unmittelbar eine Glocke zur Bestimmung der Bodenatmung übergestülpt und in den Boden eingedrückt. Stellt man nun derartige Versuche auf Beständen von Leguminosen, die alle an ihren Wurzeln Knöllchenbakterien tragen, an und stülpt die Bodenatmungsglocke nicht unmittelbar nach dem Abschneiden des Grünen auf die Erde, sondern wartet eine halbe bis eine oder mehrere Stunden, so findet man jedesmal eine kleinere Bodenatmung, als wenn man die Glocke sofort aufsetzt. Ferner ist die Bodenatmung bei gleichem Boden, auf dem aber Pflanzen ohne Knöllchenbakterien wuchsen, viel geringer. Wartet man im letzteren Falle gleichlange, so ist die Abnahme der Bodenatmung. selbst nach Stunden, nie so groß wie dort, wo knöllchenbakterientragende Pflanzen standen.

Aus den Zahlen dieser Tab. 22 geht hervor, daß die Knöllchenbakterien mit einem Drittel bis zwei Fünftel zur Bodenatmung beitragen. Nimmt man die letzte Beobachtungsreihe bei Dicker Bohne, wo auf dem Schlage einzelne Stellen waren, auf denen keine Samen aufgegangen waren, so hat man Bodenatmungswerte von: 1. Erde, in der überhaupt keine Wurzeln waren, 2. Erde mit Wurzeln, deren Grün unmittelbar zuvor geschnitten war, und 3. schließlich solche, wo die Beobachtungen erst einige Stunden nach dem Schnitte vorgenommen wurden. Die beobachteten Werte stehen in dem Verhältnis von 0,040 : 0,135 : 0,092, also etwa wie 1 zu 3,5 zu 2,3, d. h. an der ganzen Bodenatmung haben sich die freilebenden Bodenbakterien mit etwas weniger wie einem Drittel, die Wurzeln etwa mit einem Drittel und die

Tabelle 23. Einfluß des Humusgehaltes auf die Bodenatmung.
Angabe in Gramm CO_2 je Quadratmeter in einer Stunde.

	feucht	trocken	Temperatur
Gewächshaus:			
doppelt gepackter Mist Beginn	3,120	—	25°
„ „ „ nach ca. 4 Wochen	1,880	—	25°
„ „ „ „ „ 6 „	1,390	—	25°
einfach gepackter Mist „ „ 4 „	0,820	—	25°
„ „ „ „ „ 6 „	0,740	—	25°
Garten:			
Gartenerde und Stallmist	1,000	—	ca. 15°
„ „ Düngesalze	0,830	—	„ 15°
„ sandig . . . . ca.	0,300	0,184	24°
Feld:			
schwacher humoser Sand	0,264	0,033	25°
Moorerde mit Müll	0,505	0,225	25°
Kartoffelacker mit Mist im Sommer . . .	0,309	0,181	20°
„ ohne „ „ „ . . .	0,139	0,161	20°

Knöllchenbakterien mit etwas mehr wie einem Drittel beteiligt. Wir sehen also, daß diese Beobachtung mit dem Ergebnis der Erwägungen Lundegårdhs ziemlich gut übereinstimmt. Dies wenigstens insofern, als auf die Atmung der Wurzel selbst nur etwa ein Drittel der gesamten Bodenatmung kommt. Die anderen zwei Drittel rühren von den Bodenbakterien her, gleichgültig, ob es sich um freilebende, solche der Wurzelnähe oder solche in Knöllchen handelt.

Was den Einfluß des Humusgehaltes auf die Bodenatmung anlangt, so ist es auf Grund meines bisherigen Beobachtungsmateriales in gewissen Beziehungen schwierig, sich ganz scharf auszudrücken, weil im praktischen Betriebe gleichzeitig mit einer Vermehrung leicht abbaubaren Humus auch eine Vermehrung der Bakterien einhergeht. In der obigen Tab. 23 sind einige Beobachtungen über Atmungswerte von Boden mit Mistbeeterde, mit Gartenerde, auf Moorland und gewöhnlichem Ackerland mineralischer Beschaffenheit, im trockenen Zustande und nach etwa 10—20 mm frischem Regen angeführt:

Was die Durchlüftung des Bodens anlangt, so sind die Mittel, welche dem erwerbstätigen Pflanzenbauer zu diesem Zwecke zur Ver-

Tabelle 24. Durchschnittswerte von Bodenatmung unter dem Einflusse verschiedener Bearbeitung.
Gramm CO_2 pro Quadratmeter und Stunde.

Bearbeitungsart und Bestand	Winter	Frühjahr	Sommer feucht	Sommer trocken	Herbst
Dampfpflug ⎫ Kartoffel . .	0,028	0,016	0,328	0,124	—
Fräse ⎭	0,024	0,026	0,383	0,172	—
Gepflügter ⎫ Weizen . . .	—	—	0,161	0,181	0,155
Gefräster ⎭	—	—	0,226	0,173	0,150
Gehackter ⎫ Klee . .	—	—	0,242	—	—
Nichtgehackter ⎭	—	—	0,182	—	—
Behackter ⎫ Hafer. . . .	—	—	0,114	—	—
Befräster ⎭	—	—	0,321	—	—
Flach bearbeitet, 10 cm .	—	—	0,134	0,041	—
Tiefer bearbeitet, 25 cm .	—	—	0,262	0,211	—
Gewalzt ⎫ Rüben . . .	—	0,037	—	—	—
Ungewalzt ⎭	—	0,063	—	—	—

fügung stehen, die der Bodenbearbeitung, wie Hacken, Eggen, Pflügen, Fräsen, und zum Verdichten: Walzen, Packern. Über den Einfluß derartiger Maßnahmen auf die Bodenatmung unterrichtet vorstehende Tab. 24.

Was den Einfluß des Wassers, also unter natürlichen Verhältnissen des Regens, etwa aufsteigender Bodenfeuchtigkeit, evtl. Tau oder Berieselung auf die Bodenatmung anbelangt, so sind auch hierüber die Beobachtungen und die Erforschung der feineren Unterscheidungen erst in ihren Anfängen. Immerhin stehen gewisse Grundzüge in ihrer Größenordnung durch meine Beobachtungen fest. Wenn z. B., um einen äußersten Fall zu nehmen, ein Boden, der binnen kürzester Zeit so viel Wasser bekommt, daß die Poren der obersten Schichten vollständig mit Wasser ausgefüllt, und keine mehr frei sind, dann atmet er auch keine Kohlensäure mehr aus. Dazu kommt, was besonders auf

Tabelle 25. Einfluß des Regens auf die Oberkrume landwirtschaftlicher Böden bzw. auf die Bakterientätigkeit, gemessen an der Bodenatmung.
g/CO_2 je Quadratmeter und Stunde.

	Ausgangsstadium	Nach wenig Regen	Nach viel Regen	Abtrockn.-Periode
Weizenacker	0,166	0,395	0,303	—
Rübenfeld	0,114	—	0,062	0,144
noch weiter abgetrocknet	—	—	—	0,324
Über Nacht neuer Regen	—	—	0,091	0,114
Acker, flach gepflügt, 10 cm	0,041	0,134	—	—
„ mitteltief „ 20—25 „	0,211	0,262	—	—
„ tief „ 30 „	0,242	0,251	—	—
Gartenland:				
Mit Teichwasser beregnet ⎫ 10 mm	0,145	0,297	0,446	0,310
„ Brunnenwasser . . . . ⎭	0,184	0,354 ⎫ nach ¹/₂ Stunde Einwirkung		0,260
„ eingekochtem Brunnenwasser . . . . 10 „	0,184	0,530		—
„ destilliertem Wasser . 10 „	0,184	0,185 ⎭		0,310

S. 50ff. über die physikalische und chemische Löslichkeit von Kohlensäure in Wasser gesagt wurde: 1 mm Regen, d. h. 1 l auf den Quadratmeter, kann unter Umständen 0,1—0,2 g CO_2 auflösen, so daß die Abgabe an die darüber befindliche freie Luft stark verringert wird. Es kann also unter Umständen bei kalk- bzw. basenreichen Böden das Regenwasser von einigen Millimetern Niederschlägen so viel Kohlensäure auflösen und am Austritt aus dem Boden hindern, wie eine mittlere Bodentätigkeit je Quadratmeter und Stunde sonst abgibt. So erklären sich die in der folgenden Tab. 25 zusammengefaßten Beobachtungen über den Einfluß von Regen auf die Bodenatmung. Bei einem sommerlichen Regen sind allerdings die Verhältnisse zunächst immer so, daß schon 1—5 mm hinreichen, um die Bodenatmung ganz beträchtlich ansteigen zu lassen, 10 und 20 mm erhöhen sie um das 2- und 3fache. Erst bei längerem Regen macht sich dann eine Verminderung der Bodenatmung infolge Verschlusses der Poren und der langsam verlaufenden Lösungsvorgänge der Kohlensäure im Wasser bemerkbar. Sowie aber

Tabelle 26. Einfluß der lebenswichtigen Salze auf die Bodenatmung.

100 g Erde +		ohne	mit	
Ammonsulfat	H. von Süchtelen	0,145	0,864	
Superphosphat	1910	0,145	0,307	
Kali + Phosphorsäure 1 fach		0,100	0,150	
„ „ 1,5 „		0,100	0,216	Vergleichswerte
Kalk + Salpeter 1 fach	Lundegård h	0,100	0,157	
„ „ 2 „	1922	0,100	0,220	
Ackererde + K-P-N . . .		0,411	0,468	Bodenatmung
„ + „ „ „ + Mist		0,411	0,515	g CO_4 qm/Std.

der Regen bei warmem Wetter einige Stunden unterbrochen ist und die Bodenporen frei werden, nimmt die Bodenatmung wieder zu.

Was die Beschaffenheit des Wassers, also seine Herkunft bzw. die Stoffe, die in ihm gelöst sind, für einen Einfluß auf die Bodenatmung ausüben, darüber liegen erst wenige Beobachtungen vor (Tab. 25 unten). Aber schon im chemischen und geschichtlichen Teile wurde besprochen, daß Lundegårdh den eindeutigen Beweis lieferte, daß alle Düngesalze, d. h. Salze, welche die lebenswichtigen (biogenen) Elemente enthalten, noch ehe sie von den grünen Pflanzen aufgenommen werden, im Boden auf die Bakterien günstig einwirken und so die Bodenatmung verstärken. Hierüber gibt die obenstehende Tab. 26 Auskunft.

Man sieht also, wie stark selbst kleine und kleinste Mengen dieser Düngesalze die Bakterientätigkeit des Bodens anregen.

Andererseits ist von reinem destilliertem Wasser bekannt, daß es die Tätigkeit der lebenden Zellen schädigt. Es ist deshalb wohl begreiflich, daß ein Beregnen mit frisch ausgekochtem destilliertem Wasser anders wirkt wie ein natürlicher Regen, obgleich auch der bei uns schon immer geringe Mengen von Ammoniak, Ammonsalpeter und allen möglichen Staubteilen bringt. Durch reines, destilliertes Wasser wird die Bodenatmung in den ersten 20 Minuten nach dem Regnen nicht gesteigert, dies geschieht erst, wenn man diesem reinen Wasser etwa

$^1/_2$ Stunde Zeit läßt, aus dem Bodengerüst einige Nährsalze in sich auf-
zulösen (s. Tab. 25 auf S. 159).

Wer sich darüber unterrichten will, wie die wechselnde Temperatur
auf den Kohlensäureumsatz des Bodens wirkt, möge darüber in meinem
Buche „Kohlensäure und Pflanzen“, S. 56ff. nachlesen. Für den gewerblichen Pflanzenbauer gibt die Tab. 27. und Abb. 30 ein viel klareres
Bild dessen, was für ihn in Betracht kommt. Ich habe im Laufe des
Jahres in allen Monaten zahlreiche Bestimmungen von Bodenatmung
der verschiedensten landwirtschaftlich bebauten Böden eines Gutes vorgenommen. Hierbei war deren Wassergehalt naturgemäß je nach der
gerade herrschenden Witterung verschieden. Wenn man jedoch ganz
ohne Rücksicht hierauf aus den Bestimmungen in den verschiedenen
Monaten des Jahres die Mittelwerte ausrechnet, in bildlicher Darstel-

Tabelle 27. Jahresverlauf der Bodenatmung in Gramm CC_2 je qm/Stde.

Monate	Aller Bestimmungen				Mittelwert der Temperatur in 5 cm Tiefe der betr. Böden
	Mittelwert g	Anzahl	Höchstwert g	Niedrigstw. g	
Januar	0,018	4	0,022	0,010	0°
Februar	(0,026)	—	—	—	0°
März	0,036	2	0,037	0,035	+ 4°
April	0,041	16	0,115	0,015	9
Mai	0,129	2	0,138	0,120	11,7
Juni	0,256	72	0,535	0,072	19,1
Juli	0,190	74	0,615	0,062	18,6
August	0,201	9	0,285	0,069	18,2
September	0,269	73	0,843	0,021	14,4
Oktober	0,080	3	0,120	0,043	9,8
November	0,041	19	0,070	0,000	+ 0,3
Dezember	0,017	3	0,025	0,010	+ 2,0

lung aufträgt, in die man auch die mittlere Temperatur des Bodens
bei den betreffenden Untersuchungen einzeichnet, dann findet man
einen sehr weitgehenden Gleichlauf sowohl im Anstieg als auch im Abfallen beider Kurven. Namentlich von Mitte März bis Ende Mai, wenn
sich die Temperatur von etwa 3 auf 20° hebt, steigt die Bodenatmung
von 0,050 auf 0,225 g CO_2. Und ähnlich, wenn umgekehrt von Anfang
September bis Mitte Oktober die Temperatur von 14 auf 3° fällt, dann
geht die Bodenatmung von etwa 0,235 auf 0,050 zurück. Die deutliche
Abnahme der Bodenatmung in den Sommermonaten ist eine Wirkung
der üblichen Austrocknung der Krumeschicht im Sommer.

Aus den verschiedenen auf den vorstehenden Seiten wiedergegebenen
Untersuchungen über die Änderung der Bodenatmung bzw. der Bakterientätigkeit im Boden durch die verschiedensten Umstände sieht man,
wie stark, und unter Umständen, wie rasch diese Werte sich ändern
können. Wenn auch manches des Mitgeteilten noch weiterer Ver-
feinerung bedarf, so kann man doch sagen, daß die Bodenatmung mit
den Bedürfnissen der wachsenden Pflanzen in überwiegendem Maße
gleichläuft. Also z. B. eine mittelstarke Benetzung des Bodens erfrischt sichtlich das Wachstum der Pflanzen, so daß sie die bessere

Bodenatmung auch ausnützen können. Ja, es sprechen manche meiner Erfahrungen sogar dafür, daß der plötzliche Fluß von Kohlensäure vom Boden her, welcher nach einem gelinden Sommerregen beginnt, die schlappenden Blätter mit aufrichten hilft. Daß in einem Warmhause schlappende Pflanzen nach Einsetzen des Begasens ohne Begießen mit Wasser sich aufzurichten beginnen, ist eine von mir im Jahre 1922 zum ersten Male beobachtete Tatsache, die inzwischen von vielen, die

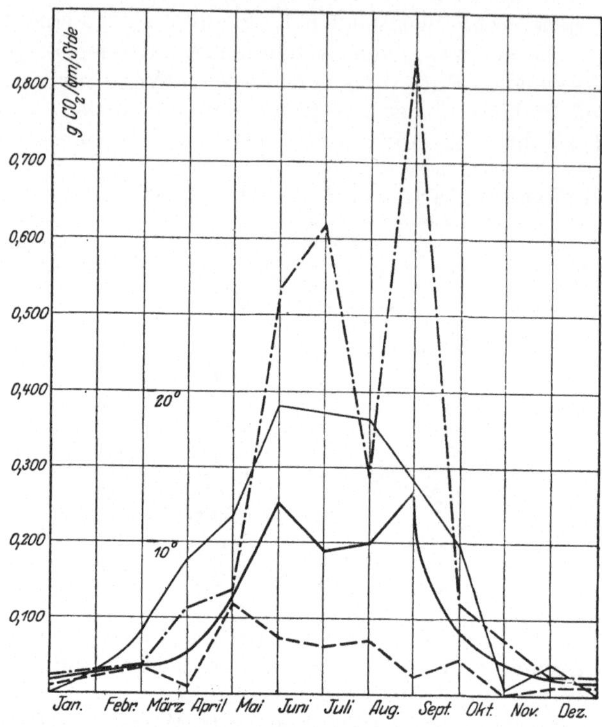

Abb. 30. Die Bodenatmung im Laufe der Monate und des Jahres sowie der Temperaturverlauf im Boden während des Jahres. Man beachte das Erwachen der Bodenatmung um Ende März, Anfang April und ihr Verlöschen im September/Oktober.

────── : Mittelwerte.   — — — : Niedrigste Werte.   — · — · — : Höchste Werte.
────── : Mitteltemperatur.

regelmäßig begasen, bestätigt wurde. Und umgekehrt hat man vielfach beobachtet, daß unter Begasung stehende Pflanzen einige Grade mehr Wärme ertragen, ohne zu schlappen. Ferner steigt mit beginnendem Wachstum, namentlich im April und Mai, der mittlere Wert der Bodenatmung in einer Weise an, die völlig dem starken Zuwachs der Freiluftpflanzen in dieser Zeit entspricht.

Einen Schönheitsfehler scheint die Jahreskurve der Bodenatmung darin zu haben, daß im Laufe jeden Tages einige Stunden Nacht wird, wo die Pflanzen mit dieser Kohlensäure wenig anfangen können. In den Monaten des kräftigsten Pflanzenwuchses sind dies zwischen 6 und 8 Stunden, worauf ein Viertel bis ein Drittel der ganzen Bodenatmung entfällt, die also nicht an Ort und Stelle genützt werden könnte. Aber zum Glück sind die Nachtstunden vorwiegend windstill, und der Verlust der Kohlensäure durch Diffusion ist nur gering, was durch Beobachtung im Freien inmitten von Pflanzenkulturen dadurch bewiesen ist, daß im Laufe der Nachtstunden der Kohlensäuregehalt in den erdnächsten Luftschichten manchmal auf ein Mehrfaches anwächst (vgl. S. 20). Günstig ist ferner, daß durch die nächtliche Abkühlung des Bodens dessen Atmung etwas zurückgeht.

Im ganzen gibt es also natürliche und künstliche Mittel, um vom Boden her eine Kohlensäuredüngung sowohl im geschlossenen als im freien Raume zu bewerkstelligen. Und dabei ist es noch nicht einmal so sicher, wie mancher glaubt, daß im Freien eine derartige Kohlensäuredüngung wesentlich schlechter, wie im geschlossenen, ausgenützt würde. Wir erinnern uns zunächst des Kohlensäure-Licht-Produkt-Gesetzes, denn in einem mit Glas geschlossenen Raume ist das Licht um mindestens 25—50% geschwächt, so daß die Blätter einen in der Luft gebotenen Vorrat von Kohlensäure nicht zu so tiefem Gehalte herab ausschöpfen können, wie z. B. die obersten Blätter von Pflanzen im Freien, die das volle Licht genießen. Auch kann im geschlossenen Raume auf die Dauer nichts kultiviert werden, wenn nicht regelmäßig gelüftet wird, wobei etwa eingeschlossene Kohlensäure verlorengeht.

d) Die Kohlensäuredüngung im Freien, namentlich in Landwirtschaft und Forstbetrieb.

Wenn wir die Frage behandeln: Ist Kohlensäuredüngung im Freien möglich? so haben wir es heute wesentlich leichter wie H. Krantz, als er im Jahre 1908 in mühseligen Auseinandersetzungen und Ableitungen den Versuch machte, berufensten Landwirten diese Frage mit „Ja" zu beantworten. Kohlensäuredüngung im Freien ist nicht nur möglich, sondern schon immer bei allen Intensivkulturen betrieben worden, und sie hätte mit bewußter Überlegung und zielsicherem Handeln bei uns schon mindestens seit 18 Jahren betrieben werden können, wenn die berufensten Fachleute Krantz besser hätten verstehen können und wollen.

Inzwischen sind 2 große Versuche gemacht worden, die einwandfrei — namentlich auch infolge der Ergänzung des einen durch den andern — beweisen, daß Kohlensäuredüngung im Freien praktisch möglich ist. Ich gehe im folgenden nur auf diese 2 grundlegenden Versuche ein, die auch für das gewerbliche Leben den Beweis der Ausführungs- und Gewinnmöglichkeit der Kohlensäuredüngung im Freien liefern. Ich halte mich also nicht bei den ersten Versuchen von Krantz, Fischer, Reinau, Bornemann und auch nicht bei der Gegenwirkung von Gerlach, Lemmermann, Dentsch und Hunius auf, sondern komme zur Sache.

Wie schon im geschichtlichen Teile (S. 87) geschildert, hat Dr. Riedel durch Verwendung der Abgase eines Hochofens einige Morgen frisch aufgebrachten Landes begast. Lundegårdh hat nebeneinander auf einem Morgen Land 25 Parzellen zu je 100 qm teils begast, teils mit bodenbürtiger Kohlensäure gedüngt. Beide Forscher haben durchgehend und derartig beträchtliche Mehrerträge durch Maßnahmen erzielt, die sich praktisch durchführen lassen, daß damit der Beweis erbracht ist, daß die oben gestellte Frage in dem Sinne beantwortet werden kann: Auch im Freien bringt Kohlensäuredüngung eine Rente.

Riedels Feldbegasung. Wie die Hochofengase gewonnen, gereinigt und durch eine Rohrleitung auf das Feld hinausgebracht werden, ist schon weiter oben (S. 95ff.) geschildert. Auf der Erde lagen in Rechteckanordnung Zementrohre von etwa 6 cm innerer lichter Weite, und sie trugen etwa alle 50 cm nach 2 Seiten zu kleine Löcher, durch welche die Kohlensäure entweichen konnte. So ergaben sich rechteckige Landstücke in der Breitseite zwischen 10 und 50 m bzw. in der Längsseite zwischen 10 und 250 m lang. Da das Gas aus jeder Rohrleitung beiderseits austreten konnte, so wurde es dem Spielen der Böen und Winde überlassen, daß die mittleren Teile dieser Feldstücke von 100 qm bis zu einem halben Morgen Größe hinreichend begast würden. Es ist bisher nicht berichtet worden, ob so die Begasung in allen Fällen gleichförmigen Wuchs erzielte, welche Mengen von Abgasen täglich oder im ganzen die Felder bestrichen, und wie der Kohlensäuregehalt um die Pflanzen war. Denn nachdem die Anlage einmal stand, waren die sonstigen Kosten des Betriebes gering, und das Hochofengas stand in beliebiger Menge zur Verfügung. Am 1. August 1917 konnten alle Felder einschließlich der Vergleichsstücke bestellt werden. Kurz darauf begann das Begasen, das z. B. für die Kartoffeln bis zum 9. November durchgeführt wurde. Nach 6—7 wöchentlichem Begasen lieferten z. B. Rübenstiele (Beta vulgaris) je 1 qm an Gesamtertrag einschließlich Wurzel: 2,963 kg, unbegast 1,987 kg, also ein Mehr von 50%. Diese verteilten sich auffallenderweise, wie durch Messen der Blätter und Wurzeln festgestellt wurde, so, daß die begasten Blätter 31%, dagegen die begasten Wurzeln 61% schwerer waren. Ebenfalls nach 6—7 wöchentlicher Begasung vorgenommene Probeernten von Spinat erbrachten im Mittel 0,426 kg und 0,162 kg unbegast, also einen Zuwachs von 163%. Das Gesamtergebnis bei Abschluß des Wachstumes war folgendes, wobei ich die einzelnen Pflanzen mit abnehmendem Erfolge anordne:

Lupinen	als Trockensubstanz ein Mehr von	190%
Kartoffeln	,, ,, ,, ,, ,,	180%
Lupinen-Grün	,, ,, ,, ,, ,,	174%
Spinat-Grün	,, ,, ,, ,, ,,	150%
Gerste	,, ,, ,,	100%
Rübenstiel	,, ,, ,,	50%

Dazu sei bemerkt, daß die erst so spät gesetzten Kartoffeln durch Begasen zum Teil reif geworden waren, während die unbegasten „in der Hauptsache nur aus kleinen Kartoffelknollen bestanden".

Daß z. B. die begasten Pflanzen erhöhte Kunst- und Stallmistdüngergaben besser verwerteten, erscheint unwesentlich angesichts der oben angegebenen Mehrerträge, z. B. bei Spinat und Rübenstiel, wo Probeernten mehrfach gegeneinandergestellt worden sind. Wenn die öffentliche Kritik an den Versuchen Dr. Riedels bemängelt, es seien keine genügenden Wiederholungen u. dgl. vorgenommen worden, so ist dies unberechtigt[1]). Die Versuchsergebnisse sind in folgendem durchaus schlüssig: Wenn von 14 Morgen rohem, sandigem Lehmboden, der in üblicher Weise mit den verschiedensten Gewächsen bestellt ist, allein durch Zufuhr von kohlensäurehaltigen Abgasen die eine begaste Hälfte etwa 100—150% Mehrertrag liefert, kann die Menge der natürlichen Kohlensäure — möge sie nun aus der oberen Luft oder vom Boden her stammen — nicht im Optimum vorhanden gewesen sein. Die natürliche Kohlensäure reicht also, wie man nach Saussure glaubte, nicht zur Sicherung höchster Erträge im Freien.

Um nach diesem Versuche mit der Feldbegasung praktisch weiterzukommen, ist auf jeden Fall wichtig, folgende Fragen zu klären:

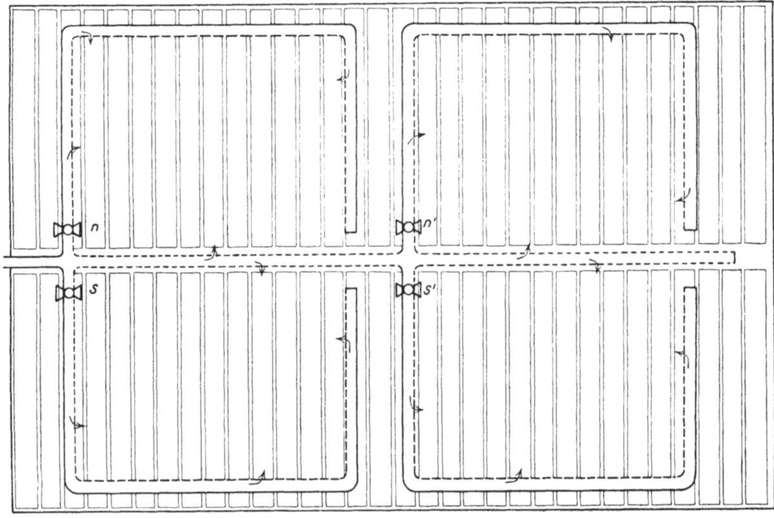

Abb. 31. Schema der Rohrverlegung in Tornesch zur Gartenbegasung.

1. Läßt sich die zugeführte Kohlensäure auf ihrem Wege zu den Blättern (durch chemische Untersuchungen) verfolgen? 2. Wie weithin wirkt das Begasen aus einer Röhrenvorrichtung auf den Kohlensäuregehalt der Luft? 3. Welche Mengen von Kohlensäure muß man zuführen, um nennenswerte Ergebnisse zu erzielen?

Ich habe hierzu einige Versuche gemacht.

I. Dank des liebenswürdigen Entgegenkommens ihres Besitzers, Herrn B. Sanders, Tornesch im Holsteinschen, hatte ich Gelegenheit, eine Freilandbegasungsanlage von Dr. Riedel zu beobachten. Es handelt sich um eine kleinere Anlage, die etwa 1000 qm begast. Die Kohlensäure wird durch Verbrennen von Holzkohle hergestellt, und die Verbrennungsgase werden mittels elektrischen Ventilators durch eine doppelte Wasserreinigung abgesaugt und in die Verteilerleitung eingeblasen. Die Anordnung auf dem Felde zeigt Abb. 31. Vermittels der Klappen-

---

[1]) Riedel: Zeitschr. f. Pflanzenern. u. Düng. 1926. B.

ventile (v) kann man das Gas je nach der herrschenden Windrichtung
außer durch die Mittelleitung, durch die es es immer ausfließt, wahl-
weise durch die nördlichen oder südlichen bzw. durch die östlichen und
westlichen Stränge austreten lassen. Beiderseits der Röhren sind alle
50 cm kleine Bohrungen von etwa 3—4 mm Durchmesser, die das Gas
in einem leichten Winkel nach oben auslassen. Die Ausströmungsgeschwindigkeit dürfte je nach Ventilatorleistung etwa 10—15 m je
Sekunde sein. Die Röhren sind etwa 8—10 cm über dem Bodenniveau
verlegt. Die Rohrleitungen umschließen 6—8 Beete von je 1 m Breite
und 13 m Länge, die je durch kleine Pfade von 20 cm Breite getrennt
sind. Die Beete waren mit allerlei Sämlingen und einjährigen Forstpflanzen besetzt, die größtenteils höchstens 1—2 cm hoch, einige, z. B.

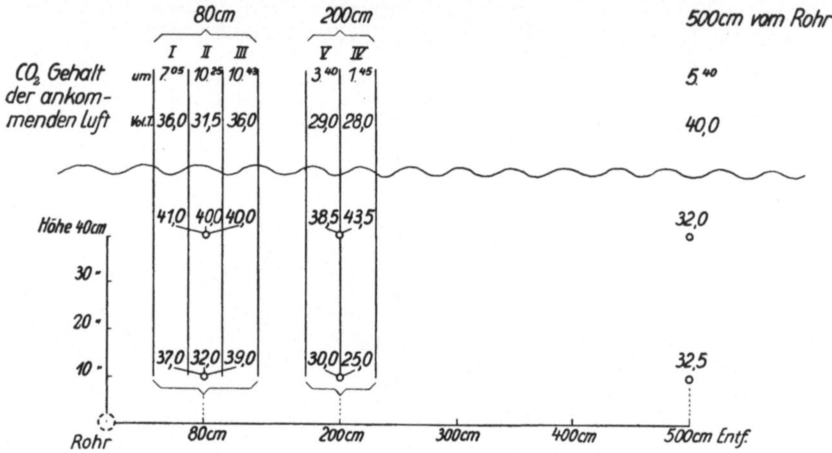

Abb. 32. Wie verteilt sich Begasungskohlensäure aus einer Röhre geblasen seitlich
bei Vorhandensein nur ganz niedriger Pflanzen (5—10 cm hoch)?

Fichten, etwa 12 cm hoch waren. Wenn man gelegentlich durch das Bega-
sungssystem etwas Rauch hindurchließ, so konnte man sehen, daß die Gase
schräg nach oben und nicht horizontal gingen. Infolgedessen fand ich
(Abb. 32) in etwa 10 cm Höhe über dem Boden und 80 cm von einer
Rohrleitung hinter dem Winde einen deutlich erhöhten Kohlensäuregehalt, aber nicht in gleicher Höhe und 2 m vom Rohre. Dagegen in
40 cm Höhe an dieser Stelle gerade so viel wie in 80 cm Abstand und
10 cm Höhe. Die Erhöhung des Kohlensäuregehaltes gegenüber der an-
kommenden Luft ist zwischen 1 und $^{14}/_{100\,000}$ gewesen oder ca. 13—50%.
Wenn in der Abb. 32 die angeführten Zahlenwerte Verschiedenheiten
und beträchtliche Schwankungen aufweisen, so rührt dies u. a. daher,
daß die Windrichtung immerwährend wechselt und es trotz aller Vorsicht schwer ist, die gleichzeitig zu entnehmenden Proben ganz gleichförmig innerhalb der 1—2 Minuten dauernden Ansaugezeit herein-
zubekommen. Zudem liegt die betreffende Anlage dicht an einer stark
befahrenen Eisenbahnlinie, in unmittelbarer Nähe eines Verschubbahn-
hofes und unter dem Einflusse einiger Wohnhäuser und kleinerer Ge-

werbebetriebe, so daß gelegentlich auch die ankommende Luft in 0,8 bis 1,5 m Höhe über der Erde übernormal kohlensäurehaltig ist.

Die Begasung des Areals geschah täglich mit zweimal 2000 l Kohlensäure. Zur Zeit meiner Untersuchungen ist die Leistungsfähigkeit der Anlage bis auf ca. 10 000 l Kohlensäure je Stunde gesteigert worden.

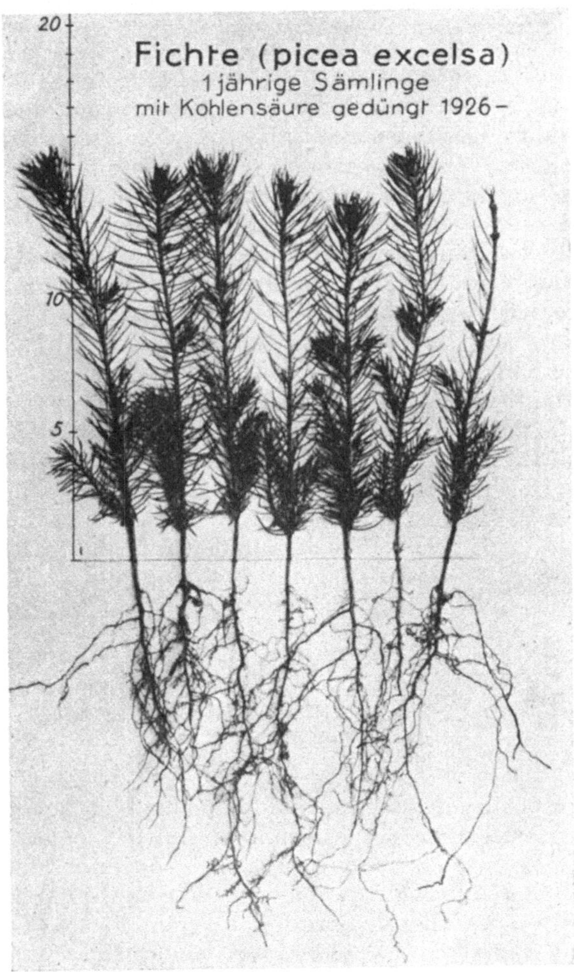

Abb. 33. Der Erfolg einer Begasungsweise gemäß Abb. 31, gezeigt an 1jährigen Fichten, die so groß wie 2jährige wurden!

Was die erzielten Ergebnisse anlangt, so stehen keine Zahlen zur Verfügung, aber nach dem Urteile vieler Fachleute sind die jungen Fichten, Erlen und Buchen durch die Begasung während des Sommers 1925 mindestens eineinhalb bis doppelt so stark und groß geworden wie sonst (Abb. 33). Zur Zeit meiner Beobachtungen, als bereits wieder seit 8 Wochen begast worden war, sind die begasten Pflanzen z. B. Fichten, 12 cm, die unbegasten von höchstens 7—8 cm groß gewesen. In den Beständen waren keine Lücken, und während sämtliche unbegasten Beete mit jungen Fichten infolge von Frost rotspitzig waren, sahen die begasten Fichten gesund und grün aus. Zahlreiche Baumschulsachverständige haben sich wiederum dahin ausgesprochen, daß die begasten Pflanzen in jeder Beziehung gegenüber den unbegasten im Vorteil seien. Aber der Besitzer dieser Anlage sagte, daß im vorigen Jahre die Pflanzen erst gegen den Herbst zu ganz besonderen Nutzen aus der Begasung gezogen hätten, als sie schon höher gewesen seien: namentlich bei Rosen, Erlen und Fichten (Abb. 33). Diese Beobachtungen stimmen mit meinen Ermittlungen über die Ausbreitung der Kohlensäure von den Begasungsröhren aus überein, insofern als die kohlensäurehaltigen Gase etwas stark nach aufwärts ausströmten. Sobald größere Pflanzen in der Nähe der Rohre sind, wirken sie dem durch ihre Beblattung entgegen und nützen die Begasung besser aus.

II. Weitere Beobachtungen über die Anreicherung und Verteilung von Kohlensäure durch eine Begasungsvorrichtung machte ich bei folgendem Versuche[1]): Es sollte geprüft werden, ob es nicht möglich wäre, eine Feldbegasung ohne oberirdische Rohre durchzuführen und die Gase nur hin und wieder aus einzelnen Stutzen austreten zu lassen, die an ein unterirdisches Rohrnetz angeschlossen sind, durch das die Kohlensäure zugeführt wird. Der Vorteil einer derartigen Anordnung für jegliche Bodenbearbeitung bedarf keiner Erörterung. Die Frage war nur, wie weit und wie stark wird sich die an einem Punkte austretende Kohlensäure auf die umgebende Luft verteilen. Die Begasung erfolgte innerhalb eines Hanfbestandes von ca. 70 cm Höhe mittels reiner Kohlensäure aus Stahlflaschen. Beim Ausströmen ward ihr 10—20% Luft beigemischt. Die Austrittsgeschwindigkeit betrug etwa 6—8 cm in der Sekunde. Der Stutzen ragte 8 cm über die Erde. Da ein kegelförmiges Dach darüber saß, so ist anzunehmen, daß das Gas seitlich abwärts ausfloß. Die Windgeschwindigkeiten in der Nähe des Austrittes waren in Zentimetern je Sekunde folgende:

Im Bestand am Boden:		Über dem Bestande:
20		166
12	dichter Bestand	154
6,5		90
70		145
65		86
62	lichter Bestand	132
46		152

Die Untersuchungen auf Kohlensäure konnten hier nicht mit gleichzeitig, sondern nacheinander entnommenen Luftproben geschehen. Wie sich die Gehalte in Höhe und Entfernung, und zwar hinter und vor dem Winde um den Stutzen herum anordnen, ergibt die nachstehende Skizze (Abb. 34). Man hat den Eindruck, daß in diesem Falle der Wind die Verteilung nur wenig beeinflußte, daß vielmehr das verhältnismäßig hochprozentige Gas zu Boden floß und sogar infolge einer schwachen Erdneigung entgegen der Windrichtung. Es sind zwischen 180 und 240 l CO_2 je Stunde einen Monat lang je 10 Stunden täglich während großer Trockenheit ausgeströmt. An dem Aussehen der Pflanzen war weder ein Vorteil noch ein Nachteil der Begasung zu sehen. Da aus technischen Gründen keine Erntefeststellungen gemacht wurden, können diese Beobachtungen nur als Beitrag zu der Frage dienen, wie sich

---

[1]) Auf Veranlassung von Gutsbesitzer Dr. ing. h. c. Schurig - Markee und Mitarbeit von Prof. Dr. Hauser.

langsam ausströmendes, sehr kohlensäurehaltiges Gas in einem Bestande verteilt.

III. Lundegårdhs Kohlensäuredüngung. Es handelt sich im folgenden um eine großzügige Versuchsanstellung zum Stadium der Fragen, ob und wie Kohlensäuredüngung im Freien möglich ist. Ich gebe eine freie Schilderung von dem, was tatsächlich gemacht wurde, an dieser Stelle, weil im Plane dieser in 5facher Wiederholung angestellten Versuche auch eine Begasung mittels Röhrensystems und reiner 100proz. Kohlensäure vorkommt. Lundegårdhs Begasungsweise unterscheidet sich von den 2 bisher angeführten Versuchen also:

1. der Begasung mit Rechteckumspannung,
2. derjenigen mit Punktaustritt aus einem Stutzen, durch
3. ins Einzelne gehende Röhrenverteilung.

Aus Röhren mit $1\,^1/_2$ Zoll lichter Weite wurden 5 einzelne Rahmen mit 10 m Seitenlänge und einer Röhre quer durch als Grundgerüst hergestellt

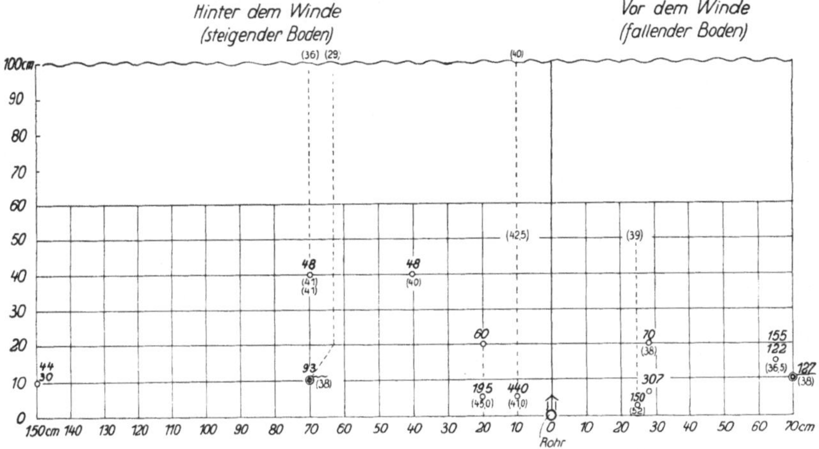

Abb. 34. Wie bewegt sich Begasungs-CO_2 aus einem Stutzen unter dem Einfluß von Wind, Schwere und Bestand?

(Abb. 35). Zwischen der Mittelröhre und zwei der gegenüberliegenden Außenseiten wurden 9 engere Rohre derart eingesetzt, daß sämtliche Rohre miteinander in Verbindung standen. Der Anschluß für die Kohlensäureflache befand sich genau im Mittelpunkt des Rahmens. Damit die Ausströmungsgeschwindigkeit der Kohlensäure überall gleichförmig sei, hatten die mehr in der Mitte bei der Gasflasche liegenden Rohre, also dort, wo die Strömungsgeschwindigkeit am größten war, weniger Öffnungen; an den mehr außen gelegenen Rohrteilen waren die Bohrungen zahlreicher. Die Anordnung der Rohre war so, daß jedes Teilrohr die Begasung je einer Reihe Rüben nach links und rechts bewirkte. Im Laufe eines Monates strömten 10 000 l Kohlensäure auf je 100 qm aus. Diese Menge war gewählt worden, weil der dort vorhandene Boden in ungedüngtem Zustande durch Bodenatmung im Durchschnitt ungefähr ebensoviel Kohlensäure abgibt. Die Ausströmungsgeschwindigkeit der

Kohlensäure ist sicherlich höchstens $^1/_{1000}$ so groß gewesen wie oben bei meinem Versuche (II) mit Stutzenverteilung. Es sind in der Sekunde nur 0,4 ccm CO_2 je Teilstück ausgeströmt. Und da an den 110 m Verteilerrohren mindestens 400 Öffnungen zu 1 qmm waren, so ist die Gasgeschwindigkeit keinesfalls größer wie 1 mm je Sekunde gewesen. Dadurch hat sich Lundegårdh sehr stark dem genähert, was bei der natürlichen Bodenatmung durch die feinen Poren des Bodens geschieht: ein fast bewegungloses Ausquellen der Kohlensäure. Hieraus dürfte sich die geradezu erstaunliche Ausnützung der verabreichten Kohlensäure in dem erzielten Mehrertrage erklären; ich muß, um dies verständlich zu machen und schließlich zur Beantwortung der oben aufgeworfenen 3 Fragen zu kommen, eine Darstellung der weiteren Lundegårdhschen Kohlensäuredüngungsversuche einschalten, obgleich es sich also nicht um eigentliche Begasung handelt, sondern um Düngung mit bodenbürtiger Kohlensäure.

Was nämlich die anderen Teilstücke betrifft, so blieben

a) 5 der 25 zur Kontrolle ohne jegliche Behandlung. Ihr Boden gab im Mittel im Monat 21,6 kg Kohlensäure ab. In der nebenstehenden Lageskizze (Abb. 35) sämtlicher Parzellen sind diese 5 hell gelassen und mit einer *1* versehen zum Zeichen dafür, daß hier eine Einheit Kohlensäure zur Verfügung stand.

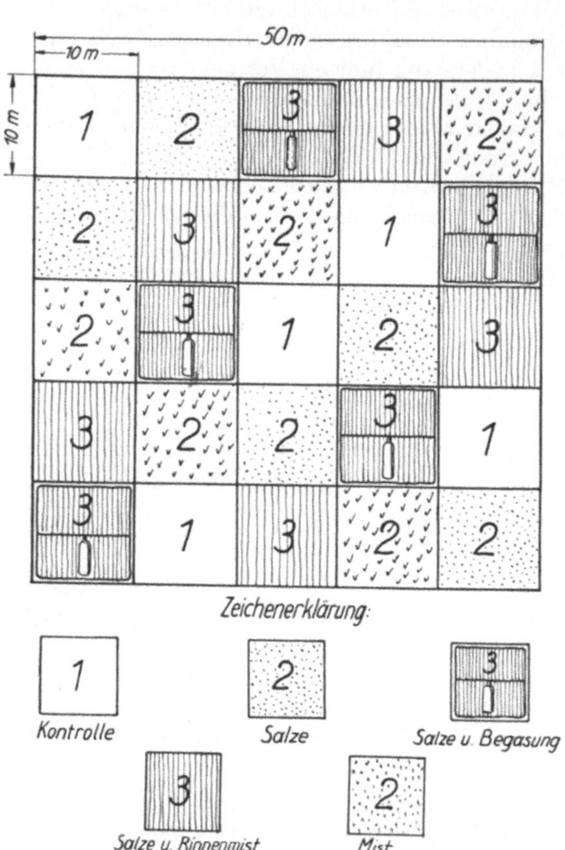

Abb. 35. Schema der großen CO_2-Düngeversuche Lundegårdhs. Die Zahlen bedeuten die Vielfachen an CO_2-Versorgung vom Boden her infolge der verschiedenen Maßnahmen.

b) Dadurch, daß man zu diesem Boden eine Düngung lebenswichtiger Salze, und zwar 4 kg Chilesalpeter, 4 kg Superphosphat und 4 kg Kali auf 100 qm ausstreute, wurde nach den Ermittlungen Lundegårdhs die Bodenatmung von 21,6 auf 45 kg Kohlensäure je Monat und Teilstück erhöht. Diese Parzellen sind punktiert und wegen der doppelten Menge Kohlensäure, die sie entwickeln, mit einer *2* versehen.

c) Auf die so behandelte Erde, die also schon 2 Einheiten bodenbürtiger Kohlensäure abgab, sind in 5 Parzellen die oben geschilderten Begasungsvorrichtungen aufgelegt worden, nachdem die Rüben zum letzten Male behackt worden waren. Hier wurde sodann während des August mit gasförmiger Kohlensäure, und zwar mit 20 kg zusätzlich begast, so daß man in Tab. 28 diese Parzellen mit *2,5* bezeichnet — weil nur 1 Monat begast — und in Abb. 35 mit einer Andeutung des Rohrverteilungsnetzes[1]) vorfindet.

d) Anstatt eine 3. Einheit Kohlensäure als reines Gas zu verabfolgen, ist auf weiteren 5 Parzellen folgende Anordnung getroffen worden, die lediglich Versuchszwecken diente:

Es wurden 300 kg Stallmist je Teilstück so aufgebracht, daß die Salze des Mistes nicht zu den Wurzeln der Rüben gelangen konnten. Zwischen den Rüben wurden nämlich in jeder zweiten Reihe 30 cm tiefe Rinnen

Tabelle 28. Kohlensäuredüngung und Ertrag.

Zusätzliche Bodenatmung	Mittlerer Ertrag	je kg C/100 qm		Es entstammen also? % aus Luft oder Bodenatmung
		Mittel der Erträge je zusätzl. Einheit der Bodenatmung	Durchschnittl. Zuwachs im Ertrage je Einheit Bodenatmung	
— 0 Errechnet	(ausLuft CO_2: 14,1)			
A 1 Kontrollen	17,7	17,7		A 1 56,6% aus Luft
B 2 Nur Salze	22,7	} ⌀ 20,7	3,0	B 2 100% d.B.-Atmg.
E 2 ,, Mist	18,75		⌀ 3,6	E 2 100% d. B.-Atmg.
C 2,5 Salze und Gas	23,0		4,2	C 2,5 } C 3 } 42% aus Gas
(C 3,0 do.	25,3)	} 24,9		D 3 76% d. B.-Atmg.
D 3,0 Salze und Mist in Rinnen	24,55			

ausgegraben, mit Asphaltpappe ausgelegt und sodann die Erde mit dem Miste vermischt wieder eingebracht. Die Salze des Mistes konnten also auf Bodenbakterien einwirken und die Bodenatmung erhöhen. Keinesfalls konnten sie aber zu den Wurzeln der Rüben gelangen und als Nahrung deren Wachstum beeinflussen. Lundegårdh nimmt an, daß durch diese Verabreichungsweise des Mistes die Bodenatmung um 21,6 kg CO_2 je Monat zunahm. Demnach hätten diese Parzellen — in der Skizze (Abb. 35) durch einfache senkrechte Striche angedeutet und die Zahl *3* tragend — 3fache Bodenatmung.

e) Schließlich ist bei weiteren 5 Parzellen lediglich 300 kg Stallmist in üblicher Weise eingebracht worden, so daß sich also dadurch die Bodenatmung verdoppelte. Diese Parzellen sind mit einer *2* und hakenförmigem Zeichen versehen.

Die so vorbereiteten Parzellen wurden mehrfach mit Pflanzen angebaut. In der folgenden Tab. 28 findet man die Ernteergebnisse des am ausführlichsten mitgeteilten Futterrübenversuches von 1922. Es sind nur die Mittelzahlen aller gleichbehandelten Parzellen umgerechnet auf Kilogramm geernteten Kohlenstoffes angeführt. Dabei habe ich den

---

[1]) Irrtümlich ist in der Abb. 35 hier *3* anstatt *2,5* stehengeblieben.

Kohlenstoffgehalt der Blätter mit 3,25% und den der Wurzeln mit 4,5% angenommen. Die Zahlen bedeuten also Kilogramme Kohlenstoff von je 100 qm geerntet. Die Aufeinanderfolge ergibt sich mit steigenden Einheiten von Bodenatmung. Wie schon oben erwähnt, ist das begaste Stück nicht mit 3 Einheiten, sondern mit 2,5 angesetzt, weil die Begasung nicht 2 Monate durchging, sondern nur einen, während die anderen Maßnahmen volle 2 Monate zur Wirkung kamen. Hieraus ergibt sich die in Klammer beigefügte, errechnete Zahl für die 3fache Bodenkohlensäure, wovon eine Einheit durch Begasung hinzukam.

Die ganz rechts stehenden Zahlen sollen eine ungefähre Vorstellung davon geben, wie die verabreichte Kohlensäure verwertet worden ist. Ich bin deshalb von der Annahme Lundegårdhs, daß jede seiner verschiedenen Düngemaßnahmen 1 oder 2 Einheiten bodenbürtiger Kohlensäure hinzubrachte, weitergegangen und habe, soweit wie bei den Parzellen B und E jeweils 2 Einheiten angenommen sind, das Mittel aus deren Erträgen gebildet und ebenso aus dem auf 3 Einheiten erhöhten C und aus D. Infolgedessen stehen in der nächsten Säule die Erntewerte für die erste Einheit 17,7, für die zweite: 20,7 und für die dritte: 24,9. Hieraus ergibt sich dann der Unterschied im Ertrage zwischen 1 und 2 bzw. 2 und 3 Einheiten bodenbürtiger Kohlensäure bzw. ein Mittelwert 3,6 kg C für die Wirksamkeit jeder Einheit bodenbürtiger Kohlensäure. Ich möchte mich nicht auf allzu große Spitzfindigkeiten einlassen und habe diese einfache Mittelbildung gewählt, obgleich man mit gewisser Berechtigung annehmen könnte, daß — wenigstens bis zu einem gewissen Optimum hin — die Kohlensäure um so besser ausgenützt wird, je dichter der Bestand bzw. höher der Ertrag wird, da ich die so gewonnenen Zahlen hier nur nach rein praktischen Gesichtspunkten in 3 Richtungen auswerten möchte, wobei es besser ist, mit ungünstigeren Annahmen zu rechnen:

1. Wie ist die Begasungskohlensäure ausgenützt worden? Da die Stücke B und E im Mittel 20,7 kg Kohlenstoff brachten, das zusätzliche Begasen mit 20 kg Kohlensäure jedoch 23,0 kg, so sind 2,3 kg Kohlenstoff durch die Begasung gewonnen worden. Da 20 kg CO_2 5,4 kg C enthalten, so ist die Begasungskohlensäure mit 42% ausgenützt.

2. Wie ist die bodenbürtige Kohlensäure ausgenützt worden? Um dieser Frage etwas näherzukommen, gehen wir davon aus, daß bei diesen Versuchen die Pflanzen nur 2 Monate auf dem betreffenden Felde standen. Es sind dann von jeder Einheit bodenbürtiger Kohlensäure 2mal 5,4 = 10,8 kg Kohlenstoff geliefert worden. Nun sind in der Ernte des ungedüngten Stückes A: 17,7 kg C, also außer den 10,8 kg Kohlenstoff durch einfache Bodenatmung noch 6,9 kg anderweitige Kohlensäure enthalten. Bei den Stücken E und B mit zweifacher Bodenatmung ist entsprechend 21,6 kg C Kohlensäure vom Boden gekommen, in der Ernte sind aber nur 20,7 kg C enthalten. Es müßten also 0,9 kg C entsprechend bodenbürtige Kohlensäure verlorengegangen sein. Und schließlich bei den Parzellen C und D sind 32,4 kg bodenbürtige Kohlensäure geliefert, aber nur für 24,9 kg C in der Ernte! Es sind also 7,5 kg bodenbürtiger Kohlensäure verloren gegangen, bzw. deren Ausnützung beträgt 76%. Vergleichen wir die verschiedenartige Ausnützung der bodenbürtigen Kohlensäure bei zunehmender Bodenatmung, so sehen wir, daß sie immer geringer wird, je mehr die Bodenatmung zunimmt.

Bei ganz geringer Bodenatmung ist sie vollständig, nahezu vollständig noch bei doppelter Bodenatmung und nur 76% bei 3facher.

3. Wie beteiligt sich die Kohlensäure der freien Luft an den Erträgen? Indem man sich der Größenordnung nach einmal der Beantwortung dieser Frage nähert, gelangt man zu dem merkwürdigen Ergebnis, daß ohne jegliche Düngung die Freiluftkohlensäure zu 40% zur Ernte beiträgt und bei einer starken Düngung mit Salzen nur noch 4,1% Luftkohlensäure benützt werden. Da je 2 Ztr. Chile, Superphosphat und Kali je preußischer Morgen etwa doppelt soviel ist, wie man durchschnittlich düngt, so dürfte die Luftkohlensäure bei mittleren Kunstdüngergaben mit 20% zur Ernte beitragen.

Wie schon unter 2. bemerkt, ist aber weder bei der Bemistung noch bei der Begasung Luftkohlensäure an der Ernte beteiligt.

Diese immerhin etwas pessimistische Schlußfolgerung bedarf selbstverständlich noch weiterer Nachprüfung und auch einer gewissen Kritik.

Es ist nämlich für die Praxis doch ein sehr großer Unterschied: Wenn ich bei einem Begasungsversuche nebst Kontrollen nach Verabfolgen von 100 kg mehr Kohlensäure, für 42 kg Kohlensäure Mehrertrag habe, so ist die CO_2 zu 42% ausgenützt. Liegt dagegen der Fall so wie in den obigen Versuchen Lundegårdhs, daß die Kohlensäuredüngung vom Boden her ununterbrochen kommt und in der Ernte mehr Kohlenstoff ist, wie dieser Kohlensäuredüngung entspricht, so könnte doch die bodenbürtige Kohlensäure größtenteils, z. B. im Laufe der Nacht oder bei großer Trockenheit, wenn die Pflanzen schlappen usf., weggetragen worden sein. Da man diesen Betrag zunächst nicht kennt, kann man aus der Ernte auch nicht auf den Anteil der Luftkohlensäure am Ertrage schließen. Hier kann nur eine fortlaufende Untersuchung des Kohlensäuregehaltes der Luftschichten innerhalb und in nächster Nähe der Pflanzenbestände endgültige Klärung bringen. Geht man unter diesem Gesichtspunkte die Luftanalysen Lundegårdhs bei diesem Rübenversuche durch, so ist es auffällig, daß mit nur zwei Ausnahmen der Kohlensäuregehalt, der allerdings nur mittags um 12 Uhr bestimmt wurde, immer weit unter $^{30}/_{100\,000}$ liegt, im Mittel sogar nur bei ca. $^{15}/_{100\,000}$ während die obere freie Luft nur $^{25}/_{100\,000}$ hat. Im Augenblicke der Untersuchungen ist also sicherlich niemals bodenbürtige Kohlensäure verlorengegangen, sondern solche aus der freien Luft herangezogen worden. Bei den gänzlich ungedüngten Parzellen A ist dies nicht weiter verwunderlich, denn diese müssen ja auf jeden Fall 40% Luftkohlensäure angesaugt haben. Aber gerade über diesen Parzellen sind die Kohlensäuregehalte um Mittag gegenüber den anderen mit etwa $^{20}/_{100\,000}$ bis $^{22}/_{100\,000}$ im allgemeinen höher. Dagegen bei den anderen Parzellen — die ohnehin die bodenbürtige Kohlensäure in der Ernte nicht völlig wieder zum Vorschein brachten, sind diese — wie gesagt — nur einmal des Tages gemachten Feststellungen —, wenn man sie verallgemeinern würde, widersinnig und irreführend. Die Angelegenheit wird indessen sofort übersichtlich, wenn man den auf S. 22 (Abb. 6) graphisch wiedergegebenen Verlauf des Kohlensäuregehaltes in den verschiedenen Luftschichten bei Zuckerrüben während eines Tages betrachtet. Die Rüben haben eine ganz beträchtliche Verarbeitungsfähigkeit für Kohlensäure und setzen deshalb um die Mittagszeit den Kohlensäuregehalt der Luft in der Nähe ihrer hellsten Blätter sehr stark herab. Nach diesen Untersuchungen wäre es aber wohl möglich, daß etwa zwischen 6 Uhr abends bis andern morgens 7 Uhr die bodenbürtige Kohlensäure größtenteils verloren geht, während sie zwischen morgens 7 und abends 8 Uhr 100prozentig genützt, ja die Luftkohlensäure noch $^3/_4$ zur Assimilation beiträgt. Daß dies so sein muß, ergibt sich aus Untersuchungen von W. Broocks (Inaug.-Diss. Halle 1892), aus denen ich in der folgenden Tabelle 29 die Werte angebe, welche Broocks als Assimilationsleistungen von einem Quadratmeter Rübenblatt auf freiem Felde unter natürlichen Bedingungen ermittelte:

Tabelle 29.

Tagesstunden	Datum			
	18. August	4. September	26. August	28. August
6— 9 tags	+1,30	+1,012	+0,463	+0,566 } wolken-
9—10 „	+1,388	+1,050	+0,600	+0,888 } los
—11 „	+1,987	+1,563	+2,762	+1,800 }
—12 „	+3,250	+2,387	—0,863	—1,663 bedeckt
— 1 „	—1,962	—1,637	+2,613	+1,088
— 2 „	+0,687	+0,587	—2,163	—1,325
— 3 „	—1,537	—1,150	+2,625	+0,475
— 4 „	+0,325	—0,637	—0,550	—0,338
— 5 „	—1,413	+0,100	—0,687	+0,500
— 6 „	+0,413	+0,212	—1,875	+0,563
6—12 nachts	∅ —0,754	—0,271	∅ —0,680	—0,623
— 6 früh	∅ —0,247	—0,188	—0,178	—0,375
Wetter	wolkenlos		wechselnd	

+ heißt Zunahme ⎫ des Gewichtes an Trockensubstanz
—   „   Abnahme ⎬   in Grammen.
1 g Trockensubstanz entspricht ca. 1,5 g CO_4.

Nach Thoday (Proc. of the Roy. Soc., S. B Bd. 82) sind diese Werte alle etwa um $^2/_5$ zu verkleinern, d. h. die entsprechenden CO_2-Werte ergeben sich aus obigen Zahlen durch Vervielfachen mit 0,9.

Aus dieser Tabelle sieht man, daß die Assimilationsleistung bei strahlendem Wetter von morgens 6 Uhr an von Stunde zu Stunde beträchtlich ansteigt, dagegen nachmittags, von Stunde zu Stunde wechselnd, nicht nur im ganzen abnimmt, sondern sogar negativ wird, also in Ausatmung übergeht. So kommt es, daß zwischen 12 und 1, 2 und 3, 4 und 5 Uhr je etwa halb soviel veratmet wird, wie in der einzigen Mittagsstunde assimiliert, bzw. gerade so viel, wie ungefähr in jeder einzelnen Morgenstunde. Nachts aber wird nur veratmet. Wenn aber in den Morgen- und Mittagsstunden nahezu 2 g Kohlensäure je Quadratmeter assimiliert werden, dann muß selbstredend die Kohlensäure aus der Bodenatmung, die ja bei Lundegårdhs Versuch bei 3 facher Einheit nur etwa 0,8 g beträgt, aufgezehrt und viel mehr Luftkohlensäure angesaugt werden. In vielen anderen Stunden aber, also schon nachmittags, namentlich aber abends und nachts, könnte bodenbürtige Kohlensäure mehr oder weniger verloren gehen, falls der Wind in den Bestand eindringt. Dann muß selbstredend für den Gesamtertrag die Kohlensäure der freien Luft, im Gegensatz zu unserer Bilanz, doch öfter Hilfe leisten.

Folgender Umstand ist hier gar nicht so unbeachtlich, auf den sowohl Krantz als Bornemann schon gelegentlich aufmerksam gemacht haben. Wenn nämlich die Luft um die hellsten Blattstellen, also oben an der Grüngrenze, wie von Lundegårdh und von mir an weit auseinanderliegenden Orten gemessen wurde, nur etwa noch $^{14}/_{100\,000}$ CO_2 enthält, so herrscht da ein Unterdruck an CO_2. Da die Entfernung von dieser Zone bis zum Boden nicht sehr groß ist, so muß dies die Bodenatmung begünstigen.

Denn wenn man z. B. nach der Glockenmethode die Bodenatmung bestimmt, hat man im allgemeinen in der Glocke eine Luft von $^{30}/_{100\,000}$, die sich allmählich anreichert und dadurch die so ermittelten Werte etwas drückt. Herrscht dagegen unter den Bedingungen des freien Wachstums dauernd ein niedrigerer Gehalt von nur $^{14}/_{100\,000}$, so ist es sehr wohl möglich, daß die Bodenatmung sich entsprechend dem geringeren Gegendruck der CO_2 steigert. Dann wird ihr Anteil am Wachstum ein entsprechend größerer.

Nunmehr können wir die 3 Fragen beantworten, die wir im Anschluß an den großen Riedelschen Freilandbegasungsversuch (S. 165) aufwarfen:

1. Läßt sich die Begasungskohlensäure auf ihrem Wege zu den Blättern feststellen und verfolgen?

2. Wie weithin wirkt diese Kohlensäure? Und schließlich

3. Mit wieviel Kohlensäure muß man begasen, um ähnliche Ergebnisse wie die Riedels zu erzielen?

1. Selbst auf unbewachsenem Felde läßt sich die durch Begasen verabfolgte Kohlensäure noch einige Meter weit von der Austrittsstelle durch eine Zunahme des CO_2-Gehaltes der Luft (Abb. 32) nachweisen. In geschlossenem Pflanzenbestande kann man Nährbegasung durch Bodenatmung mit analytischen Hilfsmitteln in allen Fällen durch Untersuchen verschiedener Luftschichten über der Erde auf ihren Kohlensäuregehalt hin verfolgen. Denn der Unterschied im Gehalte an CO_2 in der erdnächsten Luftschicht gegenüber dem der Luft bei den hellsten Blättern — der Grüngrenze — ist so groß, daß es gelegentlich sogar gelingt, noch in halber Höhe der Pflanzen einen dazwischen liegenden Gehalt nachzuweisen (vgl. Abb. 16 und Tab. 10 auf S. 54 u. 55).

Wenn man also mit bodenbürtiger Kohlensäure düngt oder aus einem sehr engmaschigen Röhrennetze mit 100proz. Kohlensäure bei verschwindend kleinen Ausströmungsgeschwindigkeiten wie Lundegårdh begast, dann ist nur die Bewegung der Kohlensäure in vertikaler Richtung, also von unten nach oben zu, belangreich. Denn in horizontaler Richtung braucht sich die CO_2 nicht zu weit verbreiten, weil jede der einzelnen Rohröffnungen nur einen ganz kleinen Bereich (50-cm-Kreis) um sich zu versorgen hat. Begast man aber aus einer einzigen Öffnung, so liegt bei hochprozentiger Kohlensäure (S. 165) die Gefahr vor, daß sie bei kleiner Austrittsgeschwindigkeit (immerhin nahezu 1000mal so groß wie bei Lundegårdhs Versuch und wohl einige Millionenmal so groß wie bei der Bodenatmung), den Boden entlang fließt, und unter Umständen in diesen versickert. Immerhin bis zu etwa 1 m Entfernung von der Austrittsstelle konnte in Erdnähe noch etwa das 2—3fache an Kohlensäure gegenüber unbegast festgestellt werden (Abb. 34). Dagegen nach der Höhe zu ist die Bewegung dann schwach.

2. Mit vorstehendem ist bereits ein Teil der Frage nach der Wirkungsweite der Begasungskohlensäure beantwortet. Je mehr die Gasverteilung ins einzelne geht und schließlich wie durch Poren des Bodens geschieht, desto weniger weithin braucht das Nährgas wirken, weil gewissermaßen jeder Spaltöffnung jedes kleinsten Blatteilchens eine Bodenpore unmittelbar darunter gegenübersteht.

Im übrigen bleibt der Wirkungsbereich der Begasung dem Spiel des Windes im Bestande überlassen.

Ich füge deshalb zu den auf S. 168 angegebenen Windgeschwindigkeiten bei und im Hanf noch die Mittelwerte aus zahlreichen Untersuchungen bei Luzerne und Roggen hinzu: Roggen bremst einen Wind von 2,4 m je Sekunde auf 4—5 cm ab. Gutbestandene, etwa 50 cm hohe Luzerne, vermindert eine Windgeschwindigkeit von 2 m auf 1—2 cm. Es hat sich zudem bei solch dichten Beständen noch nicht mit Sicherheit feststellen lassen, ob die Richtungen des Windes am Boden überhaupt mit der über dem Bestande fortwährend gleichbleibt. Es hat eher den Anschein, als ob sie stark wechselt, wie eine überempfindliche Kompaßnadel hin und her pendelt.

Hat die Begasung im Nachführen der Kohlensäure etwa das Tempo einer natürlichen Bodenatmung, so braucht sie nicht weithin wirken, denn die Assimilationsgeschwindigkeit ist größer wie die Bodenatmung, so daß dann die Begasungskohlensäure in unmittelbarer Nähe des Austrittes verbraucht wird. Eine Ausnützung von 42% bei Lundegardhs weitgehender Röhrenverteilung dürfte ein sehr beachtliches Ergebnis im Freien sein und spricht sehr für völlige örtliche Ausnützung feinstporiger Begasung, also bei Düngung mit bodenbürtiger CO_2.

Die Begasung mittels einzelner Stutzen bedingt notwendigerweise mittlere Austrittsgeschwindigkeiten, weil sonst das Gas zu leicht in einem Stoße über die Grüngrenze des Bestandes hinausgeblasen wird; sie dürfte vielleicht bei Verwendung nicht zu hochprozentiger Gase eine Wirksamkeit von einigen Metern rings um den Stutzen ausüben. Bei hochprozentigem Gase dürfte die Kohlensäure in unmittelbarer Nähe des Stutzens versickern und dem Pflanzenwuchs nachteilig sein. Denn in nächster Nähe von Erdgasquellen mit 100 proz. Kohlensäure wird der Pflanzenwuchs geschädigt. Man wird also bei der an sich geringen Wirkungsweite einer Begasung mittels Stutzen stark von der unkontrollierbaren Hilfe des Windes abhängig sein.

Es scheint mir, daß die Rechtecksumspannung Riedels mit großer Austrittsgeschwindigkeit eines nicht zu hochprozentigen Gases wirtschaftlich und praktisch besser sein wird wie die weitgehende Röhrenverteilung Lundegårdhs, die ja auch nicht für praktische Anwendung gedacht war. Durch Riedels Begasungsweise wird erreicht, daß das Gas, soweit es nicht durch Reibung und Stoß an den nächsten Pflanzen aufgehalten, an den Blättern in nächster Umgebung der Rohre rascher vorbeigeführt wird, als sie daraus Kohlensäure aufnehmen können. Infolgedessen hat das Gas noch nach einer Laufstrecke von mehreren Sekunden, also etwa in 30—60 m Entfernung vom Rohre noch verhältnismäßig viel Kohlensäure. Wenn es dann seine lebendige Energie gegenüber der umliegenden Luft verloren hat, so kann jetzt jeder Teil davon als neues Begasungszentrum angesehen werden. In Anbetracht des stetigen Wechsels von Windrichtung und Windstärke im Laufe der Vegetationszeit ist dann erklärlich, daß selbst bei weitmaschiger Rechteckumspannung noch gleichförmiger Wuchs erzielt wurde.

An dieser Stelle möchte ich eine kurze Einschaltung machen über den Einfluß der Windbewegung auf die Assimilationsfähigkeit der Pflanzen. Unmittelbare scharfe Untersuchungen hierzu liegen noch nicht vor. Wenn an windigen Stellen Wälder und Felder kleiner bleiben, so können hier zu vielerlei Umstände Einfluß haben, als daß man solche Beobachtungen heranziehen könnte. Krantz führt aus den Kreuslerschen Versuchen, die sich in Glasgefäßen abspielten, Beobachtungen an, daß sich die Assimilation der Blätter bei Steigerung der Durchflußgeschwindigkeit von Luft mit normalem Kohlensäuregehalt von 3 auf 6 mm pro Sekunde um 66% gesteigert habe. Bei doppeltem Kohlensäuregehalt soll bei einer solchen Steigerung der Strömungsgeschwindigkeit die Assimilation bereits abgenommen haben. Ferner hat vor einigen Jahren Gerlach Versuche mitgeteilt, bei denen Gefäßpflanzen während einer ganzen Vegetationszeit in einem verhältnismäßig starken von unten nach oben gerichteten Luftstrom von 1 m pro Sekunde wuchsen. Da auch hier verschiedenartigste Zusammenhänge vorliegen können, so ist die unter diesen Umständen eingetretene Verringerung der Ernte nicht ganz eindeutig der großen Windgeschwindigkeit zuzuschreiben. Brown und Escombe gelangen bei mehr theoretischen Untersuchungen über die Absorption von Kohlensäure durch chemische Mittel zu der Annahme, daß bei bewegter Luft diese Absorption etwa 20% größer sei wie bei ruhiger. Renner ist auch der Ansicht, daß ein gelinder Luftstrom die Hereinnahme von Kohlensäure in die Blätter mehre. Eine gewisse Steigerung wäre vielleicht daraus erklärlich, daß das Einsaugen der Kohlensäureteilchen den Film von Luft, welche am nächsten über die Blattoberfläche hinstreicht, an Kohlensäure unmittelbar etwas verarmt. Wenn der verarmte Teil weitergeschoben wird, dann steht den Spaltöffnungen wieder Luft mit dem höheren Kohlensäuregehalt gegenüber und die Kohlensäureteilchen werden jetzt wieder leichter in das Blatt hineinschießen, als wenn bei Luftruhe aus weiter entfernten Luftteilen Kohlensäuremoleküle durch die ganze Breite des gedachten Filmes hindurch müßten. Demgegenüber kommt dann, wenn die Windgeschwindigkeit immer mehr steigt, folgendes in Betracht: Die Geschwindigkeit der Kohlensäureteilchen beim Durchwandern der Spaltöffnungen betrage 6—7 cm je Sekunde. Es ist deshalb schwer vorstellbar, daß bei einer äußeren Windgeschwindigkeit von mehr als 6—7 cm die Kohlensäuremoleküle eher in die Spaltöffnungen eingehen sollten, als wenn die Luft nur mit weniger als 6—7 cm in der Sekunde sich bewegt[1]).

Wenn nun Riedel den Begasungsstrom mit Geschwindigkeiten von anfänglich 10—15 m pro Sekunde gewissermaßen in den Bestand hineinschießt, so wird er dadurch gerade vermeiden, daß in der Nähe der Begasungsröhren die Blätter zuviel CO_2 aufnehmen, also Überdüngung mit Kohlensäure vorkommt. In dem Maße, wie die CO_2 sich entfernt, bewegt sie sich langsamer, wird leichter aufgenommen, und so wird Riedel eine verhältnismäßig große Fläche gleichförmig begasen können.

3. Wieviel man im Freien Kohlensäure zuführen muß, um erfolgreich zu begasen, das ergibt sich aus den Lundegardhschen Versuchsanordnungen ohne weiteres daraus, daß er eine 42proz. Ausnützung erzielte, indem er soviel Kohlensäure zuführte, wie einer einfachen Bodenatmung eines ungedüngten Ackers entspricht, also etwa 0,2—0,3 g Kohlensäure je Quadratmeter und Stunde. Dabei ist zu berücksichtigen, daß die Ausnützung günstiger wird, wenn während der Nachtstunden die Begasung aussetzt oder sie sich überhaupt mehr dem Rhythmus des Pflanzenlebens anpaßt, der aus der Tab. 29 zu den Broocksschen Versuchen spricht.

Um bei der kleineren Begasungsanlage von Forstpflanzen etwa doppeltes Wachstum zu erzielen, ist je Tag und Quadratmeter mit 10 g Kohlensäure begast worden, das macht etwa 0,4 g pro Quadratmeter und Stunde oder etwa soviel wie die Bodenatmung eines Bodens im mittleren Kulturzustande. Die Ausnützung muß auch in diesem Falle eine ganz gute gewesen sein, denn da man im allgemeinen sagen kann, der Ertrag eines Stückes Land ist entsprechend der Bodenatmung

---

[1]) Je größer die Eintrittsgeschwindigkeit der Kohlensäureteilchen durch die Spaltöffnungen ist, aus desto bewegterer Luft kann das Blatt solche noch leicht aufnehmen. Bei gleicher Licht- und Assimilationsstärke muß diese Durchtrittsgeschwindigkeit sich erhöhen, wenn die Öffnung der Spalten sich verkleinert: Der zunehmende Schluß der Spaltöffnungen bei stärker werdendem Winde ist also an sich der Kohlensäurezufuhr zum Blatte nicht abträglich. Dies wäre näher zu untersuchen.

und, da doppeltes Wachstum angegeben wurde, wäre die eine Hälfte der Bodenatmung, die andere der Begasung zuzuschreiben, also müßte die Nützung hier nahezu an 100% herankommen.

Abgesehen von Begasung wird man bei Kohlensäuredüngung mittels bodenbürtiger Kohlensäure wahrscheinlich gar nicht so ängstlich sein müssen mit Maßnahmen, die weitere Einheiten zur Bodenatmung zufügen. Dies beweisen die großen Flächenerträge bei gartenmäßiger Bodennutzung, wo man Bodenatmungswerte zwischen 0,8 und 1,2 g Kohlensäure pro Quadratmeter und Stunde hat. Man wird danach trachten müssen, das Düngen, das Beregnen oder das Nachbearbeiten des Bodens, wodurch die Bodenatmung solche Werte annimmt, erst vorzunehmen, wenn die Entwicklung der Pflanzen die Verarbeitung solcher Kohlensäuremengen verspricht. Selbstredend liegt hier das Gewagte und Wagnis zuweit gesteigerter Aufwendung für Kohlensäuredüngung enthalten, denn der Verlust in den Nachtstunden oder bei sonstigen Widrigkeiten für das Wachstum wird entsprechend größer. Wenn man alles überlegt und überschaut, darf man nie vergessen, daß der Wert der sog. selbsttätigen automatischen Kohlensäuredüngung darin besteht, daß sich ganz von selbst eine Gewähr für Gleichlauf von CO_2-Entwicklung durch Bakterien mit Aufnahmebereitschaft der Pflanzen darin bietet, daß beides Pflanzen sind, auf die viele äußere Einflüsse gleichgünstig und ungünstig wirken[1]).

Bezüglich der Nacht seien, weil sie CO_2 vergeuden soll, einige Beobachtungen beigefügt:

Ich erinnere zunächst an das Licht-Kohlensäure-Produkt-Gesetz, das bestimmt, daß, wenn trübe und lichtschwache Morgen- und Abendstunden der Assimilationstätigkeit zugute kommen sollen, dann in der Umluft ein höherer Kohlensäuregehalt sein muß. Wenn deshalb evtl. frühmorgens oder um Sonnenuntergang vielleicht auch etwas Kohlensäure vom Boden her verlorengehen sollte, weil sich zu dicke Schwaden davon über der Erde gelagert haben und hin und wider ein Windstoß Luft von den Äckern Altdorfs nach Neuhof trägt, dann wird aber infolge der besseren Bodenatmung bei Altdorf eine oder zwei Morgen- und Abendstunden Licht besser ausgenützt.

Das Erzeugnis aus Kohlensäure und Licht ist aber die Ernte, und so wird, dank besserer Bodenatmung, also automatischer Kohlensäuredüngung, die Ernte in Altdorf doch besser sein wie in Neuhof. Dazu kommt noch eine Beobachtung: der Verlust von Kohlensäure, die aus dem Boden langsam herausdiffundiert oder herausquillt, bremst sich in 2facher Richtung, indem sie so den Schatz von Bodenkohlenstoff wahrt, selbst ab, es sei denn, daß die CO_2 am Orte verbraucht oder von böigen Winden entführt wird.

Es ist in der folgenden Tabelle berechnet, wie unter dem gegenseitigen Einflusse der allmählich mit Kohlensäure sich anreichernden einzelnen Luftschichten über der Erde die Abgabe nach den benachbarten Horizontalschichten erfolgt. Daraus erhält man den von Stunde zu Stunde veränderten Gehalt der einzelnen Luftschichten an CO_2. Die Berechnung ergibt, daß in der Luftschicht des ersten Meters über der Erde sich ganz gut 6—7mal soviel Kohlensäure angereichert haben kann, während die Abgabe nach der übernächsten Schicht zwischen 2 und 3 Metern dort den Gehalt nur von $^{30}/_{100\,000}$ auf $^{34}/_{100\,000}$ steigert. Selbst in der Luft zwischen 1—2 Metern hat sich der Gehalt nur von $^{35}/_{100\,000}$ auf $^{66,6}/_{100\,000}$ CO_2 erhöht.

---

[1]) Z a n d e r, Techn. i. d. Landw. 1926.

Tabelle 30. Berechnete Kohlensäuregehalte in $^1/_{100\,000}$ Volumteilen. In den Luftschichten zunächst der Erde bei andauernd 0,460 g CO_2 Bodenatmung je Stunde und Quadratmeter und unterbrochener Assimilation. Reine Diffusion.

Schicht	Beginn	nach 1 Stunde	nach 2 Stunden	nach 3 Stunden	nach 4 Stunden	nach 5 Stunden	nach 6 Stunden	nach 7 Stunden
0—1 m	60	83	108,5	127,5	145,1	161,9	177,4	194,0
1—2 „	35	39	41,5	45,4	49,9	55,05	60,7	66,6
2—3 „	32	32,3	32,7	33,15	33,8	34,75	35,5	37,16
3—4 „	31	31,2	31,3	31,3	31,4	31,45	31,58	31,78
4—5 „	30	30,05	30,1	30,1	30,17	30,18	30,19	30,2

Diese Tabelle, auf Grund theoretischer Rechnung gewonnen, soll zeigen, wie wenig stark sich selbst eine fortwährende Abgabe von Kohlensäure (0,460 g qm/Std.) vom Boden her im Verlaufe der einzelnen Stunden einer Nacht auf die Luftschichten höher wie 2 m über der Erde geltend macht, sondern infolge der geringen Diffusion in 0—200 cm Höhe sich anreichert und liegen bleibt.

Daß es in der Tat in der Natur sich auch so verhält, lehrt jede Beobachtung des täglichen Ganges des Kohlensäuregehaltes, namentlich die bildlichen Darstellungen in Abb. 4, 6, 17. Auch bestätigen dies nahezu alle CO_2-Bestimmungen früherer Forscher, die ihre Proben meist immer aus höherer Luft, wie 3 und 4 m über der Erde entnahmen und darin nachts nur $^{2-5}/_{100\,0000}$ mehr CO_2 wie tags fanden. Da nun nachts keine Aufwinde herrschen, die CO_2 wegtragen, so müßte der Gehalt zwischen 3 und 4 m über der Erde wesentlich höher sein, wenn die vom Boden ausgeatmete CO_2 durch die Diffussion rascher befördert würde.

So legt sich also gewissermaßen die Natur jeden Morgen und Abend einen richtigen Mantel von Treibhausluft zur selbsttätigen Kohlensäuredüngung der Bestandspflanzen über, so daß diese in erhöhter CO_2-Atmosphäre das geschwächte Licht mit seinen chemisch so wirksamen roten Strahlen noch einmal einige Stunden ausnützen können.

Weitere Selbstschutzmaßnahmen der Lebensgemeinschaft Bodenbakterien und Grünpflanze, die CO_2 sparend wirken, will ich nur erwähnen; jeder, der mit Land zu tun hat und die Aufstellungen über Bodenatmung auf den S. 155—163 betrachtet, wird verstehen, daß bei Trockenheit, wo die Dürre das Wachstum hemmt, oder nach langandauernden kühleren Regen, wenn infolge Lichtmangel und Kälte das Wachstum stockt, auch keine Bodenkohlensäure vergeudet wird.

Wenn mich nun der Bauer fragt, was soll ich, der ich heute kein Geld habe, um meine Äcker mit Rohren zu belegen und diese an den Schornstein meiner Brennerei oder die nächste Überlandzentrale anzuschließen, was soll ich armer Mann denn mit all den schönen und interessanten neuen Erkenntnissen über Kohlensäuredüngung anfangen, dann sage ich ihm: Denke einmal ein bißchen über deinen Humus und alles, was Kohlenstoff in deinem Betriebe enthält, nach. Die Stein- und Braunkohlen können aus dem Spiele bleiben! Hast du z. B. das, was man einen humösen oder was man einen Mineralboden nennt?

Bei den humösen Böden — also Moor- oder Schwarzerde — heißt es, den Vorrat an Bodenkohlenstoff richtig ausbeuten, eine etwas merkwürdige Kohlenförderung betreiben, also je Jahr eine stramme Förderung von einigen Tonnen Kohlenstoff je Hektar in Form von bodenbürtiger Kohlensäure aus dem Boden zu locken und durch richtige Kulturen vollwertig in veredelsten Pflanzenkohlenstoff überzuführen. Für solche Böden, namentlich wenn sie ganz neu erschlossen sind, trifft das zu, was Lundegårdh gesagt hat, daß nämlich Stallmist keine besonders bevorzugte Kohlensäuredüngung sei, sondern Moor- und Torfböden werden durch eine einmalige Stallmistgabe gewissermaßen erst einmal richtig mit Bakterien besiedelt. Erst wenn die da sind, kann das Vieh und dann der Mensch nachsiedeln. Aber dies eine tut es nicht allein, was jährlich wiederkehrt, ist dafür zu sorgen, daß diese winzigen Kohlenförderer in der Erde, die Bakterien, freudig und emsig bei der Arbeit bleiben: alle Grundbedingungen ihres Lebens müssen erfüllt sein. Den nötigen leicht löslichen Stickstoff gab im ersten Jahre schon der Stallmist mit. Aber auf Hochmoorböden fehlt es meist an K. und P. Auch bedürfen solche Böden zunächst einer starken Kalkung bis zu einem mittleren neutralen Punkte. Die selbsttätige Kohlensäuredüngung kann sich also auf solch humösen Böden gewissermaßen auf alterprobte Verfahren beschränken. Nur dem, welcher weiter vorwärts will, sollten diese Sätze die Kohlensäurebrille für sein Tun aufsetzen. Im humösen Boden kann ein C-Vorrat für Ernten auf Jahrhunderte enthalten sein, von denen man möglichst viel zu Pflanzen veredeln sollte. Ich würde deshalb z. B. nicht für unrichtig halten, trotz des allgemein angenommenen N-Reichtumes in Moorböden doch zu Beginn jeder Kultur noch eine kleine Stickstoffgabe von $1/_4$—$1/_2$ Ztr. je Morgen zu verabfolgen, weniger wegen der Wurzelernährung der angebauten Pflanzen, als gewissermaßen zur Aufmunterung der Bakterien und der Blatternährung mit CO_2. Denn den ersten Aufschluß und Angriff auf den Rohhumus müssen jene vornehmen. Begünstigt man den, so wird man die Fabrik im Frühjahre gewissermaßen rascher ankurbeln. Andere Maßnahmen der mittelbaren CO_2-Düngung auf humösem Boden, also Anregung der Bakterientätigkeit sind:

Bodenbearbeitung und Lüftung, aber sie werden bei stark humösen Böden eine Grenze finden, bei deren Neigung puffig zu werden. Man wird eher Mittel finden müssen, die Bindigkeit zu erhöhen und den Wasserhaushalt zu regeln. Denn mittlere Feuchte der Bakterienschicht — also etwa der Erde von 2—5 cm von der Oberfläche bis auf 25 cm Tiefe — erhält eine gute Bodenatmung aufrecht. Ist Feuchte durch Rückstau des Grundwasserspiegels erreichbar, dann wird selbst etwas, das zunächst niemand für Kohlensäuredüngung hielt, doch eine, und man kann an der erhöhten Bodenatmung die Wirkung genau messen. Erhaltung der Gare durch raschen Bestandsschluß ist auf jeden Fall anzustreben. Dann wird die bodenbürtige CO_2 gut genützt, der Boden vor oberflächlicher Austrocknung geschützt, und es kommen gute Erträge zustande

e) Über Humus-, Mist- und Abfallwirtschaft.

Anders liegt die Sache auf mehr mineralischen, also humusarmen Böden. Hier sollte in der Wirtschaft alles, was kohlenstoffhaltig ist, in höchsten Ehren stehen. Man möchte fast sagen, auf Sandböden

sollte man überall wahre Mistkirchen zur Verehrung alles Kohlenstoffhaltigen errichten: also Kultstätten, in denen alles aus der Wirtschaft,
was nur einmal lebend war und was Kohlenstoff enthält, sorgfältig zu-
sammengetragen wird und beste Pflege erfährt, bis ein schöner Dung
daraus geworden: Kranzscher Edelmist. Sandböden bauen alles organische Material, allen Humus so rasch ab, daß man immer viel eher mit
einer Abnahme des Humus rechnen muß, als mit einer Anreicherung,
es sei denn, man arbeite getreu nach Schulz-Lupitz. Ich möchte
mich hier nicht zu sehr in Vermutungen und Theorien verlieren, aber
soweit es gewissermaßen nur Sorgfalt und nicht noch besonders starke
Aufwendungen kostet, sollte man auf solchen Böden, schon ehe für alles
vollgültige Beweise vorliegen, nach „der Philosophie des ‚als ob' " handeln.
Eines hängt mit dem anderen zusammen. Soweit Wasser als Feuchte im
Boden vorhanden oder mittels Regen und Stauens beschaffbar ist, sollte
sandiger Boden nie unbegrünt in der Wachstumszeit sein. Wenn
gesagt wird, Untersaat drückt den Kornertrag, so urteilt man vielleicht
etwas kurzsichtig. Man sollte solche Epxerimente einmal auf große
Sicht durchführen. Vielleicht drückt sie die Untersaat tatsächlich im
ersten Jahre, aber wenn man nach der Ernte gleich ein grünes Feld mit
Seradella oder Klee der Sonne und der Luft darbietet, dann wird die
Bodenatmung des Juli, August und September nicht verfliegen, ja, das
Grünzeug wird noch aus der oberen Luft und vom Acker des faulen
Nachbars während 1—2 Monaten beträchtliche Mengen CO_2 auf das
sandige Land ziehen! Während erst nach der Ernte gesäte Gründüngung
aus Mangel an Feuchte in der Oberschicht nicht mehr aufgeht, hat die
als Untersaat bestellte schon längst ihre Wurzeln in feuchterem Untergrund, ja, sie kann sogar bald nach der Kornernte gehackt werden und
prächtig gedeihen. Es ist späterhin dann vielleicht richtiger, dieses
Grün nicht als Futter zu benützen, sondern stehen zu lassen, solange
es lebt und erst im späten Herbst unterzubringen und so in seiner ganzen
Masse, also mit Wurzeln und Grün, zur unmittelbaren Humusanreiche-
rung zu benützen. Ja, wer nach solchem Grün glaubt, zur Herbst-
bestellung seinen Acker nicht mehr elegant und klar genug zu bekommen,
mähe das Grünzeug ab und konserviere es als Grünmist über den Winter.
Es wird erst im Frühjahre als eine leicht streubare, fasrige Masse aufs
Land gebracht. Wie guter Mist nicht unverdautes Stroh von $1/_2$—1 m
Länge enthält, sondern etwa höchstens 10—20 cm lang sein sollte, müßte
auch der Grünmist äußerlich im ganzen fast krümelig und leicht zer-
teilbar sein.

Und im Innern sollte jeder Mist ein richtig gemischtes Bakterienfutter vorstellen. Was an leichtlöslichem Stickstoff ursprünglich enthalten war, sollte alles darin bleiben, und es sollten ihm auch möglichst
noch die übrigen Düngesalze gleich auf dem Haufen wenigstens in dem
Maße einverleibt werden, daß seine Vorverdauung bestens gesichert ist
(Kaserer). Ein derart zubereiteter Mist sollte dann, soweit es die
Anbauart der Pflanzen nur immer zuläßt, in die Bodenschicht zwischen
5 und 15 cm eingedrillt werden. Hier ist genügend Feuchte zur günstigen Zersetzung. Andererseits können durch etwaige Schlagregen in

die Tiefe gedrängte Nährsalze nicht ganz aus dem Bereiche der schon tiefer gedrungenen Wurzeln befördert werden, und schließlich und nicht unwichtig, Kopfdüngersalze werden bei demselben Regen eben dieser Mistzone zwischen 5 und 15 cm und deren Bakterien zugeführt und deren Verlust an Salzen, u. a. so der eventuelle Schaden in diesem Bereich wettgemacht. Ich weiß, daß dieser Vorschlag in der Praxis schon da und dort befolgt wird und beste Erträge sichert.

Wenn auch das eine oder andere Gerät der Technik, was man zur Durchführung eines solchen Verfahrens nötig hat, noch nicht vorhanden ist: Nun, wenn erst der Bedarf und der Wunsch danach aus der Erkenntnis laut wird, auch der Mist muß technisiert werden, so wird das Gerät schon kommen! Eins kann ins andere greifen, z. B. muß man denn Stroh zum eigenen Bedarfe bündeln und pressen? Es kann doch hinter der Dreschmaschine sofort eine Häckselmaschine passieren und mit dem Gebläse über 100 m weit in ein Silo über den Viehstall geblasen werden! Solches Streumaterial wird schon von vornherein etwas saugfähiger sein und einen kurzstapeligeren, besser zerteilbaren Mist liefern. Und warum soll ein tadelloser Mist vor dem Ausfahren nicht evtl. nochmals einen Reißwolf o. dgl. durchlaufen, damit man ihn auf dem Acker schön gleichmäßig verteilen kann?

Wer nur weiß, wann und wie stark seine Pflanzen wachsen und schossen, also wann sie am meisten Kohlensäure benötigen, und wer sich einmal in aller Ruhe auf Abb. 30, S. 162, ansieht, wie im Durchschnitte Ende April in Norddeutschland die Bodenatmung ansteigt, der wird auch bald wissen, wann er seinen — allerdings nur gut vorbereiteten — Mist eigentlich auf den Acker bringen sollte. Und wenn er dann gar noch die neuesten Untersuchungen Königs[1]) beachtet, aus denen man entnehmen kann, wie rasch schon im ersten Jahre ein Stallmist sich in aller Art Mineralböden fast zu 70 und mehr Prozent zersetzt, so daß von dessen Kohlenstoff nur noch geringe Reste bleiben, der wird kaum mehr auf den Kartoffel- oder Rübenacker den nötigen Mist schon vor Winter oder gleich im Frühjahr, sondern eben erst kurz vor dem Pflanzen, ja, vielleicht erst beim Häufeln einbringen. Der wird wohl auch einmal einen Versuch machen, noch im Frühjahre bei der ersten Hacke selbst zu Roggen oder Gerste eine kleinere Menge Mist einzuhacken. Die Fuhre voraus, den Fasermist mit Gabeln übergezettelt und dann die Hacke hinterher! Vielleicht ist es das erste Mal kein ganz gleichmäßiges Feld! Aber der Ertrag wird besser und die Bestockung schön und reicher und er bekommt kein Lager! Im 2. und 3. Jahre wird es schon besser gehen.

Ich liebe keine Übertreibungen, aber Technisierung der Landwirtschaft! Nach den neuen Erkenntnissen über die Kohlenstoffernährung der gewerblich gebauten Pflanzen bekommt jeder bisherige Mist und Unrat der Wirtschaft eine ganz andere Stellung darin und einen neuen Platz im Gehirnkasten des Landwirtes. Schon daß er Mist heißt, macht den Mist zu einem Mist: denn das bißchen Stickstoff, welchen Düngersack kann das beeindrucken? Welche Geringschätzung des Mistes liegt

---

[1]) Mittlg. d. Deutsch. Landw. Gesellsch. 1926.

darin, nur zuzugeben, daß er so ein bißchen den Boden lockert und im Sande etwas Wasser hält? Wenn er in einem Jahre fast aufgebraucht ist (König) und bei uns doch höchstens alle 3—4 Jahre gegeben wird, wieviel Wasser wird der Mist dann schon halten bei 300 Ztrn. auf den Morgen? Und wieviel mehr Luft und wasserhaltende Kraft wird damit schon hereingebracht? Mehr wie 80% Wasser hält der Mist ja nicht, sonst tropft er. Also kann er auf den Hektar auch immer nur ca. 500 dz Wasser halten, das entspricht 4—5 mm Regen! Für das Winterwasser ist das also ziemlich belanglos. Und um Mitte Sommer, wenn 5 mm vielleicht etwas wäre, ist er ja schon halb verschwunden und hält also nur noch 2 mm. In Feuchte-Prozenten wird es auf die Krumeschicht noch kaum 1% ausmachen. Ähnlich ist es mit der Luft. Was werden diese 2—4% schon ausmachen? All das ist nicht das Wesentliche, das der Mist in den Boden bringt, es ist ein bißchen ein Etwas, man solls nicht verachten: daß er Werkstoff liefert, mit dem und an dem der Bauer arbeitet, den er veredelt, ist etwas mehr! Nennt vielleicht ein Dreher die Gußstücke Mist, die er auf seine Bank bekommt, um sie zu Maschinen passend zu machen? Ebensowenig sollte der rohe Kohlenstoff aus all den Abfällen, die die Beschäftigung mit Pflanzen und Tieren nun einmal mit sich bringen, am allerwenigsten vom Landwirte als Mist bezeichnet werden!

Und selbst, wer auf humusstarken Böden arbeitet, sollte nicht so fahrlässig mit der Ware Mist umgehen, die andere als Rohstoff zur Erzeugung hochwertiger Nahrungsmittel u. dgl. benötigen. Für die Marsch hat er vielleicht nur den Wert des leichtlöslichen Stickstoffes, aber für den Bauer auf der Geest, für den hat er zudem den vollen Wert des Kohlenstoffes. Für höchste Ernten ist er sein Rohstoff, an den er die Arbeit der Sonnenstrahlen bindet, um beides als Ackererzeugnisse zu erhalten.

Für den Gärtner und Landwirt in gleichem Maße bemerkenswert sei hier folgende Geschichte aus dem Betriebe der großen Obstplantage der Staatlichen Lehranstalt für Gartenbau in Geisenheim nach den Ausführungen von Garteninspektor E. Junge[1]) angeführt:

Zu Beginn und in den ersten Jahren des Jahrhunderts war der Zustand der Obstbäume in Geisenheim allenthalben ein so schlechter, daß man sich mit dem Gedanken trug, sie auszuhacken und durch Jungpflanzen zu ersetzen. Dabei waren die alten Bäume durchschnittlich erst 23 Jahre alt und Junge wollte sich nicht recht zu dieser Maßnahme entschließen. „Dem Boden waren in den früheren Jahren einseitig zuviel künstliche Dünger zugeführt, aber die Zufuhr von Stalldung oder anderen Ersatzstoffen zwecks Bereicherung des Bodens an dem so nötigen Humus war arg vernachlässigt worden. Zudem fehlte es dem Erdreiche an der nötigen Bearbeitung und vor allen Dingen an Wasser. Dies alles hatte das Zurückgehen der Baumbestände sowie die geringen Ernten im Gemüsebau hervorgerufen. Unter Berücksichtigung dieses Umstandes wurde zunächst die Zufuhr künstlichen Düngers gänzlich eingestellt und eine regelmäßige Stallmistdüngung in der Weise eingeführt, daß jedes Quartier alle 2 Jahre pro Morgen im Durchschnitt 300 Ztr. besten Rindviehdünger erhielt. In dem Zwischenjahre wurde, soweit als angängig, noch mit Komposterde oder Jauche nachgeholfen.“ Ferner wurde eine Pumpe, die täglich 60 cbm Wasser schaffen konnte, eingerichtet und eine bessere Bodenbearbeitung mit leistungsfähigeren Geräten durchgeführt. Was den Erfolg dieser Maßnahmen anlangt, schreibt Junge: „Der Erfolg dieser

---

[1]) Geisenh. Mitt. f. Obst- u. Gartenbau 1924, Nr. 5.

Maßnahmen ist nicht ausgeblieben. Schon nach einigen Jahren stellte sich bei fast sämtlichen Bäumen, die zuvor meistens Gelbsucht und Gipfeldürre gezeigt hatten, neue Triebkraft ein, und viele derselben hatten in kurzer Zeit mehr an Kronenumfang zugenommen als in den vorhergehenden 20—30 Jahren nach erfolgter Pflanzung."

Die verschiedenen Maßnahmen, also Stallmistdüngung so reichlich — alle 2 Jahre —, so daß immer hinreichend leicht zugängliches Bakterienfutter kohlenstoffhaltiger Art vorhanden war, gute Bodenbearbeitung, also Vorbedingung für eine richtige Gare, Lüftung und Wasserhaltung und schließlich künstliche Bewässerung durch Beregnen, all dies sind Eingriffe, die in erster Linie die Kohlensäureentwicklung vom Boden her steigern. Da außerdem an den sog. Kernnährstoffen wie Kali, Stickstoff und Phosphorsäure kein Mangel geherrscht haben kann, so liest sich die Schilderung Junges in dem oben wörtlich angeführten Satze über den Erfolg seiner Anordnung gerade wie eine der zahlreichen Mitteilungen über erfolgreiche Begasung in Gewächshäusern auf den Seiten 89 ff.:

Gelbsucht geht zurück und die Bäume nehmen doppelten Kronenumfang an. Schon im dritten Jahre nach dieser durchgreifenden Änderung steigt der Erlös aus der betreffenden Anlage um ungefähr 35% und hielt sich dann in den nächsten 4 Jahren mehr wie doppelt so hoch wie in den letzten 10 Jahren davor. „Diese Belebung der alten Anlagen war nichts weiter als ein praktischer Düngungsversuch in erweitertem Sinne und auf die ganzen Anlagen übertragen, der die besten Erfolge zeitigte." Es sei ausdrücklich betont, daß seit 1906 keine Kunstdünger verabreicht wurden, weil sie sich „in dem vorher untätigen Boden in großer Menge aufspeichert" und, wie Junge fortfährt: „erst vom Jahre 1907 ab im Verein mit den reichlichen Gaben von Stalldünger und besserer Bewässerung zur Wirkung gelangten". Es sind sicher nur Ausnahmefälle, in denen Kunstdünger ohne Humusbereicherung günstige Ergebnisse zeitigt. Im Jahre 1911 wurde wieder mit Versuchen mit Kunstdüngerzusatz begonnen, die etwa 7% Mehrertrag erbrachten. Daraufhin ist in Zukunft durchgehends folgendermaßen verfahren worden: Die einzelnen Bezirke bekamen alle 2 Jahre 500—600 dz/ha Stalldung, und wenn als Unterfrucht Kohl gebaut wurde, noch gleichzeitig im selben Jahre 2 dz Superphosphat, 3 dz 40proz. Kali und 3 dz Ammonsulfat, alles je Hektar gerechnet. Im folgenden Jahre, also dem ohne Stallmist und bei Anbau von Wurzelgewächsen, wurde nun nur 2,4 dz Superphosphat, 2 dz 40proz. Kali und 2,4 dz Ammonsulfat verabfolgt. Im Laufe des Krieges ist dieser Plan etwas außer Ordnung gekommen, weil sowohl Stalldung als Kunstdüngesalze schwer zu beschaffen waren. „Wenn trotz dieser recht mißlichen Verhältnisse die Anlagen in den folgenden Jahren nicht nur auf der Höhe gehalten, sondern auch noch eine Steigerung der Erträge erzielt werden konnte, so ist dies darauf zurückzuführen, daß neben einer sorgfältigen Bodenbearbeitung und reichlichen Bewässerung von einer vermehrten Zufuhr von Kompost und anderen tauglichen Erdarten, sowie von der Gründüngung Gebrauch gemacht wurde." Hierzu dienten in der Hauptsache Buschbohnen, die gleich nach der Ernte rechtzeitig untergebracht wurden. Durch diese Bewirtschaftungsweise ist im Laufe der Nachkriegsjahre beim Obstbau der Massenertrag um 50% und im Gemüsebau um etwa 40% gegenüber den Kriegsjahren gesteigert worden.

Diese ganze Geschichte lehrt in jedem Zeitabschnitt die Wichtigkeit der Zufuhr von sog. humusbildenden Stoffen bzw. kohlenstoffhaltigem Bakterienfutter zwecks Kohlensäuredüngung nach Jahren vollständiger Auspowerung des Bodens. Infolge einseitiger, jahrelanger Salzdüngung hat dann der Mist allein ganz hervorragend gewirkt. Mit den Jahren haben sich die weniger leicht abbaubaren Teile daraus angereichert und bewirkten nunmehr vom 6. Jahre an wieder eine rentable

Verwendung von Düngesalzen. Trotzdem blieb aber die 2jährige Stallmistgabe fortwährend erwünscht und rentabel. Die ganze Geschichte
ist auch eine treffliche Verdeutlichung der Wichtigkeit einer harmoni-
schen Ernährung der Pflanzen mit salzartigen Stoffen und Kohlensäure[1]

Wenn nun der Praktiker antwortet, derartig große Mengen von Mist
daß ich immer im 2. Jahre 600 dz je Hektar geben könnte, habe ich
nicht und ihre Beschaffung ist unmöglich, so wäre ihm zu entgegnen:
Pflege deinen Mist besser, dann hast du mehr! Verarbeite alles zu Mist,
was an Blattwerk, Abfall von Pflanzen und Tieren und sonst in der
Wirtschaft entsteht. Und schließlich führe deiner Wirtschaft kohlenstoffhaltiges Material zu, wie es für dich am gewinnbringendsten ist.

Es ist gar kein Zweifel daran, daß die feineren und jüngeren Torf-
arten (Moostorf, Torfstreu) sich aus Stoffen zusammensetzen, von denen
ein großer Teil durch Bakterientätigkeit noch verhältnismäßig leicht
angegriffen und abgebaut werden kann. Es wurde auf S. 89 an Hand
einer Schilderung des Guanol und seiner Geschichte auseinandergesetzt,
in welcher Weise etwa der Kohlenstoff des Torfes für die Wirtschaft
als Kohlensäuredünger in Bewegung gesetzt wird. Selbstredend wird es
bei dem hohen Feuchtigkeitsgehalt, den ein Erzeugnis wie Guanol infolge der Eigenart des Torfes immer haben wird, und in Anbetracht
dessen, daß man etwa mindestens 10mal soviel Kohlenstoff zu einer
Kohlensäuredüngung geben muß, wie Stickstoff, immer zweckmäßiger
sein, solche Torfzubereitungen in möglichster Nähe bei den Verwendungs-
orten herzustellen. Es kommen eben für solche Kohlensäuredünger,
wenn sie wirklich als Humusersatzstoffe gelten sollen, jeweils Massen
in Betracht, die in Hunderte von Doppelzentnern je Hektar gehen.
Deshalb bleibt es selbst bei örtlicher, sagen wir dorfweiser Erzeugung,
ja selbst bei der Zubereitung auf dem Gutshofe noch immer eine ziemliche technische Aufgabe, derartige Massen zu befördern, zuzubereiten
und zu verteilen.

Von kleineren Mitteln, die aber örtlich bedeutungsvoll sein können,
sei auch daran gedacht, eigenen Torf durch Kompostierung mittels kohlensaurem Kalk, Jauche, etwas Düngesalzen und etwas Mist als Impfung
in brauchbaren Kohlensäuredünger überzuühren. Was man aus
Gräben und Kanälen an Schlick und Wasserpflanzen herausräumt, ist
ähnlich verwertbar. Es handelt sich ja mit alledem um Arbeiten, die
sich auf Zeiten geringster Beanspruchung von Menschen und Tieren ver-
legen lassen und infolgedessen nicht mit der ganzen Kostspieligkeit der
an sich aufgewandten Löhne und des Futters einzusetzen sind. Auch
Motorfahrzeuge können bei Verwendung zu derartigen Arbeiten, wie
zur Heranschaffung von Torf auf mehrere Meilen Entfernung, insofern
rentabler werden, weil sie dadurch mehr Beschäftigungstage im Jahre
erhalten. All solche Massenarbeiten wären nicht ohne Beispiel:

King[2] berichtet, daß in Chinas ertragreichsten Gegenden manchmal bis zu
1750 dz Kanalschlamm je Hektar auf die Felder gebracht würde. „Ja, noch mehr
Schlepperei! In Gegenden, wo keine Kanäle sind, wird sowohl die obere Krume

---

[1]) Hiltner d. J. (S. 35).
[2]) Techn. i. d. Landw. 1925, S. 58.

wie der Untergrund, wenn man ihn gerade nicht zum Pflanzenwachstum benötigen kann, mit ungeheurer Arbeit in die Dörfer gebracht und dort mit organischem Abfall kompostiert, ja oft noch getrocknet und zermahlen, ehe man ihn wieder auf die Felder schleppt, um ihn als ‚hausgemachten' Dünger zu verwenden. Alle Arten von Mist, sei es von Menschen oder Tieren, werden andächtigst aufbewahrt und auf die Felder gebracht in einer Art und Weise, die eine Wirksamkeit sichert, die weit über dem steht, was wir in dieser Beziehung kennen. Nach einer Aufstellung des japanischen Landwirtschaftsamtes beträgt die Menge menschlicher Abfallstoffe in Japan 1908 24 Mill. Tonnen oder 44 dz je Hektar bebautes Land. Die internationale Konzession der Stadt Schanghai verkaufte im Jahre 1908 an einen Chinesen das Recht, ganz frühmorgens die Häuser und öffentlichen Plätze aufsuchen zu dürfen, um den Unrat der Nacht zu entfernen, für 125000 Mk. bei rund 80000 t Unrat im Jahr. Wir werfen all dies nicht nur weg, sondern geben noch größere Summen aus, damit wir dies um so angenehmer können. In Japan beträgt die Erzeugung von Düngerstoffen, die nach allen Regeln zubereitet und jährlich auf das Land gebracht werden, mehr als 115 dz auf den Hektar bewirtschaftetes Land, ungerechnet den gekauften Handelsdünger. Wir sahen am 18. Juni zwischen Shanhaikwan und Mukden in der Mandschurei Tausende von Tonnen trockene, stickstoffreiche Komposterde, die erst kürzlich in Haufen auf die Felder gebracht war, um den Pflanzen ‚gefüttert' zu werden."[1])

Es scheint mir, daß es mehr die Not und instinktive Erkenntnis als eine Frucht höherer Einsicht oder größerer Klugheit ist, daß in China den organischen und Kohlenstoffdüngern ein solches Maß von Bemühungen zuteil wird.

Bei einer Bevölkerungsdichte, die selbst in landwirtschaftlichen Bezirken bis zu 20 mal größer ist wie bei uns, wird die menschliche Arbeitskraft von keiner Seite überschätzt, die Schlacken des Lebens aber häufen sich ins Beträchtliche, und es gibt kaum ein besseres Mittel, ihrer Herr zu werden, als sie den Äckern und dessen Bakterien zur Reinigung und Mineralisierung zu überlassen. Dabei geschieht eine Kohlensäuredüngung vom Boden her, ohne welche eine Bewirtschaftungsweise des Landes, die schon mehr Gärtnerei in unserem Sinne ist, — und Gärtnerei ist ja die kohlenstoff-intensivste Art der Landwirtschaft — unmöglich wäre: Je mehr Menschen, desto größer die Nachfrage nach Nahrungsmitteln, desto billiger die Arbeit und um so weniger gewagt die mannigfaltigsten Aufwendungen. Und schließlich auch desto notwendiger und leichter die Rückführung aller Abfälle in den kurzgeschlossenen Kreislauf Pflanzenerzeugung, Ernährung und Düngung. Und dort wird ein Glied, welches bei uns noch eine sehr überragende Rolle spielt, nämlich Tierhaltung für Arbeit, fast übersprungen. Man bedenke, daß gemäß unseren Aufstellungen (S. 8) von allem, was in Deutschland gebaut wird, 35% die Tiere zum Fressen bekommen, die auf dem Acker und in der Wirtschaft arbeiten, während nur 10% davon Menschen wirklich essen. Bevölkert sich ein Land so wie China, und wird die menschliche Arbeit — gewissermaßen nur noch Sport — unbegrenzt billig, dann wäre leicht noch zwei- und dreimal mehr Menschen Nahrung zu verschaffen, wenn durch Sitte u. dgl. Tierarbeit verpönt ist.

Jedenfalls ist unter solchen Bedingungen die an Zahl reichste, einheitliche Rasse geworden, in dem sie eine innere Harmonie aufrechterhielt zwischen Zahlreichwerden, Verwendung der Zahlreichen zu verpflichtender und lebenserhaltender Arbeit und Steigerung der Fruchtbarkeit des Bodens durch das Zahlreichsein. Es scheint, als ob die Technisierung Europas hier unharmonisch wirkt, indem sie nur das erste Glied dieses Ringes bedenkt und unterstützt, dagegen aus Krisen der Arbeitslosigkeit und der Ernährung nicht herauskommt.

---

[1]) King: „Farmers of Forty Centuries", bzw. übersetzt von E. H. Reinau: „4000 Jahre Landwirtschaft." Tidl. Jg. 6, H. 3.

Etwas anderes als Tierhaltung für Arbeitsleistung ist die Benützung eines Tieres dazu gewissermaßen als chemischer Apparat oder Maschine „rohe" pflanzliche Stoffe — wobei namentlich solche gemeint sind, die der Mensch für gewöhnlich nicht genießen mag — so umzuformen, daß daraus angenehmere und wertvollere Nahrungsmittel, also z. B. Eier, Milch, Butter und Fleisch werden. Ja, es handelt sich schließlich bei der Haltung von Tieren als Rohstoffumformern nicht nur um eine Annehmlichkeit für den Menschen, wenn hierfür zwischen 25 und 30% alles dessen, was wächst, verbraucht wird, sondern um eine tiefere Notwendigkeit, der man sich selbst in Chinas Landwirtschaft nicht entzogen hat. Nirgends ist der menschliche Magen derart beschaffen, daß er dem Munde den telegraphischen Befehl übermitteln könnte, Abfälle der Wirtschaft wie größere Mengen von Stroh, Rübenblättern, Kleie oder Gras einzulassen. Dagegen hat alles Süße, der Zucker, das Brot und das Erzeugnis aus dem Gras, das Fleisch, vom Magen einen ständigen Freigeleitschein, durch den Mund einzugehen. Im Sinne der Kohlensäuredüngung liegt die Frage also folgendermaßen: Ist es wirtschaftlicher, Stroh, Kleie, Rübenblätter und Gras unmittelbar auf einem sachgemäßen Komposthaufen zu vermisten, um Bakterienfutter daraus zu bereiten? Oder all dieses zunächst durch Halten von Tieren von solchen Teilen zu befreien, die von diesen zu menschlicher Nahrung umgebaut werden. Da das tägliche Leben und die allgemeine Erfahrung sich für den letzteren Weg entschieden hat, wollen wir an dieser Stelle keine weiteren Untersuchungen anstellen, ob er der richtige ist. Mag also die Technisierung der Landwirtschaft fortschreiten wie sie will, derjenige Teil von Mist, welcher bei der Nahrungsmittelerzeugung durch Tiere sich ergibt, wird der Landwirtschaft auch zukünftig nicht entgehen. Infolge dieser Zwangsläufigkeit, daß jeweils jährlich große Mengen von Mist bzw. von Kohlenstoff anfallen, wird er in der Gesamtwirtschaft immer einen niedrigen Preisstand haben. Soll ich nach allem vorhergehenden noch weiter auseinandersetzen, daß es trotzdem vom größten Vorteile ist, dieses Nebenerzeugnis der Wirtschaft so pfleglich als möglich zu behandeln? Ja, man sollte unter geeigneten Umständen auch nicht die Bereicherung seiner Wirtschaft an Kohlenstoff verschmähen, indem man mittels zugekauftem Futters durch Tiere Milch und Fleisch erzeugt. Was sich dabei an Mist ergibt, verbessert die Gesamtmenge und vermehrt den jährlichen Anfall[1]).

---

[1]) Ich gehe an dieser Stelle nicht weiter auf Zubereitungen ein, die seit einiger Zeit als Kohlensäuredünger verkauft werden. Es sind dies Erzeugnisse wie: Humit, Humogen, Bayer. Kohlensäuredünger, Humuskohle und ähnliches, von denen allen es sehr wahrscheinlich ist, daß sie, in richtiger Menge in den Boden gebracht, eine zusätzliche Bodenatmung hervorrufen. Es sollten aber alle diejenigen, denen es mit der sachgemäßen Kohlenstoffernährung in der Landwirtschaft wirklich ernst ist, solche Zubereitungen erst dann als Kohlensäuredünger bezeichnen, wenn sie sich von folgenden Umständen durch verhältnismäßig einfache Vorversuche überzeugt haben:

1. Das Erzeugnis muß, wenn es mit Erde vermischt wird, und zwar in solchen Mengen, wie es der Empfehlung des Verkäufers im Anwendungsrezepte für den Acker entspricht, wirklich eine nennenswerte zusätzliche Bodenatmung ergeben, also z. B. mindestens eine Steigerung derselben von 10, 20 oder 30%.

Nun wäre noch die Frage zu erörtern: Welche Pflanzen soll man denn am ehesten mit Kohlensäure düngen? Ich glaube, hierfür bietet das allgemein übliche Verfahren, wie man den Stallmist anwendet — also nach unserer Auffassung verstärkte Kohlensäuredüngung — die geeignetsten Fingerzeige. Es ist doch schon bezeichnend genug, daß man zwar von Fruchtfolge spricht, in Wirklichkeit aber eigentlich eine Mistfolge meint; denn jede Aufzählung einer beliebigen Fruchtfolge, wenn sie auch gut und gern zwei oder mehr gleiche Früchte in der Reihe der verschiedenen enthält und man sehr wohl, wenn lediglich es nur um die Reihenfolge wäre, mit der gleichen Frucht beginnen könnte, fängt doch immer mit derjenigen an, die in den frischen Mist hineingebaut wird. Der Mist bildet im Laufe der Jahre, wo sonst in einer Fruchtfolge kein Anfang und kein Ende zu sehen wäre, einen kräftigen Einschnitt in den Lauf der Zeiten. Die Praxis baut in den frischen Mist am liebsten Kartoffeln, Rüben, dann Hafer, Weizen und Gerste, auch Erbsen und Leguminosen, und schließlich Raps und namentlich bei Gemüsebau Kohl und gelbe Rüben. In dieser Reihenfolge hat sich, wie dies die Freilandversuche von Dr. Riedel ergaben, die Kohlensäure auch am besten bewährt. Nach Aereboe[1]) nützen in nachstehender Reihenfolge die Pflanzen den Stallmist am besten aus: Kartoffeln, Rüben, Raps, Rübsen, Hafer, Wintergerste, Schmetterlingsblütler: wie Klee und Seradella, Weizen, Sommergerste, Roggen. Entsprechend dem inneren Sinne der Kohlensäuredüngung, wie ich ihn im Laufe aller bisherigen Auseinandersetzungen glaube hinreichend entwickelt zu haben, möchte ich auf die Frage, welche Frucht soll CO_2-Düngung bekommen, bis weitere Klärung durch besondere Untersuchungen vorliegt, etwa folgende Faustregel aus diesen Fruchtfolgen ableiten:

Je niedriger eine Pflanze ist (also je näher bei der bodenbürtigen Kohlensäure) und je dichter sie steht (also je stärker ihre Selbstbeschattung und je weniger Luft und Licht von oben her zukönnen, also je unheilvoller und ungünstiger das Produkt aus Licht und Kohlensäure wird), desto besser wird sie eine Kohlensäuredüngung ausnützen. Je größer die Pflanzen, desto wahrscheinlicher ist es, daß sie Kohlensäure von anderen als ihrem Standorte einfangen können; namentlich wenn der Bestand nicht zu dicht ist, also Luft und Licht ein bestes Produkt ergeben.

---

2. Die unter 1. ermittelte Bodenatmung darf nicht lediglich einer etwa in dem Präparat enthaltenen Menge leichtlöslicher Düngesalze (K, P, N) zu verdanken sein, indem diese Düngesalze gewissermaßen einfach den Abbau des im Boden schon vorhandenen Humus beschleunigen. Hiervon kann man sich leicht dadurch überzeugen, daß man einen wässerigen Extrakt des betreffenden Präparates herstellt und damit einen Kontrollversuch auf Beeinflussung der Bodenatmung macht. Auf weitere naheliegende Abänderungen hierfür erübrigt es sich einzugehen.

3. Vermindert man die unter 1. festgestellte Bodenatmung und die etwa unter 2. ermittelte, so erhält man die Kohlensäurewirkung, welche den Humus- oder Kohlenstoffsubstanzen des betreffenden Präparates innewohnt, und hiernach wäre dessen Wert als Kohlensäuredünger einzusetzen.

[1]) Allg. Landw. Betriebslehre S. 210ff.

Des weiteren wird man sich selbstverständlich mit einer Kohlensäuredüngung auch darnach richten, ob die betreffende Pflanze verhältnismäßig viel oder wenig Kohlenstoff verarbeitet bzw. festlegt, ob dies mehr oder weniger rasch geschieht, also der Wuchs mehr oder weniger schnell und kräftig ist. Ich habe an anderer Stelle[1]) auf Grund der verschiedensten Beobachtungen und Angaben abzuleiten versucht, wieviel bodenbürtigen Kohlenstoff die bei uns besonders üblichen Feldfrüchte zu einem mittleren Ertrage in sich haben. Die folgende Aufstellung ergänzt die früher mitgeteilten Zahlen insofern, als jetzt die Annahme gemacht ist, daß bei allen Früchten je 600 kg Kohlenstoff, welcher in Ernte- und Ernterückstand überhaupt enthalten ist, aus freier Luft stammen. Es ergibt sich dann folgende Aufstellung mit abnehmendem Anspruch an bodenbürtigen Kohlenstoff:

Tabelle 31.

Zuckerrübe	3050	Roggen	2050
Kartoffeln	2500	Hafer	1950
Weizen	2480	Wiese	1600

Die üblichen Fruchtfolgen, die erwähnte Faustregel und die vorstehende Tab. 31 ergänzen sich hinreichend gut, so daß man schon einigermaßen sicher sehen kann und auch in neuen Fällen übersieht, welche Art Gewächs für Kohlensäuredüngung am dankbarsten ist.

Es soll damit nicht ausgedrückt sein, daß man unbedingt in dieser Reihenfolge Stallmist geben müßte, sondern lediglich, daß die Dankbarkeit für Kohlensäuredüngung ihr entspricht. Kann man nämlich, weil man vielleicht in seinem Boden einen großen leicht zugänglichen Humusvorrat hat oder weil in der Fruchtfolge zunächst davor eine Pflanze stand, die sehr viel organische Ernterückstände zurückläßt (Kleeumbruch, Wiesenumbruch, Weizen), diesen Kohlenstoff rasch in Bewegung bringen, indem man den Bodenbakterien durch sachgemäßes Kalken, Zuführen von Nährsalzen ihre Arbeit erleichtert, dann wird eben diese Art selbsttätiger Kohlensäuredüngung zu bevorzugen sein. Und wenn man schließlich durch günstige Lage Abgase aufs Feld leiten kann, wird man sie mit der größten Aussicht auf Erfolg zu Kartoffeln, Zuckerrüben, Lupinen und Klee oder Spinat führen.

Ich möchte diesen Abschnitt über die Kohlensäuredüngung in der Landwirtschaft mit einer kurzgefaßten Übersicht beschließen als:

Einige Gebote für den Bauern.

1. Kein Stück Land sollte außerhalb des Winters ohne Grün daliegen.

2. Alles Kohlenstoffhaltige, pflanzliche und tierische Abfälle, sollte geachtet und sorgfältigst bewahrt und behandelt werden, damit es (im Tiefstall, der Gärstatt oder sonst) viel und gehaltreichen Mist ergibt.

3. Laßt die entstehenden an Nährsalzen reichen Jauchen nicht weglaufen, sie sind von größter Wichtigkeit für das Leben der Bakterien, wenn sie Kohlensäure erzeugen sollen.

---

[1]) Tidl. 1924, H. 10 bzw. Zeitschr. f. angew. Chem. 1926, S. 501.

4. Sorge deshalb für aufsaugfähige Einstreu bei der Tierhaltung (gehäckseltes Stroh) und füge nötigenfalls schon bei der Aufbewahrung dem Miste noch Kali und Phosphorsäure hinzu.

5. Beachte bei der Fruchtfolge den Kohlensäurebedarf und die Wuchsform deiner Pflanzen, damit die stärkste Kohlensäuredüngung denen, die sie am besten ausnützen, zukommt.

6. Öfters (alle 2 Jahre) wiederholte und dementsprechend kleine Mengen von Mist gewährleisten eine ausgiebigere und rentablere Kohlensäuredüngung wie große Mengen nach langen Jahren.

7. Damit der Mist kohlensäuredüngend wirkt, muß er in einer feuchten Schicht des Bodens sein. Seine Salze dürfen ihn aber auch nicht zu sehr verlassen; bringe deshalb den Mist nicht über die Erde, wo er austrocknet und auslaugt, und nicht tief unter die Erde, wo er auslaugt und unter Umständen keine Luft hat, sondern vertraue ihn etwa zwischen 5 und 20 cm mitteltief der Erde an. Und wenn du mit Kohlensäure düngen willst, so tue all dies möglichst nahe bei dem Zeitpunkte, da die größte Kohlensäurewirkung dir bzw. den Pflanzen erwünscht ist.

8. Vergiß nie, daß jedes Streuen von Kunstdüngersalzen auch eine Kohlensäuredüngung bedeutet, etwa von derselben Stärke wie eine mittlere Gabe von Mist. Diese Kohlensäuredüngung zehrt aber vom Humuskapital deines Bodens, und ungestraft bleibt dies nur bei den humusreichsten (Moor, Schwarzerde, frisch umgebrochene Wiesen) Böden!

9. Bedenke, daß es schließlich die Bakterien sind, welche die Kohlensäuredüngung vom Boden her bewerkstelligen, und daß sie eines gut-gelüfteten und feuchten Bodens bedürfen, um viel Kohlensäure zu erzeugen: deshalb halte dein Land durch richtige Bearbeitung, vorsichtiges Pflügen, Eggen, Hacken, Bedecken, Befräsen u. dgl. stetig in garem Zustande, damit Boden, Luft und Wasser gleichförmig gemischt und sich gleichförmig durchdringend bleiben.

10. Gestattet dein Boden und dein Klima es nicht, durch geschickte Bearbeitung die bakterienbelebte Schicht feucht zu erhalten, dann beregne oder beriesele deine Pflanzungen, denn auch Regnen heißt mit Kohlensäure düngen.

11. Es ist sicherlich des Versuches wert, den durch Ein- oder Stoppelsaat gewonnenen Gründünger nicht einfach bei Verlegenheit um Arbeit unterzupflügen und zufälliger Auslaugung oder Zersetzung an warmen Tagen zu überlassen, ehe die entwickelte Kohlensäure von einer neuen Pflanzung ausgenützt werden kann, sondern daraus Grünmist zu sparsamer, beliebiger und wirkungsvollster Kohlensäuredüngung zu bereiten.

12. Du solltest es nicht unversucht lassen, deinen Acker an Kohlenstoff zu bereichern, wenn du dein Stroh teuer verkaufen, brauchbaren Torf dagegen billig eintauschen kannst. Du kannst den Torf entweder durch Einstreuen in den Viehstall oder dadurch zu einem Kohlensäuredünger machen, daß du ihn mit Kalk und Düngesalzen, unter Zusatz von Erde, kompostierst.

13. Damit nicht alles in den Wind getan sei, solltest du deine flachen Äcker nicht zu sehr jeglichem W i n d e aussetzen, denn Kohlensäure ist ein luftförmiger Stoff, und es wäre unklug, nicht z u d e n H e c k e n (K n i c k s) der Alten z u r ü c k z u k e h r e n, wenn man in Hainbuche ein Gewächs hat, das sich für unschädliche Hecken bestens eignet.

IV. Die Wirtschaftlichkeit der Kohlensäuredüngung.

Diejenigen frommen Mahnungen dürften der Befolgung am sichersten sein, bei denen man mit dem berühmten Rechenstift des Praktikers nachzuweisen vermag, daß sie wirtschaftlich sind. Schließlich steht ja auch am Ende der zehn Gebote das himmlische Wohlleben des Paradieses.

Was kostet und was bringt Kohlensäuredüngung?

Kohlensäuredüngen, wirtschaftlich betrachtet, ist etwas ganz anderes als die Anwendung von Düngesalzen. Diese gehen nicht so in den Stoff. Es sieht mehr wie eine Peitsche oder eine Prise Salz aus, mit denen man etwas Müdes auf den Schwung bringt. Aber bei der Kohlensäuredüngung handelt es sich eigentlich um eine unmittelbare Verarbeitung und Umsetzung von Rohstoff in neue Ware. Sagt jemand zum Gießen „mit Wasser düngen?" Die Massen Wasser, die man zum Gießen und Bewässern braucht, sind nun allerdings wieder um ein Vielfaches größer, wie die Erntemengen. Aber zwischen den Prisen von Salz, die einen Zentner mehr Ernte bringen, und den Tonnen von Wasser, die doch nur einige Zentner Ernte ergeben, steht die Kohlensäure bzw. der Kohlenstoff dazwischen, indem er im großen Durchschnitt ungefähr gerade in der Menge erscheint, wie er aufgewendet wird. Er bietet also so richtig das Bild für irgendeine Rohstoffverarbeitung bzw. Rohstoffveredelung. Von der mehr oder weniger sachgemäßen Anwendung der Kohlensäuredüngung hängt der Wirkungsgrad dieser Veredelungsarbeit ab, die Wirtschaftlichkeit aber außerdem noch von der Spanne, die bleibt zwischen den Kosten für den rohen Kohlenstoff, sei es als Kohlensäure in Abgasen oder als organischer Kohlenstoff in Abfällen von Tieren und Pflanzen, und dem Werte des Erzeugnisses bzw. des Kohlenstoffes in diesem Erzeugnisse. Welche Größe diese Spanne haben kann, ergibt sich aus der Tab. 8 über den Wert des Kohlenstoffes in den verschiedensten Waren (S. 38) und den dortigen Ausführungen (bis S. 42). Man kann aus dem Stallmist-Kohlenstoff, zu 10 Pf. das Kilogramm, Treibhausgurken machen, in denen das Kilogramm Kohlenstoff mit 50 000 Pf. bezahlt wird. Mag die Ausbeute sein wie sie will — tatsächlich ist sie sehr groß — bei Kohlensäuredüngung handelt es sich um eine Rohstoffveredelung im ureigensten Sinne.

Es ist z. B. auch kaum ein Vergleich mit der Wirtschaftlichkeit einer Stickstoffdüngung möglich. Nach stillschweigender Übereinstimmung hat man den Preis des Stickstoffes ungefähr in allen Dingen mit 1 M. für das Kilogramm chemisch gebundenen Stickstoffs anzunehmen, sei er nun im Stallmist oder in Ammoniaksalzen enthalten. Und mag er sich auch bei seiner Anwendung gelegentlich mit 200% rentieren, dann kann man höchstens von einer Veredelung in der Spanne von 1 auf 2 bis 3 sprechen. Wie steht es demgegenüber beim Kohlenstoff? In der Ackererde kostet das Kilogramm davon 0,2 Pf., eher weniger als mehr, und im Stallmist — wenn man den Wert der 0,5 kg Stickstoff in 1 dz mit 0,50 RM. abrechnet — 3 Pf. Sachgemäß zur Erzeugung von bodenbürtiger Kohlensäure verwendet ist der Umsetzungswert — (gemäß den Lundegårdhschen Versuchen: Tab. 28 auf S. 171) — nahezu 80%. Nun gehen bei Kartoffeln zwei Fünftel der Kohlensäure in die Blätter und nur drei Fünftel in die Knollen, deshalb werden etwa 1000 g Boden- oder Stallmistkohlenstoff nur 350 g Kohlenstoff in Kartoffelknollen ergeben, also für 27 Pf. Kohlenstoffwert aus Rohkohlenstoff, der zwischen 2 und 3 Pf. kostete. Die Veredelung umfaßt hier also eine Spanne von 1 zu 135 bzw. 1 zu 9. Sobald man aber Frühkartoffeln rechnet, wird diese Spanne größer. Es ist kaum nötig zu sagen und auszuführen, noch 2—3 m daß bei Roggen oder Zuckerrüben der grundsätzliche Unterschied dieser Veredelungsarbeit noch schärfer wird gegenüber der sog. Rentabilität einer Salzdüngung.

Vielleicht müßte man, um gerecht zu sein, die 10 kg Kohlenstoff, welche in 100 kg Stallmist enthalten sind, etwas höher wie mit 30 Pf. einsetzen, wie die 0,5 kg Stickstoff, zumal da sich dieser im allgemeinen höchstens zu 30% ausnützt. Wollte man für ihn ebenfalls auf eine Wertsteigerung 1 zu 9 kommen, dann dürfte der Stallmiststickstoff höchstens mit 20 Pf. gerechnet werden. Dadurch wird der Kohlenstoff zwar etwas teuerer, aber es bleibt noch eine Veredelungsspanne von 1 zu 4,5. Man sieht also, je wertvoller man den rohen Kohlenstoff im Miste einsetzt, desto billiger wird der Stickstoff, und je wertloser der Stallmistkohlenstoff und Kohlensäuredüngung sich darstellt, desto teuerer erscheint der Stickstoff des Stallmistes.

Um ein weiteres Beispiel der Veredelungsarbeit bei Kohlensäuredüngung anzuführen, so sei der Zukauf von Torf in die Wirtschaft genannt. Wenn ich Torf zu einem Preise von 3—5 Pf. für 1 kg Kohlenstoff ohne zu große Verarbeitungskosten in einen guten Wirtschaftsdünger überführen kann, indem ich ihn in den Stall einstreue und auf dem Misthaufen sich vorverrotten lasse oder ihn mit Kalk und Düngesalzen unmittelbar kompostiere, so kann er sich, als Kohlensäuredünger zu Kartoffeln verwendet, ebenso stark veredeln wie Stallmistkohlenstoff, wenn man dessen richtigen Preis nach Abzug des Stickstoffes einsetzt. Das Wesentliche all dieser Beispiele ist, daß man eine Auswahl hat zwischen den verschiedensten kohlenstoffhaltigen Rohmaterialien, die man wegen ihres wohlfeilen Kohlenstoffes zur Kohlensäuredüngung heranziehen kann, den man andererseits zu allerhöchsten Werten als mannigfaltigste Pflanzen oder Produkten davon umformt.

Es ist z. B., wie die praktischen Erfolge bei Gewächshausbegasung zeigen, rentabel, selbst noch Kohlenstoff aus Holzkohle oder Präparaten daraus — wie beim OCO-Verfahren — in Treibhausgurken zu überführen. Wir wollen hierbei nicht einfach überschlägig den Wert des Kilogramms Kohlenstoff in Holzkohle mit dem in sehr früh (im Winter) geernteten Treibhausgurken in Vergleich setzen und eine Ausnützung von 32% (gemäß Lundegårdh) annehmen, sonst bekämen wir eine Spanne von etwa 1 zu 1000, wir wollen bei folgendem praktischen Ergebnis nach den Versuchen von Loebner bleiben:

1a. 25 Tage Begasung (vom 23. III. bis 17. IV.) erfordern durchschnittlich 1,5 OOC-Kohlen je Tag = 37,5 oder rd. 40 Stück. 1 Ztr. OCO-Kohlen enthält 800 Stck. und kostet frei Bahnstation des Empfängers 30 M.

40 Stck. OCO-Kohlen	M. 1,50
$^{1}/_{2}$ l Spiritus zum Anbrennen der 40 Stck. Kohlen . .	„ 0,20
Lohn für die Bedienung des Apparates: 2 Std. á 60 Pf. =	„ 1,20
Amortisation des Verbrennungsapparates,	
je Stck. OCO-Kohle 1 Pf. . . . . =	„ 0,40
	Summa: M. 3,30

als Mehrkosten in 25 Tagen für 15 Pflanzen.

Die Gurken haben folgenden Gesamtertrag erzielt (die Preise sind der Marktrundschau des Reichsverbandes Deutscher Gartenbaubetriebe entnommen):

	Datum		Hundertpreis	Begast:		Unbegast:	
	des Stückpreises	der Ernte		Geerntete Gurken			
				Stück	M.	Stück	M.
Preis am	27. IV.	29. IV.	in Köln M. 65,—	45	29,25	46	29,90
„ „	9. V.	12. V.	„ „ „ 55,—	123	67,65	120	66,00
„ „	2. VI.	26. V.	„ „ „ 65,80	324	210,60	274	178,10
			Summa:		307,50		274,00

Die Mehreinnahmen von den begasten Pflanzen betragen M. 33,50
davon ab Unkosten . . . . „ 3,30
bleibt ein Überschuß von: M. 30,20[1])
aus der Anwendung der Kohlensäuredüngung, d. i. eben das Neunfache der damit verbunden gewesenen Kosten in 4 Wochen.

1b. Auch beim zweiten Versuch liegen die Verhältnisse ähnlich:
27 Tage Begasung (vom 28. VI. bis 25. VII.) erfordern bei durchschnittlich 1,5 Stck. OCO-Kohle je Tag = rd. 40 Stck. Sonstige Unkosten wie beim ersten Versuch, also zusammen M. 3,30.

Am 5. VIII. wurden von den begasten Pflanzen
    13 Stck. mehr geerntet, je % M. 25,00 = M. 3,25
Am 18. VIII wurden von den begasten Pflanzen
    36 Stck. mehr geerntet, je % M. 10,00 = „ 3,60
Am 22. VIII. wurden von den begasten Pflanzen
    48 Stck. mehr geerntet, je % M. 10,00 = „ 4,80
                              M. 11,65

Es ist bei diesem Versuch eine Mehreinnahme von M. 11,65 erzielt worden,
    davon ab die Unkosten für die Begasung . „ 3,30
    somit Überschuß . . . . M. 8,35
also eben das Zweieinhalbfache der aufgewendeten Kosten in 4 Wochen[1]).

Die Kohlenstoffausbeute dürfte in diesem Falle etwa 20—25% gewesen sein (wobei allerdings derjenige Kohlenstoff außer Ansatz bleibt, welcher von den übrigen Pflanzen als Kohlensäure aufgenommen und

---

[1]) Zu diesen Versuchen dienten je 12 Pflanzen: Für ein 30 m langes Gurkenhaus mit zehnmal soviel Stauden ist demnach der Extragewinn einer Begasung über **300 Mk.** (80 Mk.) in 4 Wochen!

verarbeitet wurde, die außer den Gurken noch in demselben Gewächshause standen), die Wertsteigerung betrug in der kurzen Zeit von vier Wochen im Durchschnitt der verschiedenen Jahreszeiten etwa das 6-fache.

Ich lasse hier der Übersichtlichkeit halber gleich noch zwei weitere aus der praktischen Beobachtung stammende Beispiele über die Rentabilität der Kohlensäuredüngung durch Begasung mit OCO folgen:

2. Gemäß S. 136 (64) sind von 100 Töpfen Treibbohnen in einer Begasungszeitspanne von 4 Wochen 6 Pfund mehr grüne Schnittbohnen geerntet worden. Da diese 100 Töpfe etwa 10 qm Fläche einnehmen, so sind im Mittel täglich 2,25 OCO-Tabletten benötigt worden, im ganzen also in 4 Wochen 55. Bei dem derzeitigen Preise der OCO-Tabletten, je Ztr. M. 25,00, macht dies . M.   1,73 für Kohlen und 55/40 von M. 1,80 (s. vorh. Berechn.) Lohn u. Amort.   „   2,47

also Kosten: M.   4,20

demgegenüber Mehreinnahme 6 Pf. Bohnen a M. 6,00 . . . . = „ 36,00

also Mehrerlös durch Begasung von 10 qm Fläche in 4 Wochen . . . M. 31,80

d. h. etwa 7,5fache Rente der Sonderaufwendung innerhalb 4 Wochen oder Bezahlung des benutzten Apparates und der Tabletten durch den Mehrertrag von 10 qm schon nach 1 Monat.

3. Rentabilitätsberechnung einer OCO-Begasung für ein Haus mit Phoenix canariensis bei Max Ziegenbalg-Dresden.

Haus 7. ca. 100 qm mit 1jährigen Topfpflanzen.

1. Kosten:

Kohlen:

Begasungsdauer 12. VI. bis 5. VIII. 1925 (ohne Sonntag) 50 Tage
täglicher Verbrauch durchschnittlich . . . . 25 OCO-Kohlen
demnach Gesamtverbrauch für die Begasungsperiode: 1250   „
= ca. 1,5 Kisten à brutto 58 kg, diese kosten 1,5 × 30 M. = M. 45,00

Öfen:

Benutzt wurden 3 OCO-G. à M. 25,00.
Annahme: die drei Apparate sollten in zwei derartigen Begasungsperioden (also 3 Monaten) amortisiert werden:

$$\frac{3 \times 25}{2} = \text{„ } 37{,}50$$

Löhne:

Tägl. Arbeitsaufwand (1 Kohle = 1 Pf.) 25 Pf. × 50 Tage = „ 12,50
Gesamtkosten für die obige Begasungsperiode also: M. 95,00

2. Erlös:

Es standen auf 1 qm 10 Pflanzen, also in obigem Hause 1000 Pflanzen, deren Verkaufswert (vgl. Photos und Bericht von Ziegenbalg Abb. 27) um M. 1,50 höher ist, als der der unbegasten Pflanzen. Also beim Verkauf mehr erlöst M. 1500,00.

3. Gewinnergebnis:

Mehrerlös aus den begasten Pflanzen . . . . M. 1500,00
Sonderkosten für die Begasung. . . . . „   95,00
Reingewinn durch 1 Begasungsperiode an 50 Tagen aus 100 qm
Hausfläche . . . . M. 1405,00
Also 14fache Rente nach 2 Monaten.

Die Begasung nach dem OCO-Verfahren unter den verschiedensten Verhältnissen bei den unterschiedlichsten Pflanzen ergibt also im Durchschnitt der 4 Fälle im Laufe eines Monates eine 6—7fache

Rente des besonderen Aufwandes für die Begasung, bzw. man kann die Verhältnisse auch noch so ausdrücken: Der Sonderaufwand für die Begasungsvorrichtung und die Begasungskosten läßt sich schon in einem Monate ohne sonstigen weiteren Gewinn durch den Mehrerlös verdienen, so daß dann in den folgenden Monaten bei Verwendung des OCO-Verfahrens die Rente etwa auf das 7—8fache der laufenden Kosten steigt.

Es waren dies eine Anzahl von Fällen, in denen es sich ganz einwandfrei hat nachweisen lassen, daß das Begasen in Gewächshäusern eine durchaus rentable Maßnahme ist. Gelegentlich wird diese Rentabilität, was sich jedoch zahlenmäßig nicht so leicht fassen läßt, noch dadurch erhöht, daß der Gesundheitszustand der begasten Pflanzen ein wesentlich besserer ist oder z. B. bei Behandlung von Jungpflanzen der Abgang durch Bakterienkrankheiten nahezu verschwindet beim Begasen.

Was die Rentablilität der mehr ortsfesten Anlagen vermittels Röhren usw. nach Dr. Riedel anbelangt, so sind hierfür die ersten Anlagekosten naturgemäß um ein Mehrfaches höher wie bei dem eben geschilderten Verfahren, andererseits erniedrigen sich die Betriebskosten dadurch, daß an Stelle einer sorgfältig zubereiteten Kohle gewöhnlicher Koks zur Erzeugung der Kohlensäure verwendet wird. Es kommen jedoch dafür noch gewisse dauernde Betriebskosten für das Waschen der Verbrennungsgase und zum Betriebe eines Ventilators hinzu, der die Gase in die Rohrleitungen preßt. Eine Rentabilitätsberechnung für eine solche Anlage findet sich nachstehend[1]):

Um die überaus günstige Wirtschaftlichkeit solcher Anlagen vorzuführen, sei ein Beispiel mit 4 Gurkenhäusern von je ca. 3,5 m Breite und 25 m Länge durchgerechnet:

```
Kosten der Kohlensäureanlage . . . . . . . . . GM. 590,00
Fracht und Aufstellungskosten . . . . . . . .  „   125,00
Verteilungsrohrleitungen in den Häusern . . .  „   185,00
                          Gesamtanlagekosten: GM. 900,00
```

Die Betriebskosten errechnen sich wie folgt: Es sei eine Vegetationsperiode von 4 Monaten mit 100 Begasungstagen angenommen. Die Begasung wird in diesem Falle so durchgeführt, daß jedes von den 4 Häusern vor- und nachmittags je 1 Stunde begast wird.

Der Verbrauch stellt sich dann wie folgt:

```
Holzkohle 1,25 kg/Std. 8 × 100 Tage × 0,16 M. kg . . . . . . . GM. 160,00
Wasser für die Gasreinigung: ¹/₄ cbm/Std., 8 × 100 × 0,18 M./cbm   „    36,00
Elektrischer Strom 0,25 KW × 8 × 100 × 0,20 M./kWst . . . . .      „    40,00
15% für Abschreibung und Instandhaltung . . . . . . . . . .        „   135,00
Bedienung: 1 Std./Tag × 100 × 0,50 M. . . . . . . . . . . . .      „    50,00
                                                             GM. 421,00
```

Für die Ertragsrechnung werde angenommen, daß in jedem Hause 2 Reihen Gurkenpflanzen mit je 80 cm Abstand gepflanzt seien. Es sind somit 250 Pflanzen in den 4 Häusern vorhanden. Der Normalertrag sei 20 Gurken je Pflanze. Durch die Begasung sollen, wie tatsächlich schon erreicht, 90% mehr erzielt werden. Das sind 38 Gurken je Pflanze.

---

[1]) Dtsch. Erw.-Gartenbau 1925, S. 219.

13*

Der gesamte Mehrertrag beläuft sich also auf $18 \times 250 = 4500$ Gurken. Bei einem Durchschnittspreis von 0,40 M. je Stück ergibt dies: GM. 1840,00
Der Gewinn nach Abzug der Betriebskosten beläuft sich also auf „ 1419,00
d. h. die Einrichtung verzinst sich mit 170% in vier Monaten. Die Verzinsung für das Jahr berechnet, stellt sich also noch wesentlich höher.

Hinsichtlich einer Begasung im Freien und mit Rücksicht auf die geringen Erfahrungen über deren Wirtschaftlichkeit und namentlich auch wegen der Unsicherheit, die darin besteht, wie dicht das Verteilungsnetz für die Kohlensäure anzuordnen ist, möchte ich hier gewissermaßen einen umgekehrten Weg einer Rentabilitätsberechnung wie sonst üblich einschlagen: Die Begasungsversuche Lundegårdhs erbrachten bei Rüben und Kartoffeln 40% Mehrertrag. Nach den Riedelschen Versuchen wären bei diesen Pflanzen noch höhere Ertragssteigerungen möglich. — Die Getreidearten sind etwas weniger dankbar für Kohlensäuredüngung, die Leguminosen etwas mehr. Wir wollen deshalb ansetzen, daß die Getreidearten 25% mehr bringen, Rüben und Kartoffeln 50%, Leguminosen 65%. Bei heutigen Preisen ab Hof und unter Zugrundelegung mittlerer Erträge wäre also durch das Begasen 5 dz Weizen, 29 dz Kleeheu und 85 dz Kartoffeln je Hektar mehr zu ernten, oder bei einer umlaufenden Fruchtfolge jährlich durchschnittlich 271 M. mehr zu gewinnen. Ich nehme nun praktisch an, daß kein Landwirt sich mit der Sache abgeben wird, wenn nicht mindestens die Hälfte hiervon vorweg ihm gehört. Infolgedessen verbleiben zum Betriebe, zur Amortisation und Verzinsung der Begasung pro Jahr M. 135,50 je Hektar.

$^1/_4$ hiervon sollen die täglichen Betriebskosten sein . . . . . . M.   34,00
Löhne etwa $^1/_5$ . . . .   „   27,00
10% Verzinsung (von Anlagekosten M. 300,00) . . . .   „   30,00
15% Amortisation (von Anlagekosten M. 300,00) . . . .   „   45,00
                                                            M. 136,00

Somit dürften also die Anlagekosten für 1 ha 300 M. nicht übersteigen, wenn die begasten Flächen in üblicher Weise landwirtschaftlich bebaut würden.

Wie wir weiter oben entwickelten, dürfte eine Begasung mit Rechteckumspannung mit verhältnismäßig wenig Rohren durchführbar sein. Immerhin kann ich mir schwer denken, daß man mit weniger als 200 m laufenden Rohren je Hektar wird auskommen können. Sollte es also möglich sein, Rohre fertig verlegt, unter M. 1,50 der laufenden Meter zu bekommen, dann dürfte eine solche Anlage sich verwirklichen lassen. Stellt sich dagegen der Rohrpreis höher oder sollte man gar mehr wie 200 laufende Meter Röhren je Hektar benötigen, dann wird Begasung mit Kohlensäure für landwirtschaftlich genutzte Flächen kaum in Betracht kommen. Sie wird sich dann anderem gewerblichen Pflanzenbau zuwenden müssen, in dessen Wesen es liegt, beträchtlich höhere Einnahmen von der Fläche zu erzielen wie die Landwirtschaft. Es wäre also, wie es tatsächlich schon geschehen ist, der mehr gärtnerische Gemüsebau, der Baumschulbetrieb von forstlichen Jungpflanzen, der Anbau von wohlriechenden Blumen in Massen zur Gewinnung ätherischer Öle und Riechstoffe und schließlich der Anbau von Arzneikräutern hochwertigen Inhaltes ins Auge zu fassen.

Es ist sehr wohl möglich, daß unter den eben aufgezählten Gebieten für Feldbegasung das Zuführen der Kohlensäure ganz unabhängig von der Bodenbeschaffenheit in der Sache selbst liegende Vorteile hat gegenüber der Kohlensäuredüngung aus dem Boden durch Einbringen großer Mengen von Mist u. dgl. Es ist bekannt genug, daß man Forst entweder an schwer zugängliche Hänge oder auf die unfruchtbarsten Böden baut. Pflanzen, die also auf diesen unfruchtbaren Böden angesetzt werden sollen, müssen von Haus aus solche sein, die in nicht so gehaltreichem Boden noch gedeihen können. Es wird aber sehr schwer sein, Sämlinge und Jungpflanzen wirtschaftlich auf solchen Böden heranzuziehen. Diese Schwierigkeit, ohne die Pflanzen im Boden zu verzärteln, dürfte eine Kohlensäurebegasung überwinden helfen.

Man weiß bezüglich der Arzneipflanzen, z. B. vom Fingerhute, daß er nur von ganz bestimmtem Vorkommen (Vogesen und Schwarzwald) höchste Gehalte an den verschiedenen Digitalistoxinen und diese in richtigem Verhältnisse enthält. Es wäre nicht ausgeschlossen, daß sich am beliebigen Orte die geeignete Erdmischung (granitisch) vorfände, sich die kohlensäurereichere Waldluft (Ebermeyer) aber durch Begasen ersetzen läßt. Und schließlich hinsichtlich der Blüten zur Duftgewinnung sind die Erfolge der Begasung in Gewächshäusern zur Herbeiführung einer früheren Blüte so zahlreich und überzeugend, auch die Beobachtungen über kräftigeren Geruch von Cyklamen, besonderem Aroma der Gurken usw. so bestechend für die Anwendung einer Begasung, daß es wohl ernsterer Versuche wert wäre, die Feldbegasung praktisch aufzunehmen.

Die breitere Landwirtschaft, obgleich sie zwar heute auch schon in vielen Fällen und bei manchen Pflanzen außerordentlich anspruchsvolle Sorten baut, muß doch im ganzen mehr den Gegebenheiten von Klima, Wirtschaftslage, Einsicht der Betriebsleiter und den Arbeiterverhältnissen Rechnung tragen und wird infolgedessen sich kaum davon entfernen können, alle notwendigen Nährstoffe den Pflanzen in einer guten Harmonie darzureichen. Hierzu trägt aber ganz von selbst eine sorgfältige Verwaltung und Bewirtschaftung des Humus im Boden bei und deshalb wird die Kohlensäuredüngung vom Boden her durch selbsttätig sich regelnde Bodenatmung auch in Zukunft die Kohlensäuredüngung des Bauern sein. Sie ist nicht nur an sich, wie ich eingangs in diesem Abschnitt gezeigt habe, eine äußerst wirtschaftliche und eine Rohstoffveredlung im besten Sinne, sie bildet überdies eine große Sicherheit auf dem Acker gegen Dürre und zu große Nässe und würde dazu helfen, daß ein großer Vorwurf Kings gegen die Bewirtschaftungsweise des Bodens bei westlichen Völkern im Gegensatz zu den Orientalen (China und Japan) hinfällig würde. „Dort leiden, ganz gleichgültig, wie vollständig und stark man düngt, in den meisten Jahren die Ernten entweder durch einen Mangel oder durch einen Überfluß an Wasser."

Nachträge.

Versuche in der Obstbaulehranstalt der Landw. Kammer, Kiel. Dipl. Garteninspektor Heydemann.

Zu Seite 135: Gurken.

	Begast	Unbegast
Erste Ernte am 26. Mai	8 Stck.	7 Stck.
bis zum 5. Juni . . . . weitere	48 ,,	36 ,,
bis zum 26. Juli . . . . weitere	364 ,,	316 ,,
bis zum 6. August . . . . weitere	169 ,,	123 ,,
bis zum 16. September . . . weitere	329 ,,	270 ,,
bis zum Ausräumen des Hauses, etwa Anfang Oktober	76 ,,	69 ,,
zusammen:	994 Stck.	821 Stck.
Davon bittere Gurken	60 ,,	94 ,,
	6,03%	11,45%

Mehrertrag durch Begasen 21,1%.

Zu Seite 139: Tomaten.

	Begast	Unbegast
Erste Ernte am 3. Juli	3 Pfd.	1 Pfd.
in den ersten zwei Wochen	24 ,,	21 ,,
vom 14. Juli bis 3. August	72 ,,	68 .,
vom 3. August bis 18. September	104 ,,	70 ,,
zusammen vom 3. Juli bis 18. September:	203 Pfd.	160 Pfd.

Also 27% Mehrertrag durch Begasen.

Namenverzeichnis von über Kohlensäuredüngung urteilenden Fachleuten.

(Die Nummern beziehen sich auf die im Texte in Klammern angeführten Zahlen.)

1 Rich. W. Köhler.
2 Noak.
3 Löbner.
4 Förster.
5 Romer.
6 Löbner.
7 A. Beetz.
8 Wilh. Frenken.
9 Gebr. Zieger.
10 Reese.
11 C. O. Hanselmann.
12 Gebr. Ruser.
13 Gutmann.
14 F. Müller.
15 E. Schulz.
16 Dr. Schill.
17 M. v. Moltke.
18 H. Fr. Schröder.
19 Morhinweg.
20 C. O. Hanselmann.
21 v. Arnim.
22 Ed. Nettesheim.
23 Brings.
24 Burchard.
25 Eisele.
26 Gärtnerei „Neues Palais".
27 Jungklausen.
28 Knipp.
29 Krantz.
30 Mitscherlich.
31 Neubert.
32 Neuhaus.
33 Fr. Prinzler.
34 Rhein.-Westf. Klöcknerwerk.
35 H. Siedenburg.
36 Siesmayer.
37 J. C. Schmidt.
38a) b) c) K. Schoenemann.
38d Wilh. Sühlau.
38e L. Heitmann.
38f H. Dierks.
39 Hofgärtnerei Ludwigslust.

40 Werner.
41 E. Vogel.
42 M. Josef.
43 M. Ziegenbalg.
44 E. Neubert.
45 Geyer.
46 R. Heidenreich.
47 J. Tourneur.
48 J. Wintergalen.
49 Zieger.
50 Caw. G. Raetz.
51 F. Geyer.
52 Fichtner.
53 M. Stöckigt.
54 Fr. Müller.
55 A. Stahl.
56 Jg. Baron.
57 Fr. Aichele.
58 H. Fr. Schröder.
59 E. Neubert.
60 W. Haerecke.
61 Gebr. Trautmann.
62 H. Siedenburg.
63 H. Krantz.
64 P. Dieker.
65 H. Jungklausen.
66 E. Hubing.
67 Joh. Kellner (Kogl.)
68 F. Geyer.
69 A. Beetz.
70 Bernstiel.
71 C. Kommer.
72 Langenbeck.
73 P. Hatt.
74 R. W. Köhler.
75 E. Dietzmann.
76 P. Steinhauer.
77 Gärtnelehranstalt Freyburg/Unstrutt.
78 Lehr- und Forsch.-Anst. Dahlem.
79 R. Helmbold.
80 G. Arends.
81 Gebr. Zieger.
82 Gartenverw. Grube „Friedrich Ernestine".

83 A. Knipp.
84 F. Pirling (Behl).
85 Voss (Haus Berglinden).
86 A. Koch.
87 Ed. Nettesheim.
88 Bergner (Haus Schulenburg).
89 A. Scheibner.
90 F. W. Strobel.
91 C. O. Hanselmann.
92 Gartenverw. Wilhelmshöhe.
93 Fr. Werner.
94 Heydemann.
95 Dr. Straube.
96 Könnecker.
97 Wilh. Brings.
98 H. Escher.
99 H. See.
100 H. Schelle.
101 R. Kühl.
102 Holtz.
103 P. Grumer.
104 J. Sperling.
105 Garten- u. Friedhofsamt Erfurt.
106 J. C. Schmidt.
107 Dorner & Dingelakker.
108 C. Becker.
109 N. Brenneis.
110 E. Bohlmann.
111 O. Krause.
112 A. Borchardt.
113 Arnold.
114 K. Stohn.
115 R. Pabst.
116 H. Schelle.
117 M. Ziegenbalg.
118 E. Eichenauer.
119 Grunert.
120 Fürst Reuss.
121 A. Landmann.
122 G. Rupflin.
123 A. Richter.

124	Hage & Schmidt.	147	Müller & Opitz.	168	Beispielsgärtnerei der Landw.-Kammer Stettin.
125	K. Rüdiger.	148	W. Burchard.		
126	B. Kech.	149	Herbertshof.		
127	W. Karius.	150	C. Peschel.	169	E. Draps.
128	J. Wagener.	151	F. Sinai.	170	Neumann.
129	F. Maier.	152	Gebr. Ruser.	171	Steffen.
130	R. Voesch.	153	Meinecke.		
131	Reusrath.	154	Kleemann.	A	Wagener.
132	Joh. Kubitz.	155	Gebr. Siesmayer.	B	Dr. Wendelstaedt.
133	Siebenhaar.	156	Weigert.	C	Voigt.
134	P. Seemüller.	157	Henkel.	E	Dr. Eisinger.
135	G. Neuling.	158	Daiker & Otto.	H	H. Baron.
136	A. Wilhelm.	159	Beutel.	I	Städt. Gartenverwltg. Forst i. Schl.
137	C. L. Klissing Sohn.	160	M. v. Aehrenfeld.		
138	Düring.	161	C. Schoenemann.	K	Hch. Pesch.
139	O. Bernstiel.	162	Gebr. Ruser.	L	Rich. Speck.
140	P. Binger.	163	F. C. Heinemann.	M	Landw.-Kammer Brandenburg.
141	A. Noack.	164	A. Wiese.		
142	J. von Delden.	165	Lehr- u. Forschungsanstalt Geisenheim.	N	Landesfrauenklinik Bochum.
143	E. Fischer.				
144	Joh. Popp.	166	Dr. Landmann.	Q	Städt. Gartenverwltg. Neukölln.
145	P. Kunnen.	167	Landw.-Kamm. f. d. Prov. Hannover.		
146	Eisele.			S	Prinz.

Namen- und Sachverzeichnis.

Kohlenstoffernährung
des Waldes

Von

Dr. **Th. Meinecke,** Winsen a. L.

Mit etwa 20 Abbildungen und etwa 20 Tabellen im Text

Erscheint im März 1927

Beispiele zur mikroskopischen Untersuchung von Pflanzenkrankheiten. Von Geh. Regierungsrat Dr. **Otto Appel,** Direktor der Biolog. Reichsanstalt für Land- und Forstwirtschaft, Hon.-Professor an der Landwirtschaftlichen Hochschule Berlin. Dritte, vermehrte und verbesserte Auflage. Mit 63 Textabbildungen. IV, 54 Seiten. 1922. RM 1.65

Mikrobiologisches Praktikum. Von Professor Dr. **Alfred Koch,** Direktor des Landwirtschaftlich-Bakteriologischen Instituts der Universität Göttingen. Mit 4 Textabbildungen. VIII, 110 Seiten. 1922. RM 3.50

Die Verwertung des Roggens in ernährungsphysiologischer und landwirtschaftlicher Hinsicht. Nach Versuchen von Professor C. Thomas-Leipzig, Professor A. Scheunert-Leipzig, Privatdozent W. Klein-Berlin, Maria Steuber-Berlin, Professor F. Honcamp-Rostock, Dr. C. Pfaff-Rostock und dem Berichterstatter mitgeteilt von **Max Rubner,** Geheimer Obermedizinalrat, Professor an der Universität Berlin. Mit 1 Abbildung. („Die Volksernährung", Heft 5.) IV, 52 Seiten. 1925. RM 2.40

Geschichte der Rübe (Beta) als Kulturpflanze von den ältesten Zeiten an bis zum Erscheinen von Achards Hauptwerk [1809]. Festschrift zum 75jährigen Bestande des Vereins der Deutschen Zuckerindustrie. Von Professor Dr. **Edmund O. von Lippmann,** Dr.-Ing. e. h. der Technischen Hochschule zu Dresden, Direktor der „Zuckerraffinerie Halle" in Halle a. S. Mit 1 Abbildung. IV, 184 Seiten. 1925. Gebunden RM 12.—

Das Mikroskop und seine Anwendung. Handbuch der praktischen Mikroskopie und Anleitung zu mikroskopischen Untersuchungen nach Dr. **Hermann Hager.** In Gemeinschaft mit Dr. O. Appel, Professor und Geh. Regierungsrat, Direktor der Biologischen Reichsanstalt für Land- und Forstwirtschaft zu Berlin-Dahlem, Dr. G. Brandes, ehemals Professor der Zoologie an der Tierärztlichen Hochschule, Direktor des Zoologischen Gartens zu Dresden, Dr. E. K. Wolff, Privatdozent für Allgemeine Pathologie und Spezielle Pathologische Anatomie an der Universität Berlin, neu herausgegeben von Dr. **Friedrich Tobler,** Professor der Botanik an der Technischen Hochschule, Direktor des Botanischen Instituts und Gartens zu Dresden. Dreizehnte, umgearbeitete Auflage. Mit 482 Abbildungen im Text. X, 374 Seiten. 1925. Gebunden RM 16.50

Ⓦ **Fortschritte der Landwirtschaft.** Herausgegeben unter ständiger Mitwirkung der Landwirtschaftlichen Lehrkanzeln an der Hochschule für Bodenkultur in Wien, der Landwirtschaftlichen Versuchsanstalten Österreichs, des Agrikulturchemischen, des Botanischen, des Chemischen Institutes sowie der Süddeutschen Forschungsanstalt für Milchwirtschaft der Hochschule für Landwirtschaft und Brauerei und der Bayerischen Landesanstalt für landwirtschaftliches Maschinenwesen in Weihenstephan bei München. Schriftleitung: Professor Dr. **Hermann Kaserer** und Dr.-Ing. **Rudolf Miklauz.** Erscheint halbmonatlich im Umfang von mindestens 32 Seiten.

RM 6.— vierteljährlich zuzüglich Porto

Aus dem ständigen Inhalt:

Originalarbeiten. — Aus den Grenzgebieten. — Ergebnisse. — Aus der Praxis. — Vorläufige Mitteilungen. — Vorträge. — Verhandlungen. — Kleine Mitteilungen.— Aus Archiven und Zeitschriften. — Buchbesprechungen.

Ⓦ **Österreichische botanische Zeitschrift.** Herausgegeben von Professor Dr. **Richard Wettstein,** Wien, unter redaktioneller Mitarbeit von Professor Dr. Erwin Janchen, Wien, und Professor Dr. Gustav Klein, Wien. Erscheint zwanglos in einzeln berechneten Heften, die zu einem Band von etwa 20 Druckbogen jährlich vereinigt werden.

Ⓦ **Methoden zur physiologischen Diagnostik der Kulturpflanzen** dargestellt am Buchweizen. Von Dr. **F. Merkenschlager,** Privatdozent an der Universität Kiel. (Sonderabdruck aus „Fortschritte der Landwirtschaft", 1. Jahrgang 1926, Heft 5—8, 11.) 79 Seiten. 1926. RM 1.80

Ⓦ **Schlüssel zur mikroskopischen Bestimmung der Wiesengräser im blütenlosen Zustande.** Für Kulturtechniker, Landwirte, Tierärzte und Studierende. Von Reg.-Rat Dr. **Hans Schindler,** Oberinspektor an der Bundesanstalt für Pflanzenbau und Samenprüfung in Wien. Mit Geleitwort von Professor Dr. Otto Porsch, Vorstand der Lehrkanzel für Botanik an der Hochschule für Bodenkultur in Wien. Mit 16 Abbildungen. IV, 31 Seiten. 1926. RM 2.10

Biologische Studienbücher. Herausgegeben von Professor Dr. **Walther Schoenichen,** Berlin.

Erschienen sind:

I. **Praktische Übungen zur Vererbungslehre** für Studierende, Ärzte und Lehrer. In Anlehnung an den Lehrplan des Erbkundlichen Seminars von Professor Dr. Heinrich Poll. Von Dr. **Günther Just,** Kaiser-Wilhelm-Institut für Biologie in Berlin-Dahlem. Mit 37 Abbildungen im Text. 88 Seiten. 1923. RM 3.50; gebunden RM 5.—

II. **Biologie der Blütenpflanzen.** Eine Einführung an der Hand mikroskopischer Übungen. Von Professor Dr. **Walther Schoenichen.** Mit 306 Original-Abbildungen. 216 Seiten. 1924. RM 6.60; gebunden RM 8.—

III. **Biologie der Schmetterlinge.** Von Dr. **Martin Hering,** Vorsteher der Lepidopteren-Abteilung am Zoologischen Museum der Universität Berlin. Mit 82 Textabbildungen und 13 Tafeln. VI, 480 Seiten. 1926. RM 18.—; gebunden RM 19.50

IV. **Kleines Praktikum der Vegetationskunde.** Von Dr. **Friedrich Markgraf,** Assistent am Botanischen Museum Berlin-Dahlem. Mit 31 Abbildungen. VI, 64 Seiten. 1926. RM 4.20; gebunden RM 5.40
